超人气 PPT 模版设计素材展示

毕业答辩类模板

教育培训类模板

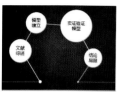

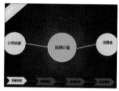

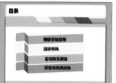
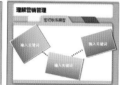

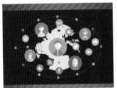

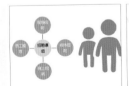

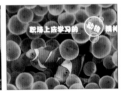

龙马高新教育 ◎编著

Word/Excel/PPT

2010 办公应用

从入门到精通

北京大学出版社
PEKING UNIVERSITY PRESS

内容提要

本书通过精选案例引导读者深入学习，系统地介绍了用 Word/Excel/PPT 办公的相关知识和应用方法。

全书分为 4 篇，共 17 章。第 1 篇 "Word 办公应用篇" 主要介绍 Office 2010 的安装与设置、Word 的基本操作、使用图和表格美化 Word 文档及长文档的排版等；第 2 篇 "Excel 办公应用篇" 主要介绍 Excel 的基本操作、Excel 表格的美化、初级数据处理与分析、图表、数据透视表和透视图及公式和函数 的应用等；第 3 篇 "PPT 办公应用篇" 主要介绍 PPT 的基本操作、图形和图表的应用、动画和多媒体的 应用及放映幻灯片等；第 4 篇 "办公秘籍篇" 主要介绍办公中不得不了解的技能、Office 组件间的协作及 Office 的跨平台应用——移动办公等。

在本书附赠的 DVD 多媒体教学光盘中，包含了 10 小时与图书内容同步的教学录像及所有案例的配 套素材和结果文件。此外，还赠送了大量相关学习内容的教学录像及扩展学习电子书等。为了满足读者在 手机和平板电脑上学习的需要，光盘中还赠送龙马高新教育手机 APP 软件，读者安装后可观看手机版视 频学习文件。

本书不仅适合电脑初级、中级用户学习，也可以作为各类院校相关专业学生和电脑培训班学员的教材 或辅导用书。

图书在版编目（ＣＩＰ）数据

Word/Excel/PPT 2010 办公应用从入门到精通 / 龙马高新教育编著 . — 北京：北京大学 出版社，2017.1
  ISBN 978-7-301-27852-9

Ⅰ . ①W… Ⅱ . ①龙… Ⅲ . ①办公自动化—应用软件 Ⅳ . ①TP317.1

中国版本图书馆 CIP 数据核字 (2016) 第 296829 号

书　　　名	Word/Excel/PPT 2010 办公应用从入门到精通
	Word/Excel/PPT 2010 BANGONG YINGYONG CONG RUMEN DAO JINGTONG
著作责任者	龙马高新教育 编著
责 任 编 辑	尹毅
标 准 书 号	ISBN 978-7-301-27852-9
出 版 发 行	北京大学出版社
地　　　址	北京市海淀区成府路 205 号　100871
网　　　址	http：//www. pup. cn　　新浪微博：@ 北京大学出版社
电 子 信 箱	pup7@ pup. cn
电　　　话	邮购部 62752015　发行部 62750672　编辑部 62580653
印 刷 者	北京大学印刷厂
经 销 者	新华书店
	787 毫米 ×1092 毫米　16 开本　彩插 1　24 印张　568 千字
	2017 年 1 月第 1 版　2018 年 8 月第 2 次印刷
印　　　数	3001-4500 册
定　　　价	59.00 元

Word/Excel/PPT 2010 很神秘吗？

不神秘！

学习 Word/Excel/PPT 2010 难吗？

不难！

阅读本书能掌握 Word/Excel/PPT 2010 的使用方法吗？

能！

为什么要阅读本书

Office 是现代公司日常办公中不可或缺的工具，主要包括 Word、Excel、PowerPoint 等组件，被广泛地应用于财务、行政、人事、统计和金融等众多领域。本书从实用的角度出发，结合实际应用案例，模拟真实的办公环境，介绍 Word/Excel/PPT 2010 的使用方法和技巧，旨在帮助读者全面、系统地掌握 Word/Excel/PPT 在办公中的应用。

本书内容导读

本书共分为 4 篇，共设计了 17 章，内容如下。

第 0 章共 5 段教学录像，主要介绍了 Word、Excel、PPT 的最佳学习方法，使读者在阅读本书之前对 Office 有初步了解。

第 1 篇（第 1 ~ 4 章）为 Word 办公应用篇，共 34 段教学录像。主要介绍 Word 中的各种操作，通过对本篇的学习，读者可以掌握 Office 的安装与设置、使用图和表格美化 Word 文档、在 Word 中进行排版等操作。

第 2 篇（第 5 ~ 10 章）为 Excel 办公应用篇，共 51 段教学录像。主要介绍 Excel 中的各种操作，通过对本篇的学习，读者可以掌握如何在 Excel 中输入和编辑工作表，美化工作表，图表、数据透视表和透视图及公式和函数的应用等操作。

第 3 篇（第 11 ~ 14 章）为 PPT 办公应用篇，共 37 段教学录像。主要介绍 PPT 中的各种操作，通过对本篇的学习，读者可以学习 PPT 的基本操作、图形和图表的应用、动画和多媒体的应用及放映幻灯片等操作。

第 4 篇（第 15 ~ 17 章）为办公秘籍篇，共 16 段教学录像。主要介绍电脑办公中常用的技能，如打印机、复印机的使用，及 Office 组件间的协作等。

📖 选择本书的 N 个理由

❶ 简单易学，案例为主

以案例为主线，贯穿知识点，实操性强，与读者需求紧密吻合，模拟真实的工作学习环境，帮助读者解决在工作中遇到的问题。

❷ 高手支招，高效实用

每章最后提供有一定质量的实用技巧，满足读者的阅读需求，也能解决在工作学习中一些常见的问题。

❸ 举一反三，巩固提高

每章案例讲述完后，提供一个与本章知识点或类型相似的综合案例，帮助读者巩固和提高所学内容。

❹ 海量资源，实用至上

光盘中，赠送大量实用的模板、实用技巧及学习辅助资料等，便于读者结合光盘资料学习。另外，本书附赠《手机办公 10 招就够》手册，在强化读者学习的同时也可以为读者在工作中提供便利。

☢ 超值光盘

❶ 10 小时名师视频指导

教学录像涵盖本书所有知识点，详细讲解每个实例及实战案例的操作过程和关键点。读者可更轻松地掌握 Office 2010 软件的使用方法和技巧，而且扩展性讲解部分可使读者获得更多的知识。

❷ 超多、超值资源大奉送

随书奉送通过互联网获取学习资源和解题方法、办公类手机 APP 索引、办公类网络资源索引、Office 十大实战应用技巧、200 个 Office 常用技巧汇总、1000 个 Office 常用模板、Excel 函数查询手册、Office 2010 软件安装指导录像、Windows 10 安装指导录像、Windows 10 教学录像、《微信高手技巧随身查》手册、《QQ 高手技巧随身查》手册及《高效能人士效率倍增手册》等超值资源，以方便读者扩展学习。

❸ 手机 APP，让学习更有趣

光盘附赠了龙马高新教育手机 APP，用户可以直接安装到手机中，随时随地问同学、问专家，尽享海量资源。同时，我们也会不定期向你手机中推送学习中常见难点、使用技巧、行业应用等精彩内容，让你的学习更加简单有效。扫描下方二维码，可以直接下载手机 APP。

光盘运行方法

1．将光盘印有文字的一面朝上放入光驱中，几秒钟后光盘就会自动运行。

2．若光盘没有自动运行，可在【计算机】窗口中双击光盘盘符，或者双击"MyBook.exe"光盘图标，光盘就会运行。播放片头动画后便可进入光盘的主界面，如下图所示。

3．单击【视频同步】按钮，可进入多媒体教学录像界面。在左侧的章节按钮上单击鼠标左键，在弹出的快捷菜单上单击要播放的小节，即可开始播放相应小节的教学录像。

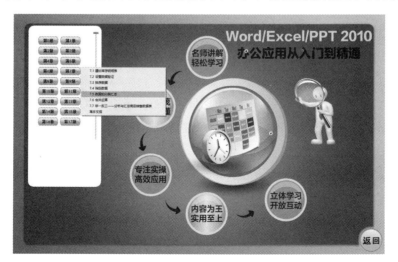

4．另外，主界面上还包括 APP 软件安装包、素材文件、结果文件、赠送资源、使用说明和支持网站 6 个功能按钮，单击可打开相应的文件或文件夹。

5．单击【退出】按钮，即可退出光盘系统。

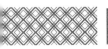 ## 本书读者对象

1．没有任何办公软件应用基础的初学者。

2．有一定办公软件应用基础，想精通 Word/Excel/PPT 2010 的人员。

3．有一定办公软件应用基础，没有实战经验的人员。

4．大专院校及培训学校的老师和学生。

后续服务：QQ 群（218192911）答疑

本书为了更好地服务读者，专门设置了 QQ 群为读者答疑解惑，读者在阅读和学习本书过程中可以把遇到的疑难问题整理出来，在"办公之家"群里探讨学习。另外，群文件中还会不定期上传一些办公小技巧，帮助读者更方便、快捷地操作办公软件。"办公之家"的群号是 218192911，读者也可直接扫描下方二维码加入本群。欢迎加入"办公之家"！

创作者说

本书由龙马高新教育策划，左琨任主编，李震、赵源源任副主编，为您精心呈现。您读完本书后，会惊喜地发现"我已经是 Office 办公达人了"，这也是让编者最欣慰的结果。

本书编写过程中，我们竭尽所能地为您呈现最好、最全的实用功能，但仍难免有疏漏和不妥之处，敬请广大读者不吝指正。若您在学习过程中产生疑问，或有任何建议，可以通过 E-mail 与我们联系。

读者邮箱：2751801073@qq.com

投稿邮箱：pup7@pup.cn

C 目 录
CONTENTS

第 0 章 Word/Excel/PPT 最佳学习方法

本章 5 段教学录像

第 1 篇 Word 办公应用篇

第 1 章 快速上手——Office 2010 的安装与设置

本章 4 段教学录像

使用 Office 2010 软件之前，首先要掌握 Office 2010 的安装与基本设置，本章主要介绍 Office 2010 软件的安装与卸载、启动与退出、配置 Microsoft 账户、修改默认设置等操作。

高手支招

第 2 章 Word 的基本操作

本章 12 段教学录像

在文档中插入文本并进行简单的设置，是 Word 2010 最基本的操作，使用 Word 可以方便地记录文本内容，并能够根据需要设置文字的样式。

举一反三——制作房屋租赁协议书

第 3 章　使用图和表格美化 Word 文档

本章 8 段教学录像

在 Word 中可以通过插入艺术字、图片、自选图形、表格以及图表等展示文本或数据内容，本章就以制作店庆活动宣传页为例，介绍使用图和表格美化 Word 文档的操作。

举一反三——制作个人简历

第 4 章　Word 高级应用——长文档的排版

本章 10 段教学录像

使用 Word 提供的创建和更改样式、插入页眉和页脚、插入页码、创建目录等操作，可以方便地对长文档进行排版。

第2篇 Excel 办公应用篇

第5章 Excel 的基本操作

本章 11 段教学录像

Excel 2010 提供了创建工作簿、工作表，输入和编辑数据，插入行与列，设置文本格式，进行页面设置等基本操作，可以方便地记录和管理数据。

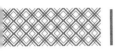
第 10 章　高级数据处理与分析——公式和函数的应用

本章 9 段教学录像

公式和函数是 Excel 的重要组成部分，有着强大的计算能力，为用户分析和处理工作表中的数据提供了很大的方便。使用公式和函数可以节省处理数据的时间，降低在处理大量数据时的出错率。

● 举一反三——制作凭证明细查询表

高手支招

第 3 篇　PPT 办公应用篇

第 11 章　PPT 的基本操作

本章 11 段教学录像

使用 PowerPoint 2010 提供的为演示文稿应用主题、设置格式化文本、图文混排、添加数据表格、插入艺术字等操作，可以方便地对这些包含图片的演示文稿进行设计制作。

第 12 章 图形和图表的应用

🎬 本章 5 段教学录像

使用 PowerPoint 2010 提供的自定义幻灯片母版、插入自选图形、插入 SmartArt 图形、插入图表等操作，可以方便地对这些包含图形、图表的幻灯片进行设计制作。

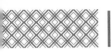

第 13 章　动画和多媒体的应用

📽 本章 10 段教学录像

　　动画和多媒体是演示文稿的重要元素，在制作演示文稿的过程中，适当地加入动画和多媒体可以使演示文稿变得更加精彩。

第 14 章　放映幻灯片

📽 本章 7 段教学录像

　　使用 PowerPoint 2010 提供的排练计时、自定义幻灯片放映、放大幻灯片局部信息、使用画笔来做标记等操作，可以方便地对这些幻灯片进行放映。

高手支招

第 4 篇 办公秘籍篇

第 15 章 办公中不得不了解的技能

本章 6 段教学录像

打印机是自动化办公中不可缺少的组成部分，是重要的输出设备之一，熟练掌握打印机、复印机、扫描仪等办公器材的操作是十分必要的。

高手支招

第 16 章 Office 组件间的协作

本章 4 段教学录像

Office 组件间可以很方便地进行相互调用，提高工作效率。使用 Office 组件间的协作进行办公，会发挥 Office 办公软件的最大优势。

高手支招

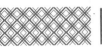
第 17 章　Office 的跨平台应用
——移动办公

本章 6 段教学录像

　　通过分析公司财务报表，能对公司财务状况及整个经营状况有个基本的了解，从而对公司内在价值作出判断。本章主要介绍如何制作员工实发工资单、现金流量表和分析资产负债管理表等操作，让读者对 Excel 在财务管理中的高级应用技能有更加深刻的理解。

　　高手支招

第0章

Word/Excel/PPT 最佳学习方法

☰ 本章导读

Word、Excel、PowerPoint 是办公人士常用的 Office 系列办公组件，受到广大办公人士的喜爱，本章就来介绍 Word、Excel、PPT 的最佳学习方法。

◉ 思维导图

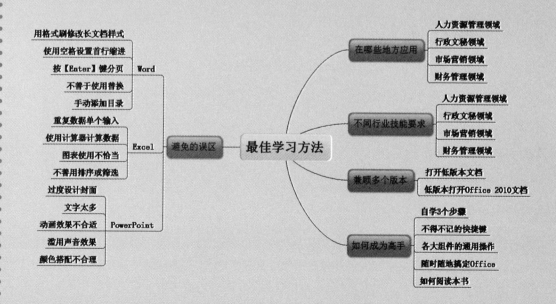

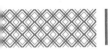

0.1 Word/Excel/PPT 可以在哪些地方应用

Word 2010 可以实现文档的编辑、排版和审阅，Excel 2010 可以实现表格的设计、排序、筛选和计算，PowerPoint 2010 主要用于设计和制作演示文稿。

Word/Excel/PPT 主要应用于人力资源管理、行政文秘管理、市场营销和财务管理等领域。

1. 在人力资源管理领域的应用

人力资源管理是一项系统又复杂的组织工作。使用 Office 2010 系列应用组件可以帮助人力资源管理者轻松而又快速地完成各种文档、数据报表及幻灯片的制作。例如，可以使用 Word 2010 制作各类规章制度、招聘启示、工作报告、培训资料等，使用 Excel 2010 制作绩效考核表、工资表、员工基本信息表、员工入职记录表等，使用 PowerPoint 2010 可以制作公司培训 PPT、述职报告 PPT、招聘简章 PPT 等。下图为使用 Word 2010 制作的公司聘用协议。

2. 在行政文秘领域的应用

在行政文秘管理领域需要制作出各类严谨的文档。Office 2010 系列办公软件提供有批注、审阅，以及错误检查等功能，可以方便地核查制作的文档。例如，使用 Word 2010 制作委托书、合同等，使用 Excel 2010 制作项目评估表、会议议程记录表、差旅报销单等，使用 PowerPoint 2010 可以制作公司宣传 PPT、商品展示 PPT 等。下图为使用 PowerPoint 2010 制作的 × × 团队宣传 PPT。

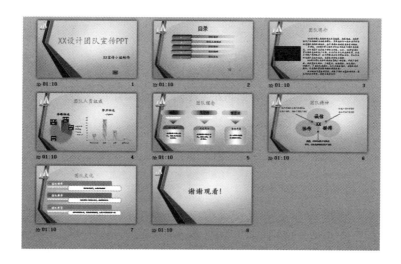

3. 在市场营销领域的应用

在市场营销领域，可以使用 Word 2010 制作项目评估报告、企业营销计划书等，使用 Excel 2010 制作产品价目表、进销存管理系统等，使用 PowerPoint 2010 可以制作投标书、市场调研报告 PPT、产品营销推广方案 PPT、企业发展战略 PPT 等。下图为使用 Excel 2010 制作的销售业绩透视表。

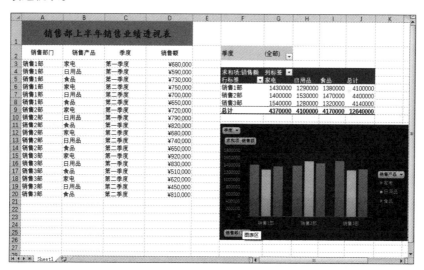

4. 在财务管理领域的应用

财务管理是一项涉及面广、综合性和制约性都很强的系统工程，通过价值形态对资金运动进行决策、计划和控制的综合性管理，是企业管理的核心内容。在财务管理领域，可以使用 Word 2010 制作询价单、公司财务分析报告等，使用 Excel 2010 可以制作企业财务查询表、成本统计表、年度预算表等，使用 PowerPoint 2010 可以制作年度财务报告 PPT、项目资金需求 PPT 等。下图为使用 Excel 2010 制作的销售部职工工资条。

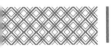
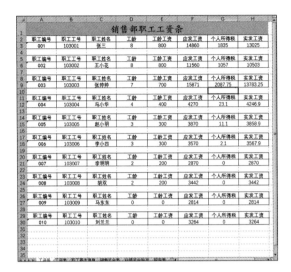

0.2 不同行业对 Word/Excel/PPT 技能的要求

不同行业的从业人员对 Word/Excel/PPT 技能的要求不同，下面就以人力资源、行政文秘、市场营销和财务管理等行业为例介绍不同行业必备的 Word、Excel 和 PPT 技能。

行业	Word	Excel	PPT
人力资源	1. 文本的输入与格式设置 2. 使用图片和表格 3. Word 基本排版 4. 审阅和校对	1. 内容的输入与设置 2. 表格的基本操作 3. 表格的美化 4. 条件格式的使用 5. 图表的使用	1. 文本的输入与设置 2. 图表和图形的使用 3. 设置动画及切换效果 4. 使用多媒体 5. 放映幻灯片
行政文秘	1. 页面的设置 2. 文本的输入与格式设置 3. 使用图片、表格和艺术字 4. 使用图表 5. Word 高级排版 6. 审阅和校对	1. 内容的输入与设置 2. 表格的基本操作 3. 表格的美化 4. 条件格式的使用 5. 图表的使用 6. 制作数据透视图和数据透视表 7. 数据验证 8. 排序和筛选 9. 简单函数的使用	1. 文本的输入与设置 2. 图表和图形的使用 3. 设置动画及切换修改 4. 使用多媒体 5. 放映幻灯片
市场营销	1. 页面的设置 2. 文本的输入与格式设置 3. 使用图片、表格和艺术字 4. 使用图表 5. Word 高级排版 6. 审阅和校对	1. 内容的输入与设置 2. 表格的基本操作 3. 表格的美化 4. 条件格式的使用 5. 图表的使用 6. 制作数据透视图和数据透视表 7. 排序和筛选 8. 简单函数的使用	1. 文本的输入与设置 2. 图表和图形的使用 3. 设置动画及切换修改 4. 使用多媒体 5. 放映幻灯片

续表

行业	Word	Excel	PPT
财务管理	1. 文本的输入与格式设置 2. 使用图片、表格和艺术字 3. 使用图表 4. Word 高级排版 5. 审阅和校对	1. 内容的输入与设置 2. 表格的基本操作 3. 表格的美化 4. 条件格式的使用 5. 图表的使用 6. 制作数据透视图和数据透视表 7. 排序和筛选 8. 财务函数的使用	1. 文本的输入与设置 2. 图表和图形的使用 3. 设置动画及切换修改 4. 使用多媒体 5. 放映幻灯片

 万变不离其宗: 兼顾 Word/Excel/PPT 多个版本

Office 的版本由 2003 更新到 2010，高版本的软件可以直接打开低版本软件创建的文件。如果要使用低版本软件打开高版本软件创建的文档，可以先将高版本软件创建的文档另存为低版本类型，再使用低版本软件打开进行文档编辑。下面以 Word 2010 为例进行介绍。

1. Office 2010 打开低版本文档

使用 Office 2010 可以直接打开 Office 2003、2007 格式的文件。将 Office 2003 格式的文件在 Word 2010 文档中打开时，标题栏中则会显示出【兼容模式】字样。

2. 低版本 Office 软件打开 Office 2010 文档

使用低版本 Office 软件也可以打开 Word 2010 创建的文件，只需要将其类型更改为低版本类型即可，具体操作步骤如下。

第 1 步 使用 Word 2010 创建一个 Word 文档，单击【文件】选项卡，在【文件】选项卡下的左侧选择【另存为】选项。

第 2 步 弹出【另存为】对话框，在【保存类型】下拉列表中选择【Word 97-2003 文档】选项，单击【保存】按钮即可将其转换为低版本。之后，即可使用 Word 2003 打开。

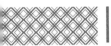

 0.4 必须避免的 Word/Excel/PPT 办公使用误区

在使用 Word/Excel/PPT 办公软件办公时，一些错误的操作，不仅耽误文档制作的时间，影响办公效率，而且使文档看起来不美观，再次编辑时也不容易修改。下面就简单介绍一些办公中必须避免的 Word/Excel/PPT 使用误区。

1. Word

(1) 长文档中使用格式刷修改样式

在编辑长文档，特别是多达几十页或上百页的文档时，使用格式刷应用样式统一是不正确的，一旦需要修改该样式，则需要重新刷一遍，影响文档编辑速度。这时可以使用样式来管理，再次修改时，只需要修改样式，则应用该样式的文本将自动更新为样式。

(2) 使用空格设置段落首行缩进

在编辑文档时，段前默认情况下需要首行缩进 2 个字符，切忌不可使用空格调整，可以在【段落】对话框【缩进和间距】选项卡下的【缩进】组中设置缩进。

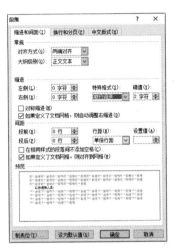

(3) 用空格调整行间距

调整行间距或段间距时，可以在【段落】对话框【缩进和间距】选项下的【间距】组中设置行间距或段间距。

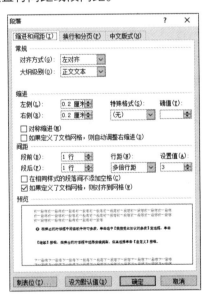

(4) 按【Enter】键分页

使用【Enter】键添加换行符可以达到分

页的目的，但如果在分页前的文本中删除或添加文字，添加的换行符就不能起到正确分页的作用，可以单击【插入】选项卡下【页面】组中的【分页】按钮或单击【布局】选项卡下【页面设置】组中的【分隔符】按钮，在下拉列表中添加分页符，也可以直接按【Ctrl+Enter】组合键分页。

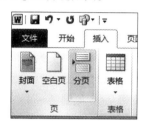

(5) 用表格对齐特殊文本

如果要求文本在页面某个位置（如距左边界 5 厘米）对齐，部分初学者会使用表格设置，然后隐藏表格边框，这种方法不方便并且不容易修改，此时，可以使用制表位进行对齐。

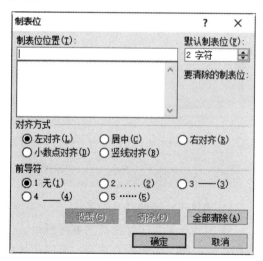

(6) 不善于使用替换

当需要在文档中删除或替换大量相同的文本时，一个个查找并进行替换，不仅浪费时间，而且还可能替换不完全，这时可以使用【查找和替换】对话框，在【替换】选项卡下进行替换操作。这样不仅能替换文本，还能够替换格式。

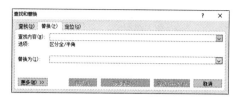

(7) 使用复制在跨页表格中添加表头

初学者往往使用复制的方法在跨页表格中添加表头，最快的方法是在选择表格后打开【表格属性】对话框，在【行】选项卡下选中【在各页顶端以标题行形式重复出现】复选框。

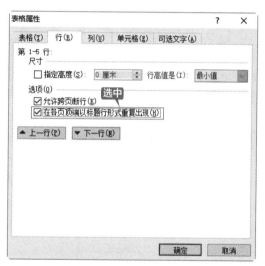

(8) 手动添加目录

Word 提供了自动提取目录的功能，只需要为需要提取的文本设置大纲级别，并为文档添加页码，即可自动生成目录，不需要手动添加。

2. Excel

(1) 一个个输入大量重复或有规律数据

在使用 Excel 时，经常需要输入一些重复或有规律的大量数据，一个个输入会浪费时间，可以使用快速填充功能输入。

(2)使用计算器计算数据

Excel 提供了求和、平均值、最大值、最小值、计数等简单易用的函数，满足用户对数据的简单计算，不需要使用计算器即可快速计算。

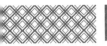

(3)图表使用不恰当

创建图表时首先要掌握每一类图表的作用，如果要查看每一个数据在总数中所占的比例，这时如果创建柱形图就不能准确表达数据，因此，选择合适的图表类型很重要。

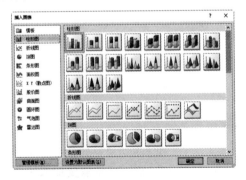

(4)不善用排序或筛选功能

排序和筛选功能是 Excel 的强大功能之一，能够对数据快速按照升序、降序或自定义序列进行排序，使用筛选功能可以快速并准确筛选出满足条件的数据。

3. PowerPoint

(1)过度设计封面

一个用于演讲的 PPT，封面的设计水平和内页保持一致即可。因为第一页 PPT 停留在观众视线里的时间不会太长，演讲者需要尽快进入演说的开场白部分，然后是演讲的实质内容部分，封面不是 PPT 要呈现的重点。

(2)把公司 logo 放到每一页

制作 PPT 时要避免把公司 logo 以大图标的形式放到每一页幻灯片中，这样不仅干扰观众的视线，还容易引起观众的反感情绪。

(3)文字太多

PPT 页面中放置大量的文字，不仅不美观，还容易引起观众的视觉疲劳，给观众留下是在念 PPT 而不是在演讲的印象，因此，制作 PPT 时可以使用图表、图片、表格等展示文字，以吸引观众。

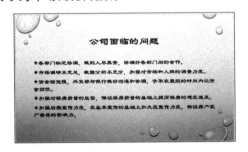

(4)选择不合适的动画效果

使用动画是为了使重点内容等醒目，引导观众的思路，引起观众重视，可以在幻灯片中添加醒目的效果。如果选择的动画效果不合适，就会起到相反的效果。因此，使用动画的时候，要遵循动画的醒目、自然、适当、简化及创意原则。

(5)滥用声音效果

进行长时间的演讲时，可以在幻灯片中添加声音效果，用来吸引观众的注意力，防

止听觉疲劳。但滥用声音效果，不仅不能使观众注意力集中，而且会引起观众的厌烦。

(6) 颜色搭配不合理或过于艳丽

文字颜色与背景色过于近似，如下图中描述部分的文字颜色就不够清晰。

0.5 如何成为 Word/Excel/PPT 办公高手

1. Word/Excel/PPT 自学的 3 个步骤

学习 Word/Excel/PPT 办公软件，可以按照下面 3 个步骤进行学习。

第一步：入门。

① 熟悉软件界面。

② 学习并掌握每个按钮的用途及常用的操作。

③ 结合参考书能够制作出案例。

第二步：熟悉。

① 熟练掌握软件大部分功能的使用。

② 能不使用参考书制作出满足工作要求的办公文档。

③ 掌握大量实用技巧，节省时间。

第三步：精通。

① 掌握 Word/Excel/PPT 的全部功能，能熟练制作美观、实用的各类文档。

② 掌握 Word/Excel/PPT 软件在不同设备中的使用，随时随地办公。

2. 快人一步：不得不记的快捷键

掌握 Word、Excel 及 PowerPoint 中常用的快捷键，可以提高文档编辑速度。

(1) Word 2010 常用快捷键

按键	说明
Ctrl+N	创建新文档
Ctrl+O	打开文档
Ctrl+W	关闭文档
Ctrl+S	保存文档
Ctrl+C	复制文本
Ctrl+V	粘贴文本

续表

按键	说明
Ctrl+X	剪切文本
Ctrl+Shift+C	复制格式
Ctrl+Shift+V	粘贴格式
Ctrl+Z	撤销上一个操作
Ctrl+Y	恢复上一个操作
Ctrl+Shift+>	增大字号
Ctrl+Shift+<	减小字号
Ctrl+]	逐磅增大字号
Ctrl+[	逐磅减小字号
Ctrl+D	打开"字体"对话框更改字符格式
Alt+ 向下键	打开所选的下拉列表
Home	移至条目的开头
End	移至条目的结尾
向左键或向右键	向左或向右移动一个字符
Ctrl+ 向左键	向左移动一个字词
Ctrl+ 向右键	向右移动一个字词
Shift+ 向左键	向左选取或取消选取一个字符
Shift+ 向右键	向右选取或取消选取一个字符
Ctrl+Shift+ 向左键	向左选取或取消选取一个单词
Ctrl+Shift+ 向右键	向右选取或取消选取一个单词
Shift+Home	选择从插入点到条目开头之间的内容
Shift+End	选择从插入点到条目结尾之间的内容

(2) Excel 2010 快捷键

按键	说明
Ctrl+Shift+:	输入当前时间
Ctrl+;	输入当前日期
Ctrl+A	选择整个工作表，如果工作表包含数据，则按【Ctrl+A】组合键将选择当前区域，再次按【Ctrl+A】组合键将选择整个工作表
Ctrl+B	应用或取消加粗格式设置
Ctrl+C	复制选定的单元格
Ctrl+D	使用"向下填充"命令将选定范围内最顶层单元格的内容和格式复制到下面的单元格中
Ctrl+F	显示【查找和替换】对话框，其中的【查找】选项卡处于选中状态 按【Shift+F5】组合键也会显示此选项卡，而按【Shift+F4】组合键则会重复上一次"查找"操作
Ctrl+G	显示【定位】对话框
Ctrl+H	显示【查找和替换】对话框，其中的【替换】选项卡处于选中状态
Ctrl+N	创建一个新的空白工作簿
Ctrl+O	显示【打开】对话框以打开或查找文件，按【Ctrl+Shift+O】组合键可选择所有包含批注的单元格
Ctrl+R	使用【向右填充】命令将选定范围最左边单元格的内容和格式复制到右边的单元格中
Ctrl+S	使用其当前文件名、位置和文件格式保存活动文件

续表

按键	说明
Ctrl+U	应用或取消下划线 按【Ctrl+Shift+U】组合键将在展开和折叠编辑栏之间切换
Ctrl+V	在插入点处插入剪贴板的内容，并替换任何所选内容。只有在剪切或复制了对象、文本或单元格内容之后，才能使用此快捷键
Ctrl+W	关闭选定的工作簿窗口
Ctrl+X	剪切选定的单元格
Ctrl+Y	重复上一个命令或操作（如有可能）
Ctrl+Z	使用"撤销"命令来撤销上一个命令或删除最后输入的内容
F4	重复上一个命令或操作（如有可能） 按【Ctrl+F4】组合键可关闭选定的工作簿窗口 按【Alt+F4】组合键可关闭 Excel
F11	在单独的图表工作表中创建当前范围内数据的图表 按【Shift+F11】组合键可插入一个新工作表
F12	显示【另存为】对话框
箭头键	在工作表中上移、下移、左移或右移一个单元格 按【Ctrl+ 箭头键】组合键可移动到工作表中当前数据区域的边缘 按【Shift+ 箭头键】组合键可将单元格的选定范围扩大一个单元格 按【Ctrl+Shift+ 箭头键】组合键可将单元格的选定范围扩展到活动单元格所在列或行中的最后一个非空单元格，或者如果下一个单元格为空，则将选定范围扩展到下一个非空单元格

(3) PowerPoint 2010 快捷键

按键	说明
N Enter Page Down 右箭头（→） 下箭头（↓） 空格键	执行下一个动画或换页到下一张幻灯片
P Page Up 左箭头（←） 上箭头（↑） Backspace	执行上一个动画或返回到上一个幻灯片
B 或。（句号）	黑屏或从黑屏返回幻灯片放映
W 或，（逗号）	白屏或从白屏返回幻灯片放映
S 或加号	停止或重新启动自动幻灯片放映
Esc Ctrl+Break 连字符 (−)	退出幻灯片放映
Ctrl+P	重新显示隐藏的指针或将指针改变成绘图笔
Ctrl+A	重新显示隐藏的指针和将指针改变成箭头
Ctrl+H	立即隐藏指针和按钮

3. 各大组件的通用操作

Word、Excel 和 PowerPoint 中包含很多通用的命令操作，如复制、剪切、粘贴、撤销、恢复、查找和替换等。下面以 Word 为例进行介绍。

(1) 复制命令

选择要复制的文本，单击【开始】选项卡下【剪贴板】组中的【复制】按钮 复制，或按【Ctrl+C】组合键都可以复制选择的文本。

(2) 剪切命令

选择要剪切的文本，单击【开始】选项卡下【剪贴板】组中的【剪切】按钮 剪切，或按【Ctrl+X】组合键都可以剪切选择的文本。

(3) 粘贴命令

复制或剪切文本后，将鼠标光标定位至要粘贴文本的位置，单击【开始】选项卡下【剪贴板】组中的【粘贴】按钮 的下拉按钮，在弹出的下拉列表中选择相应的粘贴选项，或按【Ctrl+V】组合键都可以粘贴用户复制或剪切的文本。

> **|提示|**
>
> 【粘贴】下拉列表中各项含义如下。
>
> 【保留原格式】选项：被粘贴内容保留原始内容的格式。
>
> 【匹配目标格式】选项：被粘贴内容取消原始内容格式，并应用目标位置的格式。
>
> 【仅保留文本】选项：被粘贴内容清除原始内容和目标位置的所有格式，仅保留文本。

(4) 撤销命令

当执行的命令有错误时，可以单击快速访问工具栏中的【撤销】按钮 ，或按【Ctrl+Z】组合键撤销上一步的操作。

(5) 恢复命令

执行撤销命令后，可以单击快速访问工具栏中的【恢复】按钮 ，或按【Ctrl+Y】组合键恢复撤销的操作。

> **|提示|**
>
> 输入新的内容后，【恢复】按钮 会变为【重复】按钮 ，单击该按钮，将重复输入新输入的内容。

(6) 查找命令

需要查找文档中的内容时，单击【开始】选项卡下【编辑】组中的【查找】按钮右侧的下拉按钮，在弹出的下拉列表中选择【查找】或【高级查找】选项，或按【Ctrl+F】组合键查找内容，即可打开【查找和替换】对话框。

> **|提示|**
>
> 选择【查找】选项或按【Ctrl+F】组合键，可以打开【导航】窗格查找。
>
> 选择【高级查找】选项可以弹出【查找和替换】对话框查找内容。

(7) 替换命令

需要替换某些内容或格式时，可以使用替换命令。单击【开始】选项卡下【编辑】组中的【替换】按钮，即可打开【查找和替换】对话框，在【查找内容】和【替换为】文本框中分别输入要查找和替换为的内容，单击【替换】按钮即可。

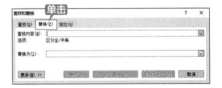

4. 在办公室、路上、家里随时随地搞定

Office 移动信息产品的快速发展，移动通信网络的普及，只需要一部智能手机或者平板电脑就可以随时随地进行办公，使得工

作更简单、更方便。

微软推出了支持 Windows、Android、iPhone 手机以及平板电脑的 Microsoft Word/Excel/PowerPoint 组件。

下载并安装 Microsoft Word 软件，并在手机中使用同一账号登录，即可显示手机中的文件。

第1步 单击"工作报告 .docx"文档，即可将其下载至手机。

第2步 下载完成后会自动打开该文档，效果如图所示。

第3步 对文件中的字体进行简单的编辑，并插入工作表，效果如图所示。

第4步 编辑完成后，单击左上角的【返回】按钮 ⬅，即可自动将文档保存至 OneDrive。

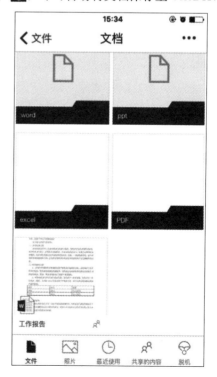

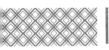
5. 如何阅读本书

本书以学习 Word/Excel/PPT 的最佳结构来分配章节，第 0 章可以使读者了解 Word/Excel/PPT 的应用领域，记忆如何学习 Word/Excel/PPT。第 1 篇可使读者掌握 Word 2010 的使用方法，包括安装与设置 Office 2010、Word 的基本操作、使用图片和表格及长文档的排版。第 2 篇可使读者掌握 Excel 2010 的使用，包括 Excel 的基本操作、表格的美化、数据的处理与分析、图表、数据透视图与数据透视表、公式和函数的应用等。第 3 篇可使读者掌握 PPT 的办公应用，包括 PPT 的基本操作、图形和图表的应用、动画和多媒体的应用、放映幻灯片等。第 4 篇通过行业案例介绍 Word/Excel/PPT 在人力资源、行政文秘、财务管理及市场营销中的应用。第 5 篇可使读者掌握办公秘籍，包括办公设备的使用以及 Office 组件间的协作。

Word 办公应用篇

第 **1** 篇

本篇主要介绍 Word 的各种操作。通过本篇的学习，读者可以学习如何在 Word 中进行文字录入、文字调整、图文混排及在文字中添加表格和图表等操作。

第1章

快速上手——Office 2010 的安装与设置

本章导读

使用 Office 2010 软件之前，首先要掌握 Office 2010 的安装与基本设置。本章主要介绍 Office 2010 软件的安装与卸载、启动与退出、配置 Microsoft 账户、修改默认设置等操作。

思维导图

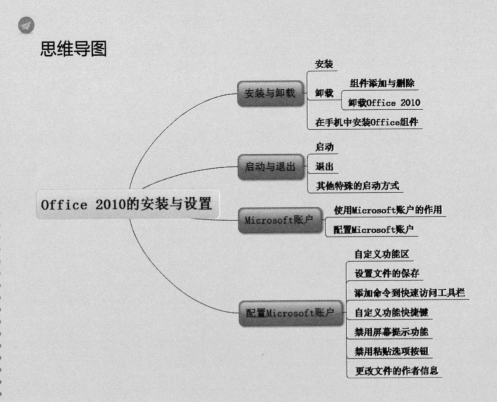

1.1 Office 2010 的安装与卸载

软件使用之前，首先要将软件移植到计算机中，此过程为安装；如果不想使用此软件，可以将软件从计算机中清除，此过程为卸载。本节介绍 Office 2010 三大组件的安装与卸载。

1.1.1 安装

在使用 Office 2010 之前，首先需要掌握 Office 2010 的安装操作，安装 Office 2010 之前，计算机硬件和软件的配置要达到以下要求。

要安装 Office 2010，计算机硬件和软件的配置要达到以下要求。

处理器	1GHz 或更快的 x86 或 x64 位处理器（采用 SSE2 指令集）
内存	1GB RAM（32 位）；2GB RAM（64 位）
硬盘	3.0 GB 可用空间
显示器	图形硬件加速需要 DirectX10 显卡和 1024 像素 x 576 像素的分辨率
操作系统	Windows 7、Windows 8、Windows Server 2008 R2 或 Windows Server 2012
浏览器	Microsoft Internet Explorer 8、9 或 10；Mozilla Firefox 10.x 或更高版本；Apple Safari 5；Google Chrome 17.x
.NET 版本	3.5、4.0 或 4.5
多点触控	需要支持触摸的设备才能使用任何多点触控功能。但始终可以通过键盘、鼠标或其他标准输入设备或可访问的输入设备使用所有功能。请注意，新的触控功能已经过优化，可与 Windows 8 配合使用

> **提示**
>
> .NET 是微软的新一代技术平台，对于 Office 软件来讲，有了 .NET 平台，用户能够进行 Excel 自动化数据处理、窗体和控件、菜单和工具栏、智能文档编程、图形与图表等操作。一般系统都会自带 .NET，如果不小心删除了，可自行到 Microsoft 官方网站下载安装。

计算机配置达到要求后就可以安装 Office 软件。首先要启动 Office 2010 的安装程序，按照安装向导的提示来完成软件的安装。

第1步 将光盘放入计算机的光驱中，系统会自动弹出安装提示窗口，在弹出的对话框中阅读软件许可证条款，选中【我接受此协议的条款】复选框后，单击【继续】按钮。

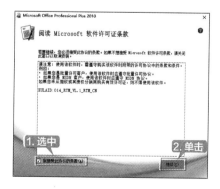

第2步 在弹出的对话框中选择安装类型，这

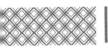
里单击【立即安装】按钮。

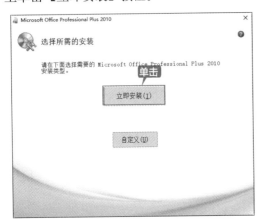

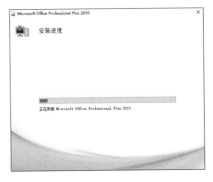

第4步 安装完成之后，单击【关闭】按钮，即可完成安装。

| 提示 |

单击【立即安装】按钮可以在默认的安装位置安装默认组件，单击【自定义】按钮可以自定义安装的位置和组件。

第3步 系统开始进行安装，如图所示。

1.1.2 卸载

如果使用 Office 2010 的过程中程序出现问题，可以修复 Office 2010；不需要使用时，可以将其卸载。

1. 组件添加与删除

安装 Office 2010 后，当组件不能满足工作需要时，可以添加 Office 2010 其他组件，而不需要的组件也可将其删除。

第1步 单击【开始】按钮，在弹出的菜单右侧中选择【控制面板】选项。

第2步 打开【控制面板】窗口，单击【程序和功能】选项。

第3步 打开【程序和功能】对话框，选

择【Microsoft Office Professional Plus 2010】选项，单击【更改】按钮。

第4步 在弹出的【Microsoft Office Professional Plus 2010】对话框中选中【添加或删除功能】单选按钮，单击【继续】按钮。

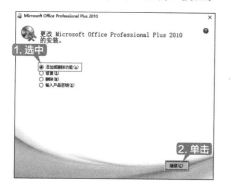

第5步 单击【Microsoft Excel】组件前的按钮 ，在弹出的下拉列表中选择【不可用】选项，单击【继续】按钮，在打开的对话框中等待配置完成，即可完成 Excel 2010 组件的卸载。

1.1.3 在手机中安装 Office 组件

Office 2010 推出了手持设备版本的 Office 组件，支持 Android 手机、Android 平板电脑、iPhone、iPad、Windows Phone、Windows 平板电脑，下面就以在安卓手机中安装 Word 组件为例进行介绍。

提示

如果需要将删除的组件重新安装到计算机中，可在该对话框中将该组件设置为【从本机运行】选项，然后单击【继续】按钮，配置 Office 2010。

2. 卸载 Office 2010

不需要 Office 2010 时，可以将其卸载。

第1步 打开【程序和功能】对话框，选择【Microsoft Office Professional Plus 2010】选项，单击鼠标右键，单击【卸载】按钮。

第2步 弹出【安装】提示框，单击【是】按钮，即可开始卸载 Office 2010。

第1步 在安卓手机中打开任一下载软件的应用商店，如腾讯应用宝、360 手机助手、百度手机助手等，这里打开 360 手机助手程序，在搜索框中输入 "Word"，单击【搜索】按钮，即可显示搜索结果。

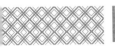

第2步 在搜索结果中单击【微软 Office Word】右侧的【下载】按钮，即可开始下载 Microsoft Word 组件。

第3步 下载完成，将打开安装界面，单击【安装】按钮。

第4步 安装完成，在安装成功界面中单击【打开】按钮。

第5步 即可打开并进入手机 Word 界面。

提示

使用手机版本 Office 组件时需要登录 Microsoft 账户。

1.2 Office 2010 的启动与退出

使用 Office 办公软件编辑文档之前，首先需要启动软件，使用完成，还需要退出软件。本节以 Word 2010 为例，介绍启动与退出 Office 2010 的操作。

1.2.1 启动 Word 2010

启动 Word 2010 的具体步骤如下。

第1步 在任务栏中选择【开始】→【所有程序】→【Microsoft Office 2010】→【Microsoft Word 2010】选项。

第2步 随即会启动 Word 2010，在打开的界面中选择【文件】选项卡，选择【新建】选项，在右侧单击【空白文档】按钮。

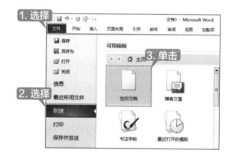

第3步 即可新建一个空白文档。

1.2.2 退出 Word 2010

退出 Word 2010 文档有以下几种方法。

方法一：单击窗口右上角的【关闭】按钮。

方法二：在文档标题栏上单击鼠标右键，在弹出的控制菜单中选择【关闭】选项。

方法三：单击【文件】选项卡下的【关闭】选项。

方法四：直接按【Alt+F4】组合键。

1.2.3 其他特殊的启动方式

除了使用正常的方法启动 Word 2010 外，还可以在 Windows 桌面或文件夹的空白处单击鼠标右键，在弹出的快捷菜单中选择【新建】→【Microsoft Word 文档】选项。执行该命令后即可创建一个 Word 文档，用户可以直接重新命名该新建文档。双击该新建文档，Word 2010 就会打开这篇新建的空白文档。

此外，双击计算机中存储的".docx"格式文档，也可以快速启动 Word 2010 软件并打开该文档。

1.3 提高办公效率——修改默认设置

Office 2010 各组件可以根据需要修改默认的设置，设置的方法类似。本节以 Word 2010 软件为例来讲解 Office 2010 修改默认设置的操作。

1.3.1 自定义功能区

功能区中的各个选项卡可以由用户自定义设置，包括命令的添加、删除、重命名、次序调整等。

第1步 在功能区的空白处单击鼠标右键，在弹出的快捷菜单中选择【自定义功能区】选项。

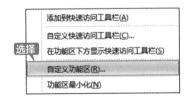

第2步 打开【Word 选项】对话框，单击【自定义功能区】区域的【新建选项卡】按钮。

第3步 系统会自动创建一个【新建选项卡】和一个【新建组】选项。

第4步 单击选中【新建选项卡（自定义）】选项，单击【重命名】按钮，弹出【重命名】对话框，在【显示名称】文本框中输入"附加"字样，单击【确定】按钮。

第5步 单击选中【新建组（自定义）】选项，单击【重命名】按钮，弹出【重命名】对话框。在【符号】列表框中选择组图标，在【显示名称】文本框中输入"学习"字样，单击【确定】按钮。

第6步 返回到【Word 选项】对话框，即可看到选项卡和选项组已被重命名，单击【从下列位置选择命令】右侧的下拉按钮，在弹出的列表中选择【所有命令】选项，在列表框中选择【词典】选项，单击【添加】按钮。

第7步 此时就将其添加至新建的【附加】选项卡下的【学习】组中。

| 提示 |

单击【上移】和【下移】按钮改变选项卡和选项组的顺序和位置。

第8步 单击【确定】按钮，返回 Word 界面，即可看到新增加的选项卡、选项组及按钮。

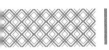
> **提示**
>
> 　　如果要删除新建的选项卡或选项组，只需要选择要删除的选项卡或选项组并单击鼠标右键，在弹出的快捷菜单中选择【删除】选项即可。

1.3.2 设置文件的保存

　　保存文档时经常需要选择文件保存的位置及保存类型，如果需要经常将文档保存为某一类型并且保存在某一个文件夹内，可以在 Office 2010 中设置文件默认的保存类型及保存位置，具体操作步骤如下。

第1步 在打开的 Word 2010 文档中选择【文件】选项卡，选择【选项】选项，打开【Word选项】对话框，在左侧选择【保存】选项，在右侧的【保存文档】区域中单击【将文件保存为此格式】后的下拉按钮，在弹出的下拉列表中选择【Word 文档（*.docx）】选项，将默认保存类型设置为"Word 文档（*.docx）"格式。

第2步 单击【默认本地文件位置】文本框后的【浏览】按钮，打开【修改位置】对话框，选择文档要默认保存的位置，单击【确定】按钮。

第3步 返回至【Word 选项】对话框后即可看到已经更改了文档的默认保存位置，单击【确定】按钮。

第4步 新建 Word 2010 文档，单击【文件】选项卡，选中【保存】选项，并在右侧单击【浏览】按钮，即可打开【另存为】对话框，可以看到将自动设置为默认的保存类型并自动打开默认的保存位置。

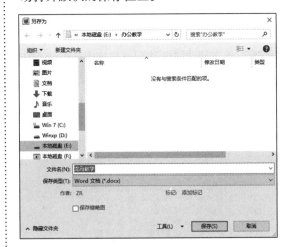

1.3.3 添加命令到快速访问工具栏

Word 2010 的快速访问工具栏在软件界面的左上方，默认情况下包含保存、撤销和恢复几个按钮，用户可以根据需要将命令按钮添加至快速访问工具栏，具体操作步骤如下。

第1步 单击快速访问工具栏右侧的【自定义快速访问工具栏】按钮，在弹出的下拉列表中可以看到包含新建、打开等多个选项，选择要添加至快速访问工具栏的选项，这里单击【新建】选项。

第2步 即可将【新建】按钮添加至快速访问工具栏，并且选项前将显示"√"符号。

┃提示┃::::::

使用同样的方法可以添加【自定义快速访问工具栏】列表中的其他按钮，如果要取消按钮在快速访问工具栏中的显示，只需要再次选择【自定义快速访问工具栏】列表中的按钮选项即可。

第3步 此外，还可以根据需要添加其他命令至快速访问工具栏。单击快速访问工具栏右

侧的【自定义快速访问工具栏】按钮，在弹出的下拉列表中选择【其他命令】选项。打开【Word 选项】对话框，在【从下列位置选择命令】列表中选择【常用命令】选项，在下方的列表中选择要添加至快速访问工具栏的按钮，这里选择【另存为】选项，单击【添加】按钮。

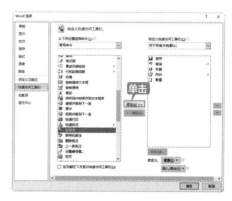

第4步 即可将【另存为】按钮添加至右侧的列表框中，单击【确定】按钮。

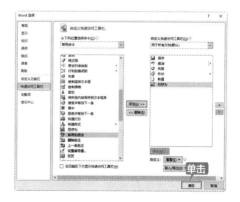

第5步 返回 Word 2010 界面，即可看到已经将【另存为】按钮添加至快速访问工具栏中。

1.3.4 自定义功能快捷键

在 Word 2010 中可以根据需要自定义功能快捷键，便于执行某些常用的操作，在 Word 2010 中设置添加 ✐ 符号功能快捷的具体操作步骤如下。

第1步 单击【插入】选项卡下【符号】选项组中【符号】按钮 Ω 的下拉按钮，在弹出的下拉列表中选择【其他符号】选项。

第2步 打开【符号】对话框，选择要插入的【✐】符号，单击【快捷键】按钮。

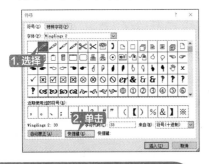

第3步 弹出【自定义键盘】对话框，将鼠标光标放置在【请按新快捷键】文本框内，在键盘上按要设置的快捷键，这里按【Alt+C】组合键。单击【指定】按钮，即可将设置的快捷键添加至【当前快捷键】列表框内，单击【关闭】按钮。

第4步 返回至【符号】对话框，即可看到设置的快捷键，单击【关闭】按钮，在 Word 文档中按【Alt+C】快捷键，即可输入 ✐ 符号。

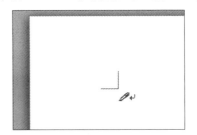

1.3.5 禁用屏幕提示功能

在 Word 2010 中将鼠标光标放置在某个按钮上，将提示按钮的名称以及作用，可以通过设置禁用屏幕提示功能，具体操作步骤如下。

第1步 将鼠标光标放置在任意一个按钮上，例如放置在【开始】选项卡下【字体】组中的【加粗】按钮上，稍等片刻，将显示按钮的名称以及作用。

第2步 选择【文件】选项卡，选择【选项】选项，打开【Word选项】对话框，选择【常规】选项，在右侧的【用户界面选项】组中单击【屏幕提示样式】后的下拉按钮，在弹出的下拉列表中选择【不显示屏幕提示】选项，单击【确定】按钮，即可禁用屏幕提示功能。

1.3.6 禁用粘贴选项按钮

默认情况下使用粘贴功能后，将会在文档显示粘贴选项按钮 ，方便用于选择粘贴选项，也可以通过设置禁用粘贴选项按钮，具体操作步骤如下。

第1步 在 Word 文档中复制一段内容后，按【Ctrl+V】组合键，将在 Word 文档中显示粘贴选项按钮，如图所示。

第2步 如果要禁用粘贴选项按钮，可以选择

【文件】选项卡，选择【选项】选项，打开【Word选项】对话框，选择【高级】选项，在右侧的【剪切、复制和粘贴】组中撤销选中【粘贴内容时显示粘贴选项按钮】复选框，单击【确定】按钮，即可禁用粘贴选项按钮。

1.3.7 更改文件的作者信息

使用 Word 2010 制作文档时，文档会自动记录作者的相关信息，可以根据需要更改文件的作者信息，具体操作步骤如下。

第1步 在打开的 Word 文档中选择【文件】选项卡，选择【信息】选项，即可在右侧的【相关人员】区域显示作者信息。在作者名称上单击鼠标右键，在弹出的快捷菜单中选择【编辑属性】命令。

第2步 弹出【编辑人员】对话框，在【输入姓名或电子邮件地址】文本框中输入要更改的作者名称，单击【确定】按钮。

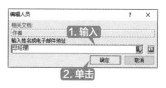

第3步 返回 Word 界面，即可看到已经更改了作者信息。

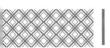

◇ 功能区最小化

在阅读文档时，有时为了方便，会将功能区隐藏起来，下面以 Word 为例介绍将功能区最小化，单击工作界面右上方的 ⌃ 按钮，即可将功能区最小化。

◇ 快速删除工具栏中的按钮

在【快速访问工具栏】中选择需要删除的按钮，并单击鼠标右键，在弹出的快捷菜中选择【从快速访问工具栏中删除】选项，即可将该按钮从快速访问工具栏中删除。

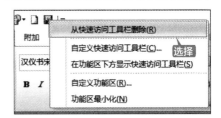

第2章
Word 的基本操作

本章导读

在文档中插入文本并进行简单的设置，是 Word 2010 最基本的操作。使用 Word 可以方便地记录文本内容，并能够根据需要设置文字的样式，从而制作公司年终总结报告、个人工作报告、租赁协议、请假条、邀请函、思想汇报等各类说明性文档。本章主要介绍输入文本、编辑文本、设置字体格式、设置段落格式、设置背景及审阅文档等内容。

思维导图

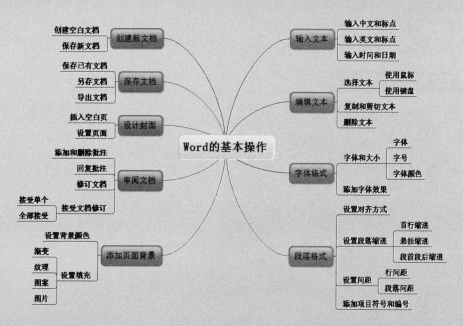

2.1 公司年终总结报告

公司年终总结报告是公司一年经营情况的总结。制作公司年终总结报告时，不仅要总结上一年公司经营状况，还要为下一年的工作进行安排。

实例名称：制作公司年终总结报告	
实例目的：掌握 Word 的基本操作	
素材	素材 \ch02\ 公司年度总结 .docx
结果	结果 \ch02\ 公司年度总结 .docx
录像	视频教学录像 \02 第 2 章

2.1.1 案例概述

公司年终总结报告是公司对一年来的经营状况进行回顾和分析，从中找出经验和教训，引出规律性认识，以指导今后工作和公司发展方向的一种应用文体。其内容包括公司一年来的情况概述、成绩、经验教训及下一年的工作计划及安排。在制作公司年度工作报告时应注意以下几点。

① 总结必须有情况的概述和叙述，有的比较简单，有的比较详细。这部分内容主要是对工作的主客观条件、有利和不利条件以及工作的环境和基础等进行分析。

② 成绩和缺点。这是总结的中心，总结的目的就是要肯定成绩并找出缺点。成绩有哪些，表现在哪些方面，是怎样取得的；缺点有多少，表现在哪些方面，是什么性质的，怎样产生的，都应讲清楚。

③ 经验和教训。为便于公司下一年工作的顺利开展，须对以往工作中的经验和教训进行分析、研究、概括、集中并上升到理论的高度来认识。

④ 下一年的计划及工作安排。根据今后的工作任务和要求，吸取前一年工作的经验和教训，明确努力方向，提出改进措施等。

2.1.2 设计思路

制作公司年终总结报告可以按照以下思路进行。

① 创建文档并输入公司年终总结报告内容。

② 为报告内容设置字体格式、添加字体效果。

③ 设置段落格式、添加项目符号和编号。

④ 邀请别人审阅自己的文档，以便制作的公司年终总结报告更准确。

⑤ 根据需要设计封面，并保存文档。

2.1.3 涉及知识点

本案例主要涉及以下知识点。

① 创建文档。

② 输入和编辑文本。

③ 设置字体格式、添加字体效果等。

④ 设置段落对齐、段落缩进、段落间距等。

⑤ 设置页面颜色、设置填充效果等。

⑥ 添加和删除批注、回复批注、接受修订等。

⑦ 添加空白页面。

⑧ 保存文档。

2.2 创建公司年终总结报告文档

在创建公司年终总结报告文档时，首先需要打开 Word 2010，创建一份新文档，具体操作步骤如下。

第1步 单击计算机左下角的【开始】按钮，在弹出的菜单中选择【所有应用】→【Microsoft Office 2010】 →【Microsoft Word 2010】选项，或者单击 Word 2010 图标，都可以打开 Word 2010 的初始界面。

第2步 即可创建一个名称为"文档1"的空白文档。

> | 提示 |
>
> 在桌面上单击鼠标右键，在弹出的快捷菜单中选择【新建】→【Microsoft Word 文档】选项，也可在桌面上新建一个 Word 文档，双击新建的文档图标可打开该文档。

第3步 单击【文件】选项卡，在弹出的菜单列表中选择【保存】选项，在弹出的【另存为】对话框中选择保存位置，在【文件名】文本框中输入文档名称"公司年终总结报告"，单击【保存】按钮即可完成创建公司年终总结报告文档的操作。

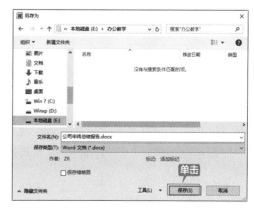

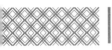

2.3 输入文本

文本的输入功能非常简便，只要会使用键盘打字，就可以在文档的编辑区域输入文本内容。公司年终总结报告文档保存成功后，即可在文档中输入文本内容。

2.3.1 输入中文和标点

由于 Windows 的默认语言是英语，语言栏显示的是英文键盘图标 **英**，因此如果不进行中 / 英文切换就以汉语拼音的形式输入的话，那么在文档中输出的文本就是英文。

用户可以按【Ctrl+ 空格】组合键切换至中文输入法，输入中文和标点的具体操作步骤如下。

第 1 步 单击任务栏中的美式键盘图标 **M**，在弹出的快捷菜单中选择中文输入法，如这里选择"搜狗拼音输入法"。

提示

一般情况下，在 Windows 10 系统中可以按【Ctrl+Shift】组合键切换输入法，也可以按住【Ctrl】键，然后使用【Shift】键切换。

第 2 步 此时在 Word 文档中，用户即可使用拼音拼写输入中文内容。

> 公司年终总结报告

第 3 步 在输入的过程中，当文字到达一行的最右端时，输入的文本将自动跳转到下一行。如果在未输入完一行时想要换行输入，则可以按【Enter】键来结束一个段落，这样会产生一个段落标记"↵"符号，然后输入其他内容。

> 公司年终总结报告↵
> 尊敬的各位领导↵

第 4 步 将鼠标光标放置在文档中第二行文字的句末，按键盘上的【/】键，即可输入"、"。

> 公司年终总结报告↵
> 尊敬的各位领导、↵

第 5 步 输入其他内容并按键盘上的【Shift+；】组合键，即可在文档中输入一个中文的冒号"："。

> 公司年终总结报告↵
> 尊敬的各位领导、各位同事：↵

第 6 步 输入其他正文内容，可以打开随书光盘中的"素材 \ch02\ 公司年度总结 .docx"文件，将其内容粘贴至文档中。

> 公司年终总结报告↵
> 尊敬的各位领导、各位同事：
> 新年的钟声即将敲响，预示着忙碌的 2015 年已经过去，全新而充满挑战的 2016 在不知不觉中悄然来到，2015 是一个充满色彩的数字，它记载着 XX 电器销售公司一年的风雨历程，都说没有风雨怎么见彩虹，没有苦辛怎么获得甘露。我们在一天天的学习中成长，我们在一次次的挫折中壮大。我们坚信，只要真实的付出了自己的努力，XX 电器销售公司的明天会更好。
> 2015 年虽然市场压力巨大，但在公司各级领导的带领及全体员工的辛劳努力下，我们仍然收获了成功和喜悦。公司的销售业绩、员工素质、销售技巧、专业基础知识的掌握，以及客户储备都有了明显的提升与进步，于此同时也暴露了我们许多的问题，我们需要一个一个的解决它。下面对公司一年来的工作进行一个简要的总结。

提示

单击【插入】选项卡下【符号】组中的【符号】按钮的下拉按钮，在弹出的快捷菜单中选择标点符号，也可以将标点符号插入文档中。

2.3.2 输入英文和标点

在编辑文档时，有时也需要输入英文和英文标点符号，按【Shift】键即可在中文和英文输入法之间切换，下面以使用搜狗拼音输入法为例，介绍输入英文和英文标点符号的操作方法。

在中文输入法的状态下，按【Shift】键，即可切换至英文输入法状态，然后在键盘上按相应的英文按键，即可输入英文。输入英文标点和输入中文标点的方法相同，如按【Shift+1】组合键，即可在文档中输入一个英文的感叹符号"!"。

2.3.3 输入时间和日期

在文档完成后，可以在末尾处加上文档创建的时间和日期。

第1步 将鼠标光标放置在最后一行，按【Enter】键执行换行操作，单击【插入】选项卡下【文本】组中的【时间和日期】按钮。

第2步 弹出【时间和日期】对话框，单击【语言】选项的下拉按钮，选择【中文】选项，在【可用格式】列表框中选择一种格式，单击【确定】按钮。

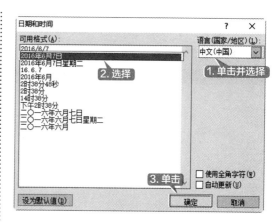

第3步 即可为文档插入当前的日期。

公司 2016 的发展规划
2016 年需要提升销售业绩、
户沟通、推广 XX 电器销售品
增加员工的销售技巧与销售
注重细节，加强团队建设。
注重素质，培育人才，强调
完善制度，提高执行力。
树立形象，提高软实力。
2015 年是奋斗的一年、成功
绩。望各位公司员工在 2016
2016 年 6 月 7 日

2.4 编辑文本

输入个人工作报告内容之后，即可利用 Word 编辑文本。编辑文本包括选择文本、复制和剪切文本以及删除文本等。

2.4.1 选择文本

选择文本时既可以选择单个字符，也可以选择整篇文档。选定文本的方法主要有以下几种。

1. 拖曳鼠标选定文本

选定文本最常用的方法就是拖曳鼠标选取。采用这种方法可以选择文档中的任意文字，该方法是最基本和最灵活的选取方法。

第1步 将鼠标光标放在要选择的文本的开始位置，如放置在第 3 行的位置。

第2步 按住鼠标左键并拖曳，这时选中的文本会以阴影的形式显示。选择完成，释放鼠标左键，鼠标光标经过的文字就被选定了。单击文档的空白区域，即可取消文本的选择。

2. 用键盘选定文本

在不使用鼠标的情况下，我们可以利用键盘组合键来选择文本。使用键盘选定文本时，需先将插入点移动到将选文本的开始位置，然后按相关的组合键即可。

组合键	功能
Shift+ ←	选择光标左边的一个字符
Shift+ →	选择光标右边的一个字符
Shift+ ↑	选择至光标上一行同一位置之间的所有字符
Shift+ ↓	选择至光标下一行同一位置之间的所有字符
Shift + Home	选择至当前行的开始位置
Shift + End	选择至当前行的结束位置
Ctrl+A/Ctrl+5	选择全部文档
Ctrl+Shift+ ↑	选择至当前段落的开始位置
Ctrl+Shift+ ↓	选择至当前段落的结束位置
Ctrl+Shift+Home	选择至文档的开始位置
Ctrl+Shift+End	选择至文档的结束位置

第1步 用鼠标在起始位置单击，然后按住【Shift】键的同时单击文本的终止位置，此时可以看到起始位置和终止位置之间的文本已被选中。

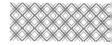

第2步 取消之前的文本选择，然后在按住【Ctrl】键的同时拖曳鼠标，可以选择多个不连续的文本。

如"的""嗯"等，则只能选中一个文字，放在一个词组上则可以选择一个词组。

3. 使用鼠标双击或三击选中

通常情况下，在 Word 文档中的文字上双击鼠标左键，可选中鼠标光标所在位置处的词语，如果在单个文字上双击鼠标左键，

将鼠标光标放置在段落前，双击鼠标左键，可选择整个段落。如果将鼠标光标放置在段落内，双击鼠标左键，可选择鼠标光标所在位置后的词组。

将鼠标光标放置在段落前，连续三次单击鼠标左键，可选择整篇文档。如果将鼠标光标放置在段落内，连续三次单击鼠标左键，可选择整个段落。

2.4.2 复制和剪切文本

复制文本和剪切文本的不同之处在于，前者在是把一个文本信息放到剪贴板中以供复制出更多文本信息，但原来的文本还在原来的位置，后者也是把一个文本信息放入剪贴板以复制出更多信息，但原来的内容已经不在原来的位置。

1. 复制文本

当需要多次输入同样的文本时，使用复制文本可以使原文本产生更多同样的信息，比多次输入同样的内容更为方便。具体操作步骤如下。

第1步 选择文档中需要复制的文字，单击鼠标右键，在弹出的快捷菜单中选择【复制】选项。

第2步 单击【开始】选项卡下【剪贴板】组中的【剪贴板】按钮，在打开的【剪贴板】窗口中即可看到复制的内容，将鼠标光标定位至要粘贴到的位置，单击复制的内容。

第3步 即可将复制内容插入文档中光标所在位置，此时文档中已被插入刚刚复制的内容，但原来的文本信息还在原来的位置。

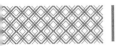

户储备等都有了明显的
的解决它。下面对公司
2016 年 6 月 7 日↵
公司年终总结报告↵

| 提示 |

用户也可以使用【Ctrl+C】组合键复制内容，使用【Ctrl+V】组合键粘贴内容。

2. 剪切文本

如果用户需要修改文本的位置，可以使用剪切文本来完成，具体操作步骤如下。

第1步 选择文档中需要剪切的文字，单击【开始】选项卡下【剪贴板】组中的【剪切】按钮 。

第2步 即可看到选择的文字已经被剪切掉。

第3步 在文档最后按【Enter】键换行，单击【开始】选项卡下【剪贴板】组中的【粘贴】按钮，即可完成剪切文字的操作。

| 提示 |

用户可以使用【Ctrl+X】组合键剪切文本，再使用【Ctrl+V】组合键将文本粘贴到需要的位置。

2.4.3 删除文本

如果不小心输错了内容，可以选择删除文本，具体操作步骤如下。

第1步 选择需要删除的文字。

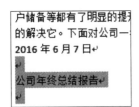

第2步 在键盘上按【Delete】键，即可将选择的文本删除。

户储备等都有了明显的提示
的解决它。下面对公司一
2016 年 6 月 7 日↵

2.5 字体格式

在输入所有内容之后，用户即可设置文档中的字体格式，并给字体添加效果，从而使文档看起来层次分明、结构工整。

2.5.1 字体和大小

将文档内容的字体和大小格式统一，具体操作步骤如下。

第1步 选中文档中的标题，单击【开始】选项卡下【字体】组中的【字体】按钮 。

第2步 在弹出的【字体】对话框中选择【字体】选项卡，单击【中文字体】文本框后的下拉按钮，在弹出的下拉列表中选择【华文楷体】选项，在【字号】列表框中选择【二号】选项，单击【确定】按钮。

第3步 即可看到设置字体和大小后的效果，选择第 2 行文本，单击【开始】选项卡下【字体】组中的【字体】按钮的下拉按钮，在弹出的下拉列表中选择【华文楷体】选项，即

可完成字体的设置。

第4步 单击【开始】选项卡下【字体】组中的【字号】按钮的下拉按钮，在弹出的下拉列表中选择【字号】为"14"，效果如图所示。

第5步 根据需要设置其他标题和正文的字体和字号，设置完成后的效果如图所示。

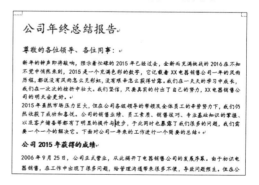

> **| 提示 |**
>
> 选择字体后，单击【开始】选项卡下【字体】组中的【加粗】按钮，可为选择的文本设置加粗效果。

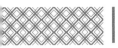
2.5.2 添加字体效果

有时为了突出文档标题，用户也可以给字体添加效果，具体操作步骤如下。

第1步 选中文档中的标题，单击【开始】选项卡下【字体】组中的【文字效果和版式】按钮的下拉按钮，在弹出的下拉列表中选择一种效果。

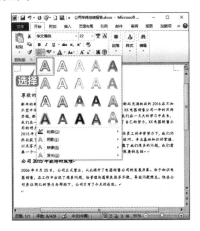

第2步 即可看到设置字体效果后的效果。

> **| 提示 |**
>
> 此外，在【字体】对话框的【效果】组中也可以根据需要设置文字效果。
>
>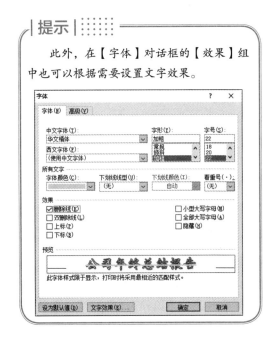

2.6 段落格式

段落指的是两个段落之间的文本内容，是独立的信息单位，具有自身的格式特征。段落格式是指以段落为单位的格式设置。设置段落格式主要是指设置段落的对齐方式、段落缩进及段落间距等。

2.6.1 设置对齐方式

Word 2010 的段落格式命令适用于整个段落，将鼠标光标置于任意位置都可以选定段落并设置段落格式。设置段落对齐的具体操作步骤如下。

第1步 将鼠标光标放置在要设置对齐方式段落中的任意位置，单击【开始】选项卡下【段落】组中的【段落设置】按钮。

第 2 步 在弹出的【段落】对话框中选择【缩进和间距】选项卡，在【常规】组中单击【对齐方式】右侧的下拉按钮，在弹出的列表中选择【居中】选项。

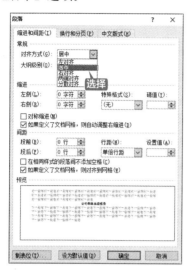

第 3 步 即可将文档中第一段内容设置为居中

对齐方式，效果如图所示。

第 4 步 选择文档最后的日期文本，单击【开始】选项卡下【段落】组中的【右对齐】按钮，即可将日期文本设置为"右对齐"，效果如图所示。

2.6.2 设置段落缩进

段落缩进是指段落到左右页边距的距离。根据中文的书写形式，通常情况下，正文中的每个段落都会首行缩进两个字符。设置段落缩进的具体操作步骤如下。

第 1 步 选择文档中正文第 1 段内容，单击【开始】选项卡下【段落】组中的【段落设置】按钮。

按钮。

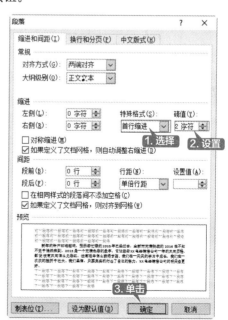

第 2 步 弹出【段落】对话框，单击【缩进】组中【特殊格式】的下拉按钮，在弹出的列表中选择【首行缩进】选项，并设置【磅值】为"2字符"，既可以单击其后的微调按钮设置，也可以直接输入，设置完成后，单击【确定】

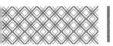

文段落设置首行缩进。

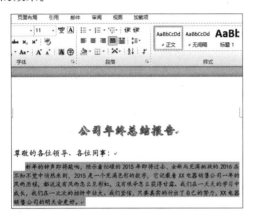

第3步 即可看到为所选段落设置段落缩进后的效果。

第4步 使用同样的方法为工作报告中其他正

2.6.3 设置间距

设置间距指的是设置段落间距和行距，段落间距是指文档中段落与段落之间的距离，行距是指行与行之间的距离。设置段落间距和行距的具体操作步骤如下。

第1步 选中标题下的第一段内容，单击【开始】选项卡下【段落】组中的【段落设置】按钮。

第2步 在弹出的【段落】对话框中选择【缩进和间距】选项卡，在【间距】组中分别设置【段前】和【段后】为"0.5行"，在【行距】下拉列表中选择【1.5倍行距】选项，单击【确定】按钮。

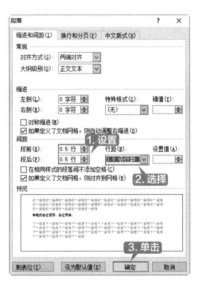

第3步 即可完成设置第一段内容间距的操作，效果如图所示。

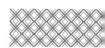

第4步 使用同样的方法设置文档中其他内容的段落间距，最终效果如图所示。

2.6.4 添加项目符号和编号

在文档中使用项目符号和编号，可以使文档中的重点内容突出显示。

1. 添加项目符号

项目符号就是在一些段落的前面加上完全相同的符号。添加项目符号的具体操作步骤如下。

第1步 选中需要添加项目符号的内容，单击【开始】选项卡下【段落】组中【项目符号】按钮 ⋮≡ 的下拉按钮，在弹出的项目符号列表中选择一种样式，即可将选择的项目符号样式应用至所选的段落中。如果要自定义项目符号样式，可以单击【定义新项目符号】选项。

第3步 弹出【符号】窗口，在【符号】窗口中的下拉列表中选择一种符号样式，单击【确定】按钮。

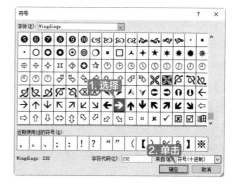

第2步 在弹出的【定义新项目符号】对话框中单击【项目符号字符】组中的【符号】按钮。

第4步 返回【定义新项目符号】对话框，再次单击【确定】按钮，添加项目符号的效果如图所示。

2. 添加编号

文档编号是按照大小顺序为文档中的行或段落添加编号。在文档中添加编号的具体操作步骤如下。

第1步 选中文档中需要添加项目编号的段落。

第2步 单击【开始】选项卡下【段落】组中【编号】按钮的下拉按钮，在弹出的下拉列表中选择一种编号样式。

第3步 即可看到编号添加完成后的效果如图所示。

第4步 使用同样的方法，为其他段落添加编号。

2.7 添加页面背景

在 Word 2010 中，用户可以给公司年终总结报告文档添加页面背景，以使文档看起来生动形象，充满活力。

2.7.1 设置背景颜色

在设置完文档的字体和段落之后，用户可以在其中添加背景颜色，具体操作步骤如下。

第1步 单击【页面布局】选项卡下【页面背景】组中【页面颜色】按钮的下拉按钮，在弹出的下拉列表中选择一种颜色，这里选择"金色，强调文字颜色4，淡色80%"。

第2步 即可给文档页面填充上纯色背景，效果如图所示。

2.7.2 设置填充效果

除了给文档设置背景颜色，用户也可以给文档背景设置填充效果，具体操作步骤如下。

第1步 单击【设计】选项卡下【页面背景】组中【页面颜色】按钮 的下拉按钮，在弹出的下拉列表中选择【填充效果】选项。

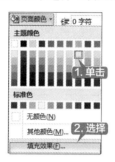

第2步 弹出【填充效果】对话框，在弹出的【填充效果】对话框中选择【渐变】选项卡，在【颜色】组中单击【双色】单选按钮，在【颜色1】选项下方单击颜色框右侧的下拉按钮，在弹出的颜色列表中选择一种颜色，这里选择"蓝色，强调文字颜色1，淡色60%"选项。

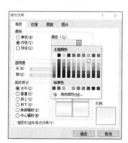

> **提示**
>
> 还可以根据需要设置纹理填充、图案填充或图片填充。

第3步 单击【颜色2】选项下方颜色框右侧的下拉按钮，在弹出的颜色列表中选择第一

种颜色，这里选择"蓝－灰，文字2，淡色80%"选项，在【底纹样式】组中单击选中【角部辐射】单选按钮，单击【确定】按钮。

第4步 完成填充效果的设置，效果如图所示。

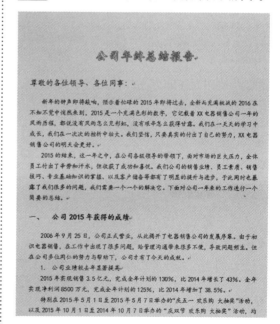

2.8 邀请他人审阅文档

使用 Word 编辑文档之后，通过审阅功能，才能递交出一份完整的公司年终总结报告。

2.8.1 添加和删除批注

批注是文档的审阅者为文档添加的注释、说明、建议和意见等信息。

1. 添加批注

添加批注的具体操作步骤如下。

第1步 在文档中选择需要添加批注的文字，单击【审阅】选项卡下【批注】组中的【新建批注】按钮 。

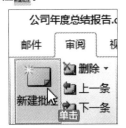

第2步 在文档右侧的批注框中输入批注的内容即可。

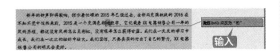

第3步 使用同样的方法，在文档中的其他位置添加批注内容。

2. 删除批注

当不需要文档中的批注时，用户可以将其删除，删除批注有三种方法。

方法一：选择要删除的批注，单击【审阅】选项卡下【批注】组中的【删除】按钮的下拉按钮，在弹出的下拉列表中选择【删除】选项，即可删除单个批注。

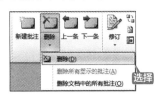

方法二：选择要删除的批注，单击【审阅】选项卡下【批注】组中的【删除】按钮的下拉按钮，在弹出的下拉列表中选择【删除文档中的所有批注】选项，即可删除所有批注。

方法三：在要删除的批注或添加了批注的文本上单击鼠标右键，在弹出的快捷菜单中选择【删除批注】选项。

2.8.2 修订文档

修订是显示文档中所做的诸如删除、插入或其他编辑更改的标记。修订文档的具体操作步骤如下。

第1步 单击【审阅】选项卡下【修订】组中【修订】按钮 的下拉按钮，在弹出的快捷菜单中选择【修订】选项。

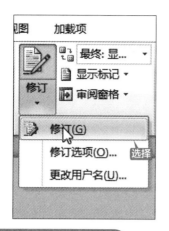

第2步 即可使文档处于修订状态，此时文档中所做的所有修改内容将被记录下来。

2.8.3 接受文档修订

如果修订的内容是正确的，这时即可接受修订。接受修订的具体操作步骤如下。

第1步 选择第一条修订内容。

第2步 单击【审阅】选项卡下【更改】组中【接受】按钮的下拉按钮，在弹出的下拉列表中选择【接受并移到下一条】选项。

第3步 即可接受文档中选择的修订，并自动选择下一条修订。

第4步 如果所有修订都是正确的，需要全部接受，则单击【审阅】选项卡下【更改】组

中【接受】按钮的下拉按钮，在弹出的列表中选择【接受对文档的所有修订】选项即可。再次单击【审阅】选项卡下【修订】组中【修订】按钮，结束修订状态。

|提示|

如果要拒绝修订，可以单击【审阅】选项卡下【更改】组中的【拒绝】按钮的下拉按钮，在弹出的下拉列表中选择【拒绝修订】选项即可。

2.9 设计封面

为公司年终总结报告文档设计封面，可以使报告文档显得更加专业。设计封面的具体操作步骤如下。

第1步 将鼠标光标放置在文档开始的位置，单击【插入】选项卡下【页面】组中的【空白页】按钮。

第2步 即可在文档中添加一个新页面。

第3步 在封面中输入"年终总结报告"文本内容，并在每个字后面按【Enter】键换行，选中"年终总结报告"文字，设置【字号】为"60"，效果如图所示。

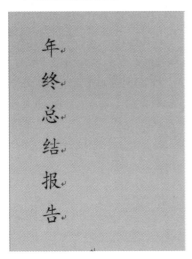

第4步 选中封面页中的内容，单击【开始】选项卡下【段落】组中的【居中】按钮，将文本设置为"居中"对齐。

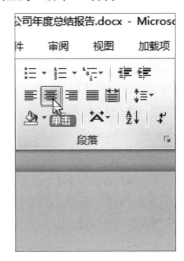

第5步 在年终总结报告下方输入落款和日期，并根据需要调整字体格式，效果如图所示。

2.10 保存文档

公司年终总结报告文档制作完成后，就可以保存文档了。

对已存在的文档有三种方法可以保存更新。

方法一：单击【文件】选项卡，在左侧的列表中单击【保存】选项。

方法二：单击快速访问工具栏中的【保存】图标 。

方法三：按【Ctrl+S】组合键可以实现快速保存。

举一反三

制作房屋租赁协议书

与制作公司年终总结报告类似的文档还有个人工作总结报告、房屋租赁协议书、公司合同、产品转让协议等。制作这类文档时，除了要求内容准确外，还要求条理清晰。下面就以制作房屋租赁协议书为例进行介绍。

1. 创建并保存文档

新建空白文档，并将其保存为《房屋租赁协议书 .docx》文档。根据需求输入房屋租赁协议的内容，并根据需要修改文本内容。

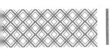

2. 设置字体及段落格式

设置字体的样式，并根据需要设置段落格式，添加项目符号及编号。

3. 添加背景及制作封面

添加背景并插入空白页，输入封面内容并根据需要设置字体样式。

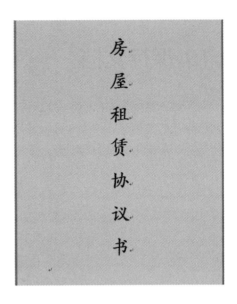

4. 审阅文档并保存

将制作完成的房屋租赁协议书发给其他人审阅，并根据批注修订文档，确保内容无误后，保存文档。

◇ 添加汉语拼音

在 Word 2010 中为汉字添加拼音，具体操作步骤如下。

第1步 新建空白文档，输入并选中要加注拼音的文字，单击【开始】选项卡下【字体】组中的【拼音指南】按钮。

第2步 在弹出的【拼音指南】对话框中单击【组合】按钮，把汉字组合成一行，单击【确定】按钮，即可为汉字添加上拼音。

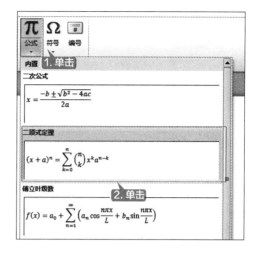

◇ 输入数学公式

数学公式在编辑数学方面的文档时使用非常广泛。在 Word 2010 中，可以直接使用【公式】按钮来输入数学公式，具体操作步骤如下。

第1步 启动 Word 2010，新建一个空白文档，单击【插入】选项卡，在【符号】选项组中单击【公式】按钮右侧的下拉按钮，在弹出的下拉列表中选择【二项式定理】选项。

第2步 返回 Word 文档中即可看到插入的公式，输入公式后用户还可以根据需要编辑插入的公式。

$$(x+a)^n = \sum_{k=0}^{n} \binom{n}{k} x^k a^{n-k}$$

◇ 输入上标和下标

在编辑文档的过程中，输入一些公式定理、单位或者数学符号时，经常需要输入上标或下标，下面具体讲述输入上标和下标的方法。

1. 输入上标

输入上标的具体操作步骤如下。

第1步 在文档中输入一段文字，例如这里输入"A2+B=C"，选择字符中的数字"2"，单击【开始】选项卡下【字体】组中的【上标】按钮 $\mathbf{x}^2$。

具体操作步骤如下。

第1步 在文档中输入"H2O"字样，选择字符中的数字"2"，单击【开始】选项卡下【字体】组中的【下标】按钮 X_2。

第2步 即可将数字 2 变成上标格式。

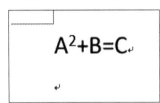

第2步 即可将数字 2 变成下标格式。

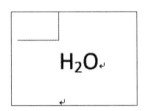

2. 输入下标

输入下标的方法与输入上标的方法类似，

第3章

使用图和表格美化 Word 文档

📖 本章导读

一篇图文并茂的文档，不仅看起来生动形象、充满活力，而且显得更加美观。在 Word 中可以通过插入艺术字、图片、自选图形、表格以及图表等展示文本或数据内容。本章就以制作店庆活动宣传页为例，介绍使用图和表格美化 Word 文档的操作。

🚀 思维导图

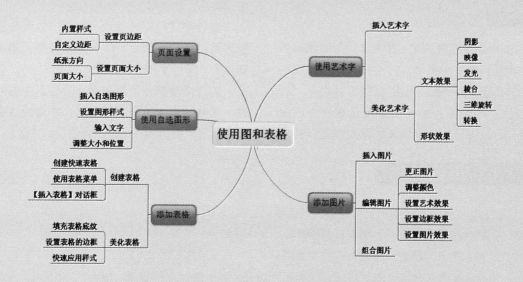

3.1 店庆活动宣传页

制作店庆活动宣传页要做到鲜明、活泼、形象、亮丽，便于公众快速地接收宣传信息。

实例名称：制作店庆活动宣传页	
实例目的：学习使用图和表格美化 Word 文档	
素材	素材 \ch03\ 店庆资料 .txt
结果	结果 \ch03\ 店庆活动宣传页 .docx
录像	视频教学录像 \03 第 3 章

3.1.1 案例概述

制作店庆活动宣传页时，需要注意以下几点。

1. 色彩

① 色彩可以渲染气氛，并且加强版面的冲击力，用以烘托主题，容易引起公众的注意。

② 宣传页的色彩要从整体出发，并且各个组成部分之间的色彩关系要统一，来形成主题内容的基本色调。

2. 图文结合

① 现在已经进入"读图时代"，图形是人类通用的视觉符号，它可以吸引读者的注意，在宣传页中要注重图文结合。

② 图形图片的使用要符合宣传页的主题，可以进行加工提炼来体现形式美，并产生强烈鲜明的视觉效果。

3. 编排简洁

① 确定宣传页的页面大小，是进行编排的前提。

② 宣传页设计时版面要简洁醒目，色彩鲜艳突出，主要的文字可以适当放大，词语文字宜分段排版。

③ 版面要有适当的留白，避免内容过多造成拥挤，使读者失去阅读兴趣。

宣传页按行业分类的不同可以分为药品宣传页、食品宣传页、IT 企业宣传页、酒店宣传页、学校宣传页、企业宣传页等。

店庆活动宣传页属于企业宣传页中的一种，气氛可以以热烈鲜艳为主。本章就以店庆活动宣传页为例介绍排版宣传页的方法。

3.1.2 设计思路

制作店庆活动宣传页时可以按以下思路进行。

① 制作宣传页页面，并插入背景图片。

② 插入艺术字标题，并插入正文文本框。

③ 插入图片，放在合适的位置，调整图片布局，并对图片进行编辑、组合。

④ 添加表格，并对表格进行美化。

⑤ 使用自选图形，以为标题添加的自选图形为背景。

⑥ 根据插入的表格添加折线图，以此来表示活动力度。

3.1.3 涉及知识点

本案例主要涉及以下知识点。

① 设置页边距、页面大小。

② 插入艺术字。

③ 插入图片。

④ 插入表格。

⑤ 插入自选图形。

⑥ 插入图表。

3.2 宣传页页面设置

在制作店庆活动宣传页时，首先要设置宣传页页面的页边距和页面大小，并插入背景图片，以此来确定宣传页的色彩主题。

3.2.1 设置页边距

页边距的设置可以使店庆活动宣传页更加美观。设置页边距，包括上、下、左、右边距以及页眉和页脚距页边界的距离，使用该功能来设置页边距十分精确。

第1步 打开 Word 2010 软件，新建一个 Word 空白文档。

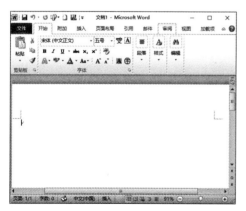

第2步 单击【文件】选项卡，选择【另存为】选项，在右侧的【另存为】区域中单击【浏览】按钮，弹出【另存为】对话框，选择文件要

保存的位置，并在【文件名】文本框中输入"店庆活动宣传页"，单击【保存】按钮。

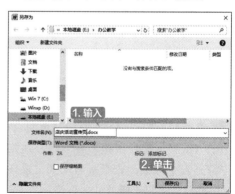

第3步 单击【页面布局】选项卡下【页面设置】组中的【页边距】按钮，在弹出的下拉列表中选择【自定义边距】选项。

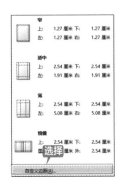

第4步 弹出【页面设置】对话框，在【页边距】选项卡下【页边距】组中可以自定义设置"上""下""左""右"页边距，将【上】【下】页边距均设为"1.2 厘米"、【左】【右】页边距设为"1.8 厘米"，在【预览】区域可以查看设置后的效果。

第5步 单击【确定】按钮，在 Word 文档中

可以看到设置页边距后的效果。

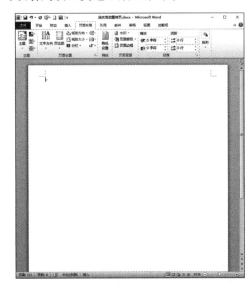

| 提示 |

页边距太窄会影响文档的装订，而太宽不仅影响美观还浪费纸张。一般情况下，如果使用 A4 纸，可以采用 Word 提供的默认值；如果使用 B5 或 16K 纸，上、下边距在 2.4 厘米左右为宜；左、右边距在 2 厘米左右为宜。具体设置可根据用户的要求设定。

3.2.2 设置页面大小

设置好页边距后，还可以根据需要设置页面大小和纸张方向，使页面设置满足店庆活动宣传页的格式要求。具体操作步骤如下。

第1步 单击【页面布局】选项卡下【页面设置】组中的【纸张方向】按钮，在弹出的下拉列表中可以设置纸张方向为"横向"或"纵向"，这里选择【横向】选项。

| 提示 |

用户也可以在【页面设置】对话框中的【页边距】选项卡中，在【纸张方向】区域设置纸张的方向。

第2步 单击【页面布局】选项卡下【页面设置】选项组中的【纸张大小】按钮，在弹出的下拉列表中选择【其他页面大小】选项。

第3步 在弹出的【页面设置】对话框中，在【纸张大小】选项组中设置【宽度】为"30 厘米"，【高度】为"21.6 厘米"，在【预览】区域可以查看设置后的效果。

第4步 单击【确定】按钮，在 Word 文档中可以看到设置页边距后的效果。

3.3 使用艺术字美化宣传页标题

使用 Word 2010 提供的艺术字功能，可以制作出精美绝伦的艺术字，丰富宣传页的内容，使店庆活动宣传页更加鲜明醒目。具体操作步骤如下。

第1步 单击【插入】选项卡下【文本】组中的【艺术字】按钮 ，在弹出的下拉列表中选择一种艺术字样式。

第2步 文档中即会弹出【请在此放置您的文

字】文本框。

第3步 单击文本框内的文字，输入宣传页的标题内容"庆祝 ×× 电动车销售公司开业 10 周年"。

第4步 选中艺术字，单击【绘图工具】→【格式】选项卡下【艺术字样式】组中的【文本效果】按钮 A 文本效果，在弹出的下拉列表中选择【阴影】→【外部】组中的【右下斜偏移】选项。

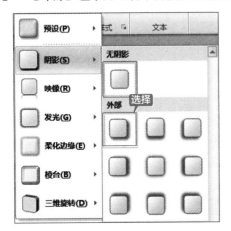

第5步 选中艺术字，单击【绘图工具】→【格式】选项卡下【艺术字样式】组中的【文本效果】按钮 A 文本效果，在弹出的下拉列表中选择【映像】→【映像变体】组中的【半映像，接触】选项。

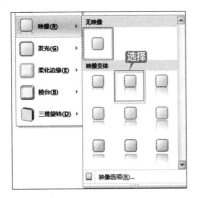

第6步 选中艺术字，调整艺术字的边框，当鼠标指针变为 形状时，拖曳指针，即可改变文本框的大小，并调整艺术字文本框的位置，使艺术字处于文档的正中位置。

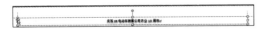

下面完成宣传页的整体格式。

第1步 单击【绘图工具】→【格式】选项卡下【形状样式】组中的【形状填充】按钮 形状填充，在弹出的【主题颜色】面板中

选择【橙色，强调文字颜色2，深色25%】选项。

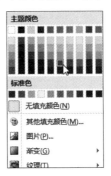

第2步 打开随书光盘中的"素材\ch03\店庆资料.txt"文件。选择第一段的文本内容，并按【Ctrl+C】组合键，复制选中的内容。

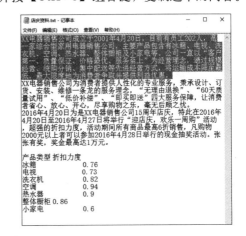

第3步 单击【插入】选项卡下【文本】组中的【文本框】按钮，在弹出的下拉列表中选择【绘制文本框】选项。

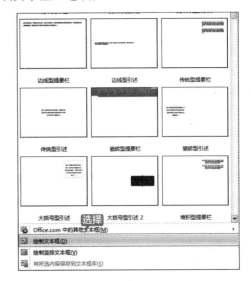

第4步 将鼠标光标定位在文档中，拖曳出文本框，按【Ctrl+V】组合键，将复制的内容粘贴在文本框内，并根据需求设置字体及段落样式。单击【格式】选项卡下【形状样式】组中的【形状填充】按钮，在弹出的下拉列表中选择【橙色，强调文字颜色2，淡色40%】选项。

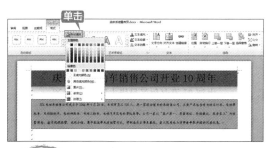

第5步 重复上面的步骤，将其余的段落内容复制、粘贴到文本框中。添加文本结果如图所示。

3.4 添加宣传图片

在文档中添加图片元素，可以使宣传页看起来更加生动、形象、充满活力。在 Word 2010 中可以对图片进行编辑处理，并且可以把图片组合起来避免图片变动。

3.4.1 插入图片

插入图片，可以使宣传页更加多彩。Word 2010 中，不仅可以插入文档图片，还可以插入背景图片。Word 2010 支持更多的图片格式，例如，".jpg"".jpeg"".jfif"".jpe"".png"".bmp"".dib"和".rle"等。在宣传页中添加图片的具体步骤如下。

第1步 单击【插入】选项卡下【页眉和页脚】组中的【页眉】按钮，在弹出的下拉列表中选择【编辑页眉】选项。

第2步 单击【页眉和页脚工具】→【设计】选项卡下【插入】组中的【图片】按钮，在弹出的【插入图片】对话框中选择"素材\ch03\01.jpg"文件，单击【插入】按钮。

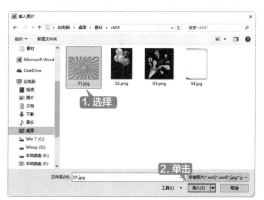

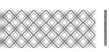
第3步 选择插入的图片并单击鼠标右键，在弹出的快捷菜单中选择【大小和位置】菜单命令，弹出【布局】对话框，在【文字环绕】选项卡下选择【衬于文字下方】选项。

第4步 把图片调整为页面大小，单击【设计】选项卡下【关闭】组中的【关闭页眉和页脚】按钮，即可看到设置完成的宣传页页面。

第5步 调整文本框的位置，并将鼠标光标定位于文档中，然后单击【插入】选项卡下【插图】组中的【图片】按钮。

第6步 在弹出的【插入图片】对话框中选择"素材\ch03\02.png"图片，单击【插入】按钮，即可插入该图片。

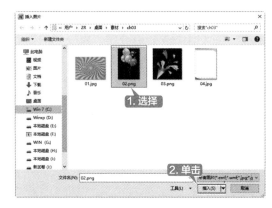

第7步 根据需要调整图片的大小和位置，并选择图片的【环绕方式】为"衬于文字下方"。

第8步 重复上述步骤，插入图片"素材\ch03\03.png"，并单击鼠标左键，拖曳图片上方的【旋转】按钮，调整图片的方向。

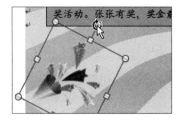

第9步 根据需要调整插入图片的大小和位置。

3.4.2 编辑图片

对插入的图片进行更正、调整、添加艺术效果等的编辑，可以使图片更好地融入宣传页的氛围中。具体操作步骤如下。

第1步 选择插入的图片，单击【图片工具】→【格式】选项卡下【调整】组中【更正】按钮 更正 右侧的下拉按钮，在弹出的下拉列表中选择任一选项。

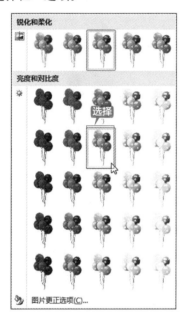

第2步 即可改变图片的锐化和柔化以及亮度和对比度，设置后的效果如下图所示。

第3步 选择插入的图片，单击【图片工具】→【格式】选项卡下【调整】选项组中【颜色】按钮 颜色 右侧的下拉按钮，在弹出的下拉列表中选择任一选项。

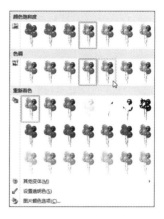

第4步 即可改变图片的色调。

第5步 单击【图片工具】→【格式】选项卡下【调整】选项组中【艺术效果】按钮 艺术效果 ，在弹出的下拉列表中选择任一选项。

第6步 即可改变图片的艺术效果。

为图片添加阴影效果。

第1步 单击【图片工具】→【格式】选项卡下【图片样式】选项组中的【其他】按钮 ，在弹出的下拉列表中选择任一选项。

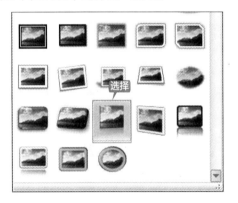

第2步 即可在宣传页上看到图片样式更改后的效果。

第3步 单击【图片工具】→【格式】选项卡下【图片样式】选项组中的【图片效果】按钮 图片效果 ，在弹出的下拉列表中选择【预设】→【预设】组中的【预设3】选项。

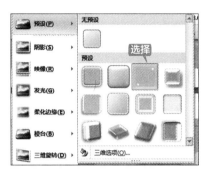

第4步 即可在宣传页上看到图片预设后的效果。

第5步 单击【图片工具】→【格式】选项卡下【图片样式】选项组中的【图片效果】按钮 图片效果 ，在弹出的下拉列表中选择【阴影】→【外部】组中的【左下斜偏移】选项。

第6步 即可在宣传页上看到图片添加阴影后的效果。

第7步 单击【图片工具】→【格式】选项卡下【图片样式】选项组中的【图片效果】按钮 图片效果▾，在弹出的下拉列表中选择【映像】→【映像变体】组中的【全映像，接触】选项。

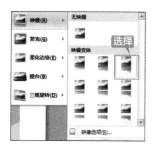

第8步 即可在宣传页上看到图片添加映像后的效果。

设置三维旋转效果。

第1步 单击【图片工具】→【格式】选项卡下【图片样式】选项组中的【图片效果】按钮 图片效果▾，在弹出的下拉列表中选择【三维旋转】选项组中的【前透视】选项。

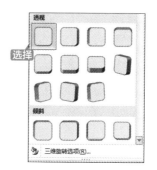

第2步 即可在宣传页上看到图片设置三维前透视后的效果。

第3步 按照上述步骤设置好第二张图片，即可得到效果如图所示。

3.4.3 组合图片

编辑完添加的图片后，还可以把图片进行组合，避免宣传页中的图片移动变形。具体操作步骤如下。

第1步 按住【Ctrl】键，依次选择宣传页中的两张图片，即可同时选中这两张图片。

第2步 单击【图片工具】→【格式】选项卡下【排列】组中的【组合】按钮，在弹出的下拉列表中选择【组合】选项。

第3步 即可将选择的两张图片组合到一起。

3.5 添加活动表格

表格是由多个行或列的单元格组成，用户可以在编辑文档的过程中向单元格中添加文字或图片，来丰富宣传页的内容。

3.5.1 添加表格

Word 2010 提供有多种插入表格的方法，用户可根据需要选择。

1. 创建快速表格

用户可以利用 Word 2010 提供的内置表格模型来快速创建表格，但提供的表格类型有限，只适用于建立特定格式的表格。

第1步 将鼠标光标定位至需要插入表格的位置。单击【插入】选项卡下【表格】选项组中的【表格】按钮，在弹出的下拉列表中选择【快速表格】选项，在弹出的子菜单中选择需要表格类型，这里选择"带副标题1"。

第2步 即可插入选择的表格类型。

学院	新生	毕业生	更改
	本科生		
Cedar 大学	110	103	+7
Elm 学院	223	214	+9
Maple 高等专科院校	197	120	+77

| 提示 |

插入表格后，可以根据需要替换模板中的数据。单击表格左上角的按钮选择所有表格并单击鼠标右键，在弹出的快捷菜单中选择【删除表格】选项，即可将表格删除。

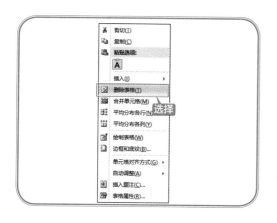

2. 使用表格菜单创建表格

使用表格菜单适合创建规则的、行数和列数较少的表格。最多可以创建 8 行 10 列的表格。

将鼠标光标定位在需要插入表格的地方。单击【插入】选项卡下【表格】组中的【表格】按钮，在【插入表格】区域内选择要插入表格的行数和列数，即可在指定位置插入表格。选中的单元格将以橙色显示，并在名称区域显示选中的行数和列数。

3. 使用【插入表格】对话框创建表格

使用表格菜单创建表格固然方便，可是由于菜单所提供的单元格数量有限，因此只能创建有限的行数和列数。而使用【插入表格】对话框，则不受数量限制，并且可以对表格的宽度进行调整。在本案例店庆活动宣传页中，使用【插入表格】对话框创建表格。具体操作步骤如下。

第1步 将鼠标光标定位至需要插入表格的位置方。单击【插入】选项卡下【表格】选项组中的【表格】按钮 ，在其下拉菜单中选择【插入表格】选项。

第2步 弹出【插入表格】对话框，设置【列数】为"2"，【行数】为"8"，单击【确定】按钮。

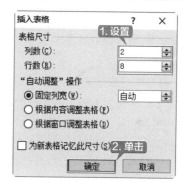

> **| 提示 |**
>
> 【"自动调整"操作】区域中各个单选项的含义如下所示。
>
> 【固定列宽】单选项：设定列宽的具体数值，单位是厘米。当选择为自动时，表示表格将自动在窗口填满整行，并平均分配各列为固定值。
>
> 【根据内容调整表格】单选项：根据单元格的内容自动调整表格的列宽和行高。
>
> 【根据窗口调整表格】单选项：根据窗口大小自动调整表格的列宽和行高。

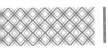
第3步 插入表格后，参照"店庆资料.txt"文件中的内容在表格中输入数据，并设置表格内容中的文本格式。将鼠标指针移动到表格的右下角，当鼠标指针变为 ↘ 形状时，按住鼠标左键并拖曳，即可调整表格的大小。

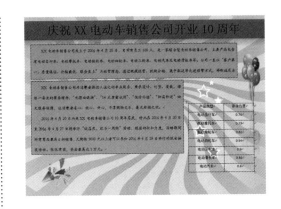

3.5.2 美化表格

在 Word 2010 中制作完表格后，可对表格的边框、底纹及表格内的文本进行美化设置，使宣传页看起来更加美观。

1. 填充表格底纹

为了突出表格内的某些内容，可以为其填充底纹，以便查阅者能够清楚地看到要突出的数据。填充表格底纹的具体操作步骤如下。

第1步 选择要填充底纹的单元格，单击【设计】选项卡下【表格样式】选项组中的【底纹】按钮的下拉按钮，在弹出的【主题颜色】面板中选择一种底纹颜色。

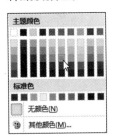

第2步 即可看到设置底纹后的效果。

产品类型	折合力度
电动自行车	0.76
电动摩托车	0.73
电动独轮车	0.82
电动四轮车	0.94
电动三轮车	0.9
电动骨板车	0.86
电动汽车	0.6

| 提示 |

选择要设置底纹的表格，单击【开始】选项卡下【段落】选项组中的【底纹】按钮，在弹出的下拉列表中也可以填充表格底纹。

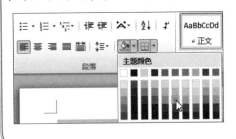

第3步 选中刚才设置底纹的单元格，单击【设计】选项卡下【表格样式】选项组中的【底纹】按钮的下拉按钮，在弹出的下拉列表中选择【无颜色】选项。

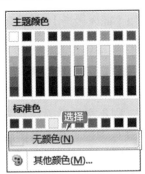

第4步 即可清除设置的表格底纹颜色。

2. 设置表格的边框类型

设置表格的边框可以使表格更加美观。如果用户对默认的表格边框设置不满意，可以重新进行设置。为表格添加边框的具体操作步骤如下。

第1步 选择整个表格，单击【布局】选项卡下【表】组中的【属性】按钮 属性，弹出【表格属性】对话框，选择【表格】选项卡，单击【边框和底纹】按钮。

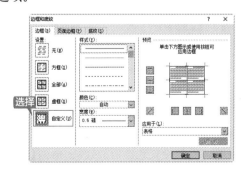

第2步 弹出【边框和底纹】对话框，在【边框】选项卡下选择【设置】选项组中的【自定义】选项。

第3步 在【样式】列表框中任意选择一种线型，并设置【颜色】为"红色"，设置【宽度】为"0.5磅"。选择要设置的边框位置，即可看到预览效果。

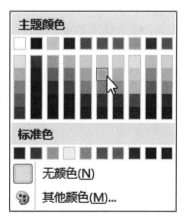

> **| 提示 |** :::::::
>
> 还可以在【设计】选项卡的【边框】选项组中更改边框的样式。

第4步 选择【底纹】选项卡下【填充】组中的下拉按钮，在弹出的【主题颜色】面板中，选择【橙色，强调文字颜色2，淡色60%】选项。

第5步 返回【边框和底纹】对话框，在【预览】区域即可看到设置底纹后的效果，单击【确定】按钮。

第6步 返回【表格属性】对话框，选择【确定】按钮。

第7步 在宣传页文档中即可看到设置表格边框类型后的效果。

产品类型	折合力度
电动自行车	0.76
电动摩托车	0.73
电动独轮车	0.82
电动四轮车	0.94
电动三轮车	0.9
电动滑板车	0.86
电动汽车	0.6

取消边框和底纹的具体操作如下。

第1步 选择整个表格，单击【布局】选项卡下【表】组中的【属性】按钮，弹出【表

格属性】对话框，单击【边框和底纹】选项。

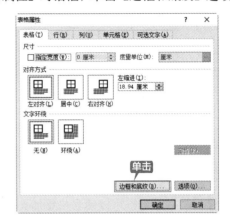

第2步 弹出【边框和底纹】对话框，在【边框】选项卡下选择【设置】选项组中的【无】选项，在【预览】区域即可看到设置边框后的效果。

第3步 选择【底纹】选项卡下【填充】组中的下拉按钮，在弹出的【主题颜色】面板中，选择【无颜色】选项。

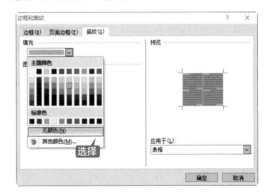

第4步 返回【边框和底纹】对话框，在【预览】区域即可看到设置底纹后的效果，单击【确定】按钮。

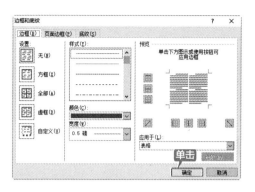

第5步 返回【表格属性】对话框,单击【确定】按钮。

第6步 在宣传页文档中,即可查看取消边框和底纹后的效果。

3. 快速应用表格样式

Word 2010 中内置了多种表格样式,用户可以根据需要选择要设置的表格样式,即

可将其应用到表格中。具体操作步骤如下。

第1步 将鼠标光标置于要设置样式的表格的任意位置(也可以在创建表格时直接应用自动套用格式)或者选中表格。

第2步 单击【表格工具】→【设计】选项卡下【表格样式】组中的某种表格样式图标,文档中的表格即会以预览的形式显示所选表格的样式,这里单击【其他】按钮,在弹出的下拉列表中选择一种表格样式并单击,即可将选择的表格样式应用到表格中。

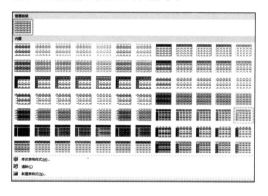

第3步 返回宣传页文档中,即可查看应用表格样式后的效果。

产品类型	折合力度
电动自行车	0.76
电动摩托车	0.73
电动独轮车	0.82
电动四轮车	0.94
电动三轮车	0.9
电动滑板车	0.86
电动汽车	0.6

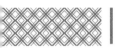
3.6 使用自选图形

利用 Word 2010 系统提供的形状,可以绘制出各种形状,来为宣传页设置个别内容醒目的效果。形状分别为线条、矩形、基本形状、箭头总汇、公式形状、流程图、星与旗帜和标注,用户可以根据需要从中选择适当的图形。具体操作步骤如下。

第1步 单击【插入】选项卡下【插图】组中的【形状】按钮,在弹出的【形状】下拉列表中,选择"矩形"形状。

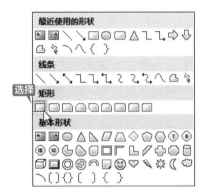

第2步 在文档中选择要绘制形状的起始位置,按住鼠标左键并拖曳至合适位置,松开鼠标左键,即可完成形状的绘制。

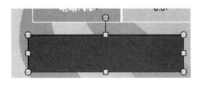

第3步 选中【形状】,将鼠标指针放在【形状】边框的四个角上,当鼠标指针变为 形状时,按住鼠标左键并拖曳鼠标即可改变【形状】的大小。

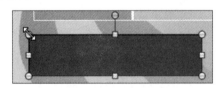

第4步 选中【形状】,将鼠标指针放在【形状】边框上,当鼠标指针变为 形状时,按住鼠标左键并拖曳鼠标,即可调整【形状】的位置。

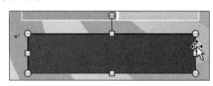

第5步 单击【绘图工具】→【格式】选项卡下【形状样式】组中的【其他】按钮,在弹出的下拉列表中选择【细微效果－橙色,强调颜色 2】样式,即可将选择的表格样式应用到形状中。

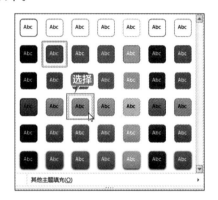

第6步 在宣传页上即可查看【形状】设置样式后的效果。

第7步 单击【绘图工具】→【格式】选项卡下【排列】选项组中的【位置】按钮,在弹出的下拉列表中选择【其他布局】选项,在弹出的【布局】对话框中,单击【文字环绕】选项卡,选择【衬于文字下方】选项。

第8步 单击【插入】选项卡下【文本】组中的【艺术字】按钮 ，在弹出的下拉列表中选择一种艺术字样式。

第9步 在弹出的文本框中，输入文字"活动

期间进店有礼！"，并根据形状的大小和位置，调整字体文本框的大小和位置。

制作个人简历

与店庆活动宣传页类似的文档还有个人简历、产品活动宣传页、产品展示文档、公司业务流程图等。制作这类文档时，要做到色彩统一、图文结合，编排简洁，使读者能把握重点并快速获取需要的信息。下面就以制作个人简历为例进行介绍。具体操作步骤如下。

1. 设置页面

新建空白文档,设置页面边距、页面大小、插入背景等。

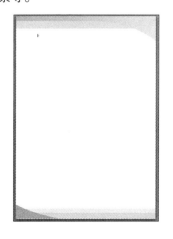

2. 添加标题

选择【插入】选项卡下【文本】组中的【艺术字】选项，在页面中插入艺术字标题"个人简历"，并设置文字效果。

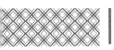
3. 插入表格

根据个人简历制作的需要，在文档中插入表格，并对表格进行编辑。

4. 添加文字

在插入的表格中，根据需要添加文字，并对文字样式进行调整。

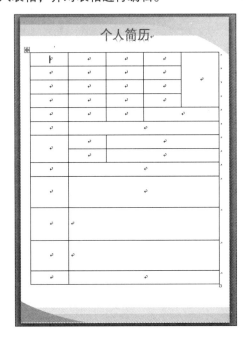

◇ 从 Word 中导出清晰的图片

Word 中的图片可以单独导出保存到电脑中，方便用户使用。具体操作步骤如下。

第1步 打开随书光盘中的"素材\ch03\导出清晰图片.docx"文件，单击选中文档中的图片。

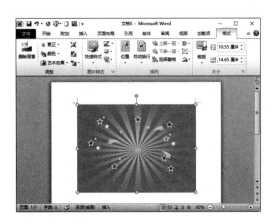

第2步 在图片上单击鼠标右键，在弹出的快捷菜单中，选择【另存为图片】选项。

第3步 在弹出的【保存文件】对话框中，将【文件名】命名为"导出清晰图片"，将【保存类型】设置为"JPEG"格式，单击【保存】按钮，即可将图片从 Word 中导出。

◇ 给跨页的表格添加表头

如果表格的内容较多，会自动在下一个 Word 页面显示表格内容，但是表头却不会在下一页显示，可以设置当表格跨页时，自动在下一页添加表头。具体操作步骤如下。

第1步 打开随书光盘中的"素材 \ch03\ 跨页表格 .docx"文件选择表头行，单击【图表工具】→【布局】选项卡下【表】组中的【属性】按钮。

第2步 在弹出的【表格属性】对话框中，选中【行】选项卡下【选项】组中的【在各页顶端以标题行形式重复出现】复选框，然后单击【确定】按钮。

第3步 返回 Word 文档中，即可看到每一页的表格前均添加了表头。

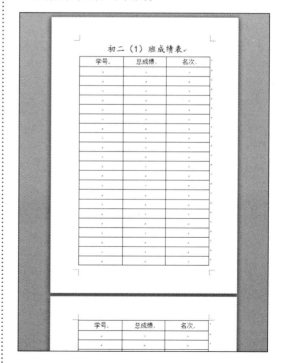

◇ 文本和表格的转换

在文档编辑过程中，用户可以直接将编辑过的文本转换成表格。具体操作步骤如下。

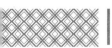
第1步 打开随书光盘中的"素材 \ch03\ 产品类型 .docx"，在文档中按住鼠标左键，并拖动鼠标选择所有文字。

第2步 选中文本内容，单击【插入】选项卡下【表格】组中的【表格】按钮 的下拉按钮，在弹出的下拉菜单中选择【文本转换为表格】选项。

第3步 打开【将文本转换成表格】对话框，在【列数】微调框中输入数字设置列数，选中【文本分隔位置】选项组中的【空格】单选按钮。最后单击【确定】按钮。

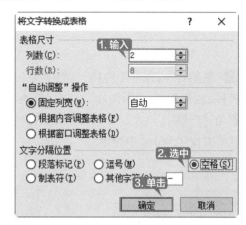

第4步 即可将输入的文字转换为表格形式。

产品类型	折扣力度
冰箱	0.76
电视	0.73
洗衣机	0.82
空调	0.94
热水器	0.9
整体橱柜	0.86
小家电	0.6

第4章
Word 高级应用——长文档的排版

本章导读

在办公与学习中，经常会遇到包含大量文字的长文档，如毕业论文、个人合同、公司合同、企业管理制度、公司培训资料、产品说明书等。使用 Word 提供的创建和更改样式、插入页眉和页脚、插入页码、创建目录等操作，可以方便地对这些长文档排版。本章就以制作《劳动法》培训资料为例，介绍长文档的排版技巧。

思维导图

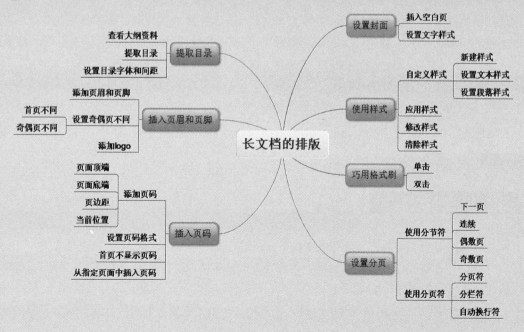

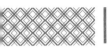
4.1 《劳动法》培训资料

对新入职员工讲解国家颁布的关于保障劳动者权益的《劳动法》是公司应尽的义务。《劳动法》培训资料作为培训中经常使用的文档资料，可以帮助员工更好地完成《劳动法》培训。本节就介绍《劳动法》培训资料的排版。

实例名称：《劳动法》培训资料
实例目的：学习长文档的排版

	素材	素材 \ch04\《劳动法》培训资料 .docx
	结果	结果 \ch04\《劳动法》培训资料 .docx
	录像	视频教学录像 \04 第 4 章

4.1.1 案例概述

制作一份格式统一、工整的公司《劳动法》培训资料，不仅能够使《劳动法》培训资料美观，还方便《劳动法》培训者查看，能够把握《劳动法》培训重点，并帮助员工快速地理解《劳动法》培训的内容，起到事半功倍的效果。《劳动法》培训资料的排版需要注意以下几点。

1. 格式统一

① 《劳动法》培训资料的内容分为若干等级，相同等级的标题要使用相同的字体样式（包括字体、字号、颜色等），不同等级的标题之间字体样式要有明显的区分。通常按照等级高低将字号由大到小设置。

② 正文字号最小且需要统一所有正文样式，否则文档将显得杂乱。

2. 层次结构区别明显

① 可以根据需要设置标题的段落样式，为不同标题设置不同的段间距和行间距，使不同标题等级之间或者是标题和正文之间的结构区分更明显，便于读者查阅。

② 使用分页符将《劳动法》培训资料中需要单独显示的页面另起一页显示。

3. 提取目录便于阅读

① 根据标题等级设置对应的大纲级别，这是提取目录的前提。

② 添加页眉和页脚不仅可以美化文档，还能快速向读者传递文档信息，可以设置奇偶页不同的页眉和页脚。

③ 插入页码也是提取目录的必备条件之一。

④ 提取目录后可以根据需要设置目录的样式，使目录格式工整、层次分明。

4.1.2 设计思路

排版《劳动法》培训资料时可以按以下思路进行。

① 制作《劳动法》培训资料封面，包含《劳动法》培训项目名称、《劳动法》培训时间等，可以根据需要对封面进行美化。

② 设置《劳动法》培训资料的标题、正文格式，根据需要设计《劳动法》培训资料的标题

及正文样式，包括文本样式及段落样式等，并根据需要设置标题的大纲级别。

③ 使用分隔符或分页符设置文本格式，将重要内容另起一页显示。

④ 插入页码、页眉和页脚并根据要求提取目录。

4.1.3 涉及知识点

本案例主要涉及以下知识点。

① 使用样式。

② 使用格式刷工具。

③ 使用分隔符和分页符。

④ 插入页码。

⑤ 插入页眉和页脚。

⑥ 提取目录。

4.2 对封面进行排版

首先为《劳动法》培训资料添加封面，具体操作步骤如下。

第1步 打开随书光盘中的"素材 \ch04\《劳动法》培训资料 .docx"文档，将鼠标光标定位至文档最前面的位置，单击【插入】选项卡下【页面】组中的【空白页】按钮。

第2步 即可在文档中插入一个空白页面，将鼠标光标定位于页面最开始的位置。

第3步 按【Enter】键换行，并输入文字"×"，按【Enter】键换行，然后依次输入"×""公""司""培""训""资""料"文本，最后输入日期，效果如图所示。

第4步 选中"×× 公司培训资料"文本，单击【开始】选项卡下【字体】组中的【字体】按钮，打开【字体】对话框，在【字体】选项卡下设置【中文字体】为"华文楷体"，【西文字体】为"使用中文字体"，【字形】为"常规"，【字号】为"小初"，单击【确定】按钮。

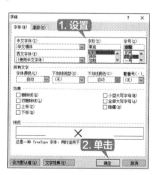

第5步 单击【开始】选项卡下【段落】组中的【段落设置】按钮，打开【段落】对话框，在

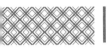

【缩进和间距】选项卡下【常规】组中设置【对齐方式】为"居中"，在【间距】组中设置【段前】为1行，【段后】为"0.5行"，设置【行距】为"多倍行距"，【设置值】为"1.2"，单击【确定】按钮。

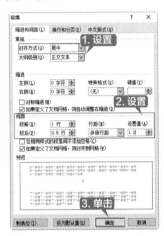

第6步 设置完成后的效果如图所示。

第7步 选中日期文本，在【开始】选项卡下【字体】组中设置【字号】为"三号"，在【段落】选项组中设置【对齐方式】为"右对齐"。

第8步 最终效果如图所示。

4.3 使用样式

样式是字体格式和段落格式的集合。在对长文本的排版中，可以对相同级别的文本进行重复套用特定样式，从而提高排版效率。

4.3.1 自定义样式

在对《劳动法》培训资料这类长文档的排版中，相同级别的文本一般会使用统一的样式。

第1步 选中"第一章 总则"文本，单击【开始】选项卡下【样式】组中的【样式】按钮。

第2步 弹出【样式】窗格，单击【新建样式】按钮 新建样式。

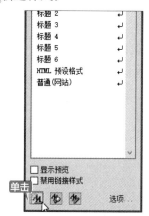

第3步 弹出【根据格式设置创建新样式】对话框，在【属性】选项组中设置【名称】为"一级标题"，在【格式】选项组中设置【字体】为"华文行楷"，【字号】为"三号"，并设置"加粗"效果。

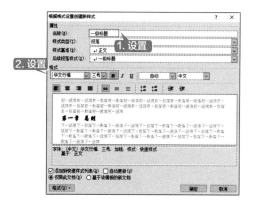

第4步 单击左下角的【格式】按钮，在弹出的下拉列表中选择【段落】选项。

第5步 弹出【段落】对话框，在【缩进和间距】选项卡下【常规】选项组内设置【对齐方式】为"左对齐"，【大纲级别】为"1级"，在【间距】选项组内设置【段前】为"1行"，【段后】为"1行"，然后单击【确定】按钮。

第6步 返回【根据格式设置创建新样式】对话框，在预览窗口可以看到设置的效果，单击【确定】按钮即可。

第7步 即可创建名称为"一级标题＋段前：1行"的样式，所选文字将会自动应用自定义的样式。

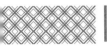
4.3.2 应用样式

使用创建好的样式可对需要设置相同样式的文本进行套用。

第1步 选中"第二章 促进就业"文本，在【样式】窗格的列表中单击"一级标题＋段前：1行"样式，即可将"一级标题"样式应用至所选段落。

第2步 使用同样的方法对其余一级标题进行设置，最终效果如图所示。

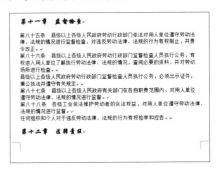

4.3.3 修改样式

如果排版要求在原来样式的基础上做一些变化，可以对样式进行修改，相应地，应用该样式的文本的样式也会对应发生改变。具体操作步骤如下。

第1步 单击【开始】选项卡下【样式】组中的【样式】按钮，弹出【样式】窗格。

第2步 选中要修改的样式，如"一级标题＋段前：1行"样式，单击【一级标题】样式右侧的下拉按钮，在弹出的下拉列表中选择【修改样式】选项。

第3步 弹出【修改样式】对话框，将【格式】选项组内的【字体】改为"华文隶书"，单击左下角的【格式】按钮，在弹出的下拉列表中选择【段落】选项。

第4步 弹出【段落】对话框，将【缩进】选项组内的【左侧】改为"1字符"，单击【确定】按钮。

第5步 返回【修改样式】对话框，在预览窗口查看设置效果，单击【确定】按钮。

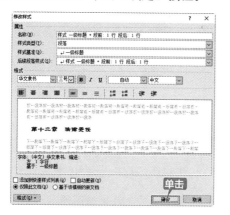

第6步 修改完成后，所有应用该样式的文本样式也相应地发生了变化，效果如图所示。

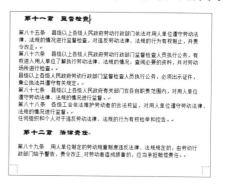

4.3.4 清除样式

如果不再需要某些样式，可以将其清除。具体操作步骤如下。

第1步 创建【字体】为"楷体"，【字号】为"11"，【首行缩进】为"2字符"的名为"正文内容＋首行缩进：2字符"的样式，并将其应用到正文文本中。

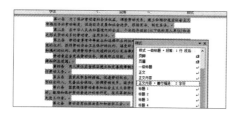

第2步 选中"正文内容"样式，单击【正文内容＋首行缩进：2字符】样式右侧的下拉按钮，在弹出的下拉列表中选择【删除】选项。

第3步 在弹出的确认删除窗口中单击【是】按钮即可将该样式删除。

第4步 如图所示，该样式即被从样式列表中删除，相应地使用该样式的文本样式也发生了变化。

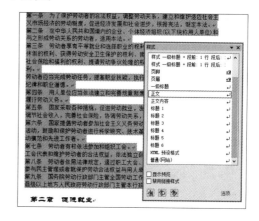

4.4 巧用格式刷

除了对文本套用创建好的样式外，还可以使用格式刷工具对相同格式的文本进行格式的设置。具体操作步骤如下。

第1步 选择要设置正文样式的段落。

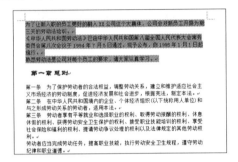

第2步 在【开始】选项卡下【字体】选项组中设置【字体】为"楷体"，设置【字号】为"小四"，效果如图所示。

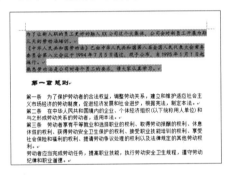

第3步 单击【开始】选项卡下【段落】组中的【段落设置】按钮，弹出【段落】对话框，在【缩进和间距】选项卡下，设置【缩进】选项组内【特殊格式】为"首行缩进"，【缩进值】为"2字符"，设置【间距】选项组内【段前】为"0.5行"，【段后】为"0.5行"，【行距】为"单

倍行距"。设置完成后，单击【确定】按钮。

第4步 设置完成后，效果如图所示。

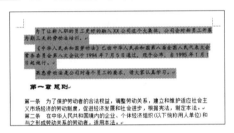

第5步 使用鼠标左键双击【开始】选项卡下【剪贴板】组中的【格式刷】按钮，可重复使用格式刷工具。使用格式刷工具对其余正文内容的格式进行设置，最终效果如图所示。

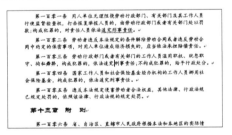

4.5 设置《劳动法》培训资料分页

在《劳动法》培训资料中，有些文本内容需要分页显示。下面以设置引导语部分为例演示如何使用分节符和分隔符进行分页显示。

4.5.1 使用分节符

分节符是指为表示节的结尾插入的标记。分节符包含节的格式设置元素，如页边距、页面的方向、页眉和页脚，以及页码的顺序。分节符起着分隔其前面文本格式的作用，如果删除了某个分节符，它前面的文字会合并到后面的节中，并且采用后者的设置格式。

第1步　将鼠标光标放置在任意段落末尾，单击【页面布局】选项卡下【页面设置】组中的【分隔符】按钮 的下拉按钮，在弹出的下拉列表中选择【分节符】组中的【下一页】选项。

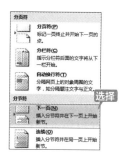

第2步　即可将光标下方后面文本移至下一页，效果如图所示。

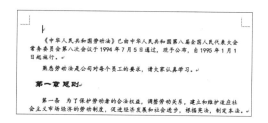

第3步　如果删除分节符，可以将鼠标光标放置在插入分节符的位置，按【Delete】键删除，效果如图所示。

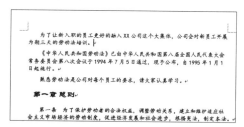

4.5.2 使用分页符

引导语可以让读者大致了解资料内容，作为概述性语言，可以单独放在一页。具体设置步骤如下。

第1步　将鼠标光标放置在"为了让新入职员工"文本的前面，按【Enter】键使文本向下移动一行，然后在空出的行内输入文字"引导语"。

第2步　选中"引导语"文本，设置【字体】为"楷体"，【字号】为"24"，【对齐方式】为"居中对齐"，并将【大纲级别】设置为"一级标题"，效果如图所示。

第3步　将鼠标光标放置在"请大家认真学习"文本末尾，单击【页面布局】选项卡下【页面设置】组中的【分隔符】按钮 右侧的下拉按钮，在弹出的下拉列表中选择【分节符】组中的【下一页】选项。

第4步　即可将鼠标光标所在位置以下的文本移至下一页，效果如图所示。

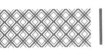

4.6 插入页码

对于《劳动法》培训资料这种篇幅较长的文档，页码可以帮助读者记住读的位置，阅读起来也更加方便。

4.6.1 添加页码

在《劳动法》培训资料文档中插入页码的具体操作步骤如下。

第1步 单击【插入】选项卡下【页眉和页脚】组中的【页码】按钮，在弹出的下拉列表中选择【页面底端】选项，页码样式选择"普通数字 3"样式。

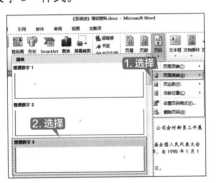

第2步 单击【设计】选项卡下【关闭】选项组中的【关闭页眉和页脚】按钮，效果如图所示。

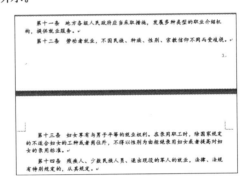

4.6.2 设置页码格式

为了使页码达到最佳的显示效果，可以对页码的格式进行简单的设置。具体操作步骤如下。

第1步 单击【插入】选项卡下【页眉和页脚】组中的【页码】按钮，在弹出的下拉列表中选择【设置页码格式】选项。

第2步 弹出【页码格式】对话框，在【编号格式】下拉列表中选择一种编号格式，单击【确定】

按钮。

第3步 设置完成后效果如图所示。

【包含章节号】复选框：可以将章节号插入到页码中，可以选择章节起始样式和分隔符。

【续前节】单选项：接着上一节的页码连续设置页码。

【起始页码】单选项：选中此单选项后，可以在后方的微调框中输入起始页码数。

4.6.3 首页不显示页码

《劳动法》培训资料的首页是封面，一般不显示页码，使首页不显示页码的具体操作步骤如下。

第1步 单击【插入】选项卡下【页眉和页脚】组中的【页码】按钮，在弹出的下拉列表中选择【设置页码格式】选项。

第2步 弹出【页码格式】对话框，在【页码编号】选项组中选中【起始页码】单选按钮，在微调框中输入"0"，单击【确定】按钮。

第3步 将鼠标光标放置在页码位置，单击鼠标右键，在弹出的快捷菜单中单击【编辑页脚】命令。

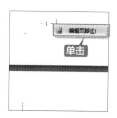

第4步 选中【设计】选项卡下【选项】组中的【首页不同】复选框。

第5步 设置完成后，单击【关闭页眉和页脚】按钮。

第6步 首页不显示页码，效果如图所示。

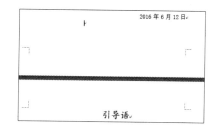

4.6.4 从指定页面中插入页码

对于某些文档，由于说明性文字或者与正文无关的文字篇幅较多，需要从指定的页面开始添加页码。具体操作步骤如下。

第1步 将鼠标光标放置在引导语段落文本的末尾。

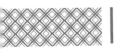

《中华人民共和国劳动法》已由中华人民共和国第八届全国人民代表大会常务委员会第八次会议于1994年7月5日通过，现予公布，自1995年1月1日起施行。

熟悉劳动法是公司对每个员工的要求，请大家认真学习。

第2步 单击【页面布局】选项卡下【页面设置】组中的【分隔符】按钮，在弹出的下拉列表中选择【分节符】组中的【连续】选项。插入【连续】分节符，鼠标光标将在下一页显示，双击此页页脚位置，进入页脚编辑状态，单击【页眉和页脚工具】→【设计】选项卡下【导航】组中的【链接到前一条页眉】按钮。

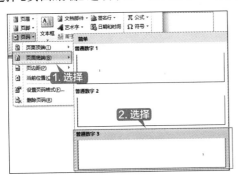

第3步 单击【插入】选项卡下【页眉和页脚】组中的【页码】按钮，在弹出的下拉列表中选择【页面底端】选项中的"普通数字3"样式。

第4步 单击【页眉和页脚】选项组中的【页码】按钮，在弹出的下拉列表中选择【设置页码格式】选项，弹出【页码格式】对话框，设置起始页码为"2"。

第5步 单击【关闭页眉和页脚】按钮，效果如图所示。

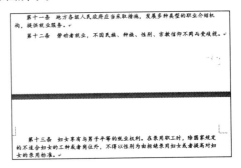

|提示|

从指定页面插入页码的操作在长文档的排版中会经常遇到，这里只做了简单介绍，与本案例内容无关。

4.7 插入页眉和页脚

在页眉和页脚中可以输入创建文档的基本信息，例如，在页眉中输入文档名称、章节标题或者作者名称等信息，在页脚中输入文档的创建时间、页码等，不仅能使文档更美观，还能向读者快速传递文档要表达的信息。

4.7.1 添加页眉和页脚

页眉和页脚在文档资料中经常遇到，对文档的美化有很显著的作用。在公司《劳动法》培训资料中插入页眉和页脚的具体操作步骤如下。

1. 插入页眉

页眉的样式多种多样，插入页眉的具体操作步骤如下。

第1步 单击【插入】选项卡下【页眉和页脚】组中的【页眉】按钮 页眉▼ ，在弹出的下拉列表中选择"边线型"样式。

第2步 即可在文档每一页的顶部插入页眉，并显示文本域。

第3步 在页眉的文本域中输入文档的标题和页眉，并根据需要设置页眉文本的样式。

第4步 单击【设计】选项卡下【关闭】组中的【关闭页眉和页脚】按钮，即可在文档中插入页眉，效果如图所示。

2. 插入页脚

页脚也是文档的重要组成部分，插入页脚的具体操作步骤如下。

第1步 在【插入】选项卡下单击【页眉和页脚】组中的【页脚】按钮 页脚▼ ，在弹出的【页脚】下拉列表中选择"边线型"样式。

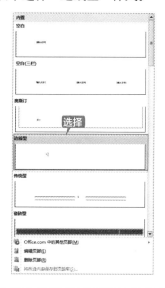

第2步 文档自动跳转至页脚编辑状态，输入"内部资料"文本，并设置其【对齐方式】为"靠上右对齐"，效果如图所示。

第3步 单击【设计】选项卡下【关闭】组中的【关闭页眉和页脚】按钮，即可看到插入页脚后的效果。

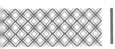

4.7.2 设置为奇偶页不同

页眉和页脚都可以设置为奇偶页显示不同内容以传达更多信息。下面设置页眉的奇偶页不同。具体操作步骤如下。

第1步 将鼠标光标放置在页眉位置，单击鼠标右键，在弹出的快捷菜单中单击【编辑页眉】命令。

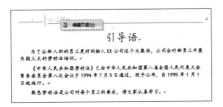

第2步 选中【设计】选项卡下【选项】组中的【奇偶页不同】复选框。

第3步 将鼠标光标定位至偶数页页眉中，插入"空白"页眉样式，并在偶数页文本编辑栏中输入"《劳动法》培训"文本，调整至页面右侧，将字体样式调整为和奇数页页眉一致。

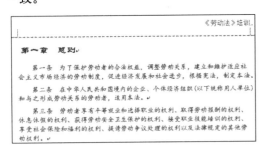

第4步 在页面底端插入"普通数字3"样式页码，并设置数字样式和奇数页一致，效果如图所示。

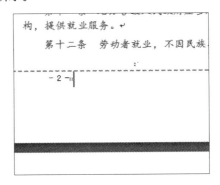

第5步 单击【关闭页眉和页脚】按钮，效果如图所示。

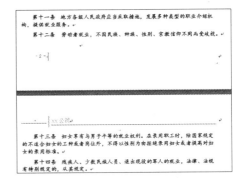

> **提示**
>
> 设置奇偶页不同效果后，因为要单独设置奇数页和偶数页样式，因此如果出现偶数页或者奇数页页码消失的情况，在消失的页面重新插入页码并调整页码位置和样式。

4.7.3 添加公司 logo

在公司《劳动法》培训资料里加入公司 logo 会使文件看起来更美观。具体操作步骤如下。

第1步 将鼠标光标放置在页眉位置，单击鼠标右键，在弹出的快捷菜单中单击【编辑页眉】命令。

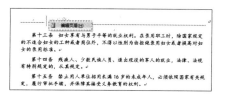

第 2 步 页眉进入编辑状态，单击【插入】选项卡下【插图】组中的【图片】按钮。

第 3 步 弹出【插入图片】对话框，选择随书光盘中的"素材\ch04\公司logo.png"图片，单击【插入】按钮。

第 4 步 即可插入图片至页眉，调整图片大小。

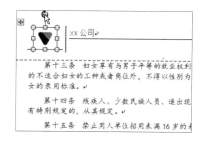

第 5 步 单击【关闭页眉和页脚】按钮，效果如图所示。

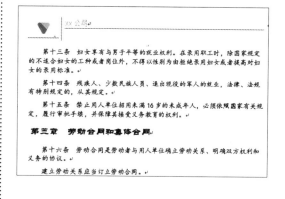

4.8 提取目录

目录是公司《劳动法》培训资料的重要组成部分，目录可以帮助读者方便地阅读资料，使读者更快找到自己想要阅读的内容。

4.8.1 通过导航查看《劳动法》培训资料大纲

对文档应用了标题样式或者设置标题级别之后，可以在导航窗格中查看设置后的效果，并可以快速切换至所要查看的章节。显示导航窗格的设置步骤如下。

单击【视图】选项卡，在【显示】选项组中选中【导航窗格】复选框，即可在屏幕左侧显示导航窗口。

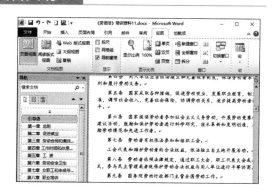

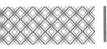

4.8.2 提取目录

为方便阅读，需要在公司《劳动法》培训资料中加入目录。插入目录的具体操作步骤如下。

第1步 将鼠标光标定位在"引导语"前，单击【页面布局】选项卡下【页面设置】组中的【分页符】按钮，在弹出的下拉列表中选择【分页符】选项组中的【分页符】选项。

第2步 将鼠标光标放置于新插入的页面，在空白页中输入"目录"文本，并根据需要设置字体样式。

第3步 单击【引用】选项卡下【目录】组中的【目录】按钮，在弹出的下拉列表中选择【插入目录】选项。

第4步 弹出【目录】对话框，在【格式】下拉列表中选择【正式】选项，将【显示级别】设置为"1"，在预览区域可以看到设置后的效果，单击【确定】按钮确认设置。

第5步 建立目录效果如图所示。

第6步 将鼠标指针移至目录上，按住【Ctrl】键，鼠标指针会变为手指形状，单击相应标题链接即可跳转至相应正文。

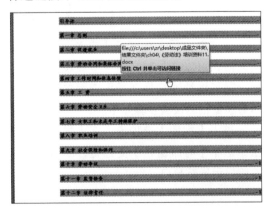

4.8.3 设置目录字体和间距

目录是文章的导航型文本，合适的字体和间距会方便读者快速找到需要的信息。设置目录字体和间距的步骤如下。

第1步 选中除"目录"文本外的所有目录，单击【开始】选项卡，在【字体】选项组中【字体】下拉列表中设置【字体】为"华文楷体"，【字号】为"10"。

第2步 单击【段落】选项组中的【行和段落间距】按钮，在弹出的下拉列表中选择【1.5】选项。

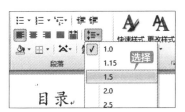

第3步 设置完成后的效果如图所示。

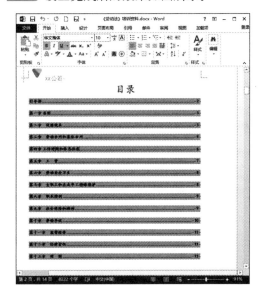

至此，《劳动法》培训资料的排版就完成了。

举一
反三

排版毕业论文

设计毕业论文时需要注意的是，文档中同一类别的文本的格式要统一，层次要有明显的区分，要对同一级别的段落设置相同的大纲级别，还需要将需要单独显示的页面单独显示。这里根据需要制作毕业论文。

排版毕业论文时可以按以下思路进行。

1. 设计毕业论文首页

制作论文封面，包含题目、个人相关信息、指导教师和日期等。

2. 设计毕业论文格式

在撰写毕业论文的时候，学校会统一毕业论文的格式，需要根据要求，设计毕业论文的格式。

3. 设置页眉并插入页码

◇ 删除页眉中的横线

在添加页眉时，经常会看到自动添加的分隔线。下面这个技巧可以将自动添加的分隔线删除。

第1步 双击页眉，进入页眉编辑状态。单击【页面布局】选项卡下【页面背景】组中的【页面边框】按钮。

在毕业论文中可能需要插入页眉，使文档看起来更美观，此外还需要插入页码。

4. 提取目录

毕业论文完成格式设置后，完成添加页眉与页脚，还需要为毕业论文提取目录。

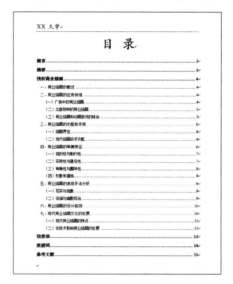

至此就完成了论文的排版。

第2步 在打开的【边框和底纹】对话框中选择【边框】选项卡，在【设置】组下选择【无】选项，在【应用于】下拉列表中选择【段落】

选项，单击【确定】按钮。

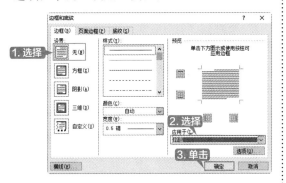

第3步 即可看到页眉中的分隔线已经被删除。

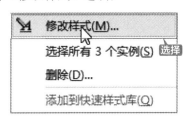

◇ 为样式设置快捷键

在创建样式时，可以为样式指定快捷键，只需要选择要应用样式的段落并按快捷键即可应用样式。

第1步 在【样式】窗格中单击要指定快捷键的样式后的下拉按钮，在弹出的下拉列表中选择【修改样式】选项。

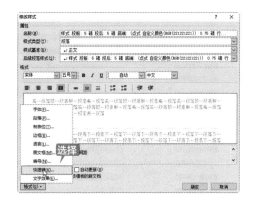

第2步 打开【修改样式】对话框，单击【格式】按钮，在弹出的列表中选择【快捷键】选项。

第3步 弹出【自定义键盘】对话框，将鼠标光标定位至【请按新快捷键】文本框中，并在键盘上按要设置的快捷键，按【Ctrl+1】组合键，单击【指定】按钮，即完成了指定样式快捷键的操作。

◇ 解决 Word 目录中"错误！未定义书签"问题

如果在 Word 目录中遇到"错误！未定义书签"的提示，可以采用下面的方法来解决。

这类问题出现的原因可能是原来的标题被无意修改了，可以在目录中单击任意位置，单击鼠标右键，在弹出的快捷菜单中选择【更新域】选项。

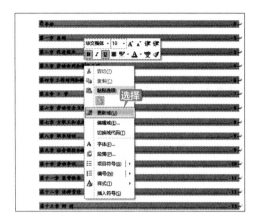

此时再回到文档就可以正常显示信息了。

| 提示 |

　　按【Ctrl+F11】组合键可以锁定目录。

　　按【Ctrl+Shift+F9】组合键可以取消目录的超链接。

Excel 办公应用篇

　　本篇主要介绍 Excel 中的各种操作。通过本篇的学习，读者可以学习 Excel 的基本操作，表格的美化，初级数据处理与分析，图表、数据透视表和透视图及公式和函数的应用等操作。

第5章

Excel 的基本操作

本章导读

　　Excel 2010 提供了创建工作簿和工作表，输入和编辑数据，插入行与列，设置文本格式，进行页面设置等基本操作，可以方便地记录和管理数据。本章就以制作公司员工考勤表为例，介绍 Excel 表格的基本操作。

思维导图

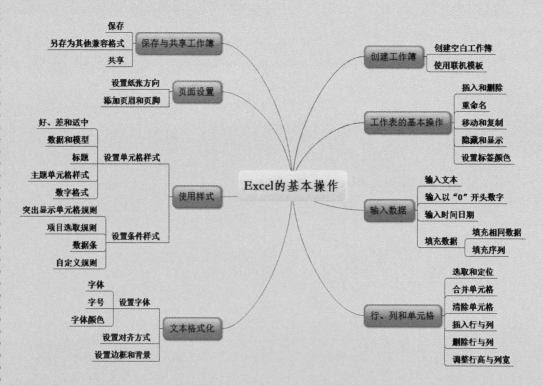

5.1 公司员工考勤表

制作公司员工考勤表要做到精确，确保能准确记录公司员工的考勤情况。

实例名称：制作公司员工考勤表		
实例目的：了解 Excel 的基本操作		
	素材	素材 \ch05\ 技巧 .xlsx
	结果	结果 \ch05\ 技巧 .xlsx
	录像	视频教学录像 \05 第 5 章

5.1.1 案例概述

公司员工考勤表是公司员工每天上班的凭证，也是员工领工资的凭证。它记录了员工上班的天数，准确的上下班时间以及迟到、早退、旷工、请假等情况。制作公司员工考勤表时，需要注意以下几点。

1. 数据准确

① 制作公司员工考勤表时，选取单元格要准确，合并单元格时要安排好合并的位置，插入的行和列要定位准确，以确保考勤表的数据计算的准确。

② Excel 中的数据分为数字型、文本型、日期型、时间型、逻辑型等，要分清考勤表中的数据是哪种数据类型，做到数据输入准确。

2. 便于统计

① 制作的表格要完整，精确到每一个工作日，可以把节假日用其他颜色突出显示，便于统计加班时的考勤。

② 根据公司情况既可以分别设置上午、下午的考勤时间，也可以不区分上午、下午。

3. 界面简洁

① 确定考勤表的布局，避免多余数据。

② 合并需要合并的单元格，为单元格内容保留合适的位置。

③ 字体不宜过大，表格的标题与表头一栏可以适当加大、加粗字体。

公司员工考勤表属于企业管理内容中的一小部分，是公司员工上下班的文本凭证。本章就以制作公司员工考勤表为例，介绍 Excel 表格的基本操作。

5.1.2 设计思路

制作员工考勤表时可以按以下思路进行。

① 创建空白工作簿，并对工作簿进行保存命名。

② 合并单元格，并调整行高与列宽。

③ 在工作簿中输入文本与数据，并设置文本格式。

④ 设置单元格样式，并设置条件格式。

⑤ 设置纸张方向，并添加页眉和页脚。

⑥ 另存为兼容格式，共享工作簿。

5.1.3 涉及知识点

本案例主要涉及以下知识点。

① 创建空白工作簿。

② 合并单元格。

③ 插入与删除行和列。

④ 设置文本段落格式。

⑤ 页面设置。

⑥ 设置条件样式。

⑦ 保存与共享工作簿。

5.2 创建工作簿

在制作公司员工考勤表时,首先要创建空白工作簿,并对我们创建的工作簿进行保存与命名。

5.2.1 创建空白工作簿

工作簿是指在 Excel 中用来存储并处理工作数据的文件,在 Excel 2010 中,其扩展名是 .xlsx。通常所说的 Excel 文件指的就是工作簿文件。在使用 Excel 时,首先需要创建一个工作簿,具体创建方法有以下几种。

1. 启动自动创建

使用自动创建,可以快速地在 Excel 中创建一个空白的工作簿。在本案例制作公司员工考勤表中,可以使用自动创建的方法创建一个工作簿。

第1步 启动 Excel 2010 后,在打开的界面中单击右侧的【空白工作簿】选项。

第2步 系统会自动创建一个名称为"工作簿1"的工作簿。

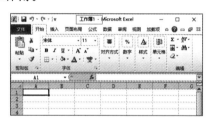

第3步 单击【文件】选项卡,在弹出的面板中选择【另存为】→【浏览】选项,在弹出的【另存为】对话框中选择文件要保存的位置,并在【文件名】文本框中输入"公司员工考勤表 .xlsx",并单击【保存】按钮。

2. 使用【文件】选项卡

如果已经启动 Excel 2010，也可以再次新建一个空白的工作簿。

单击【文件】选项卡，在弹出的下拉菜单中选择【新建】选项，在右侧【新建】区域中单击【空白工作簿】选项，即可创建一个空白工作簿。

3. 使用快速访问工具栏

使用快速访问工具栏，也可以新建空白工作簿。

单击【自定义快速访问工具栏】按钮，在弹出的下拉菜单中选择【新建】选项。将【新建】按钮固定显示在【快速访问工具栏】中，然后单击【新建】按钮，即可创建一个空白工作簿。

4. 使用快捷键

使用快捷键，可以快速地新建空白工作簿。

在打开的工作簿中，按【Ctrl + N】组合键即可新建一个空白工作簿。

5.2.2 使用联机模板创建考勤表

启动 Excel 2010 后，可以使用联机模板创建考勤表。

第1步 单击【文件】选项卡，在弹出的下拉菜单中选择【新建】选项，在右侧【新建】区域中出现【Office.com 模板】选项。

第2步 在【Office.com 模板】搜索框中输入"考勤表"，单击【搜索】按钮。

第3步 即可在【Office.com 模板】栏下显示有关"考勤表"的模板，即是 Excel 2010 中的联机模板，选择【员工考勤卡】模板。

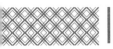
第4步 在右侧打开的【员工考勤表】模板界面中，单击【下载】按钮。

第5步 弹出【正在下载模板】界面。

第6步 下载完成后，Excel 自动打开【员工考勤卡】模板。

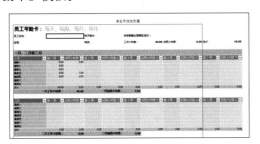

第7步 如果要使用该模板创建考勤表，只需要更改工作表中的数据并且保存工作簿即可。这里单击【功能区】右上角的【关闭】按钮，在弹出的【Microsoft Excel】对话框中单击【不保存】按钮。

第8步 Excel 工作界面返回"公司员工考勤表"工作簿。

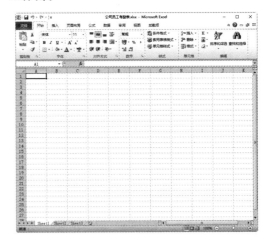

5.3 工作表的基本操作

工作表是工作簿里的表。Excel 2010 的 1 个工作簿默认有 3 个工作表，用户可以根据需要添加工作表，每一个工作簿最多包括 255 个工作表。在工作表的标签上，系统默认显示工作表名称为 Sheet1、Sheet2、Sheet3……本节主要介绍公司员工考勤表中工作表的基本操作。

5.3.1 插入和删除工作表

除了新建工作表外，还可插入新的工作表来满足多工作表的需求。下面介绍几种插入工作表的方法。

1. 插入工作表

(1) 使用功能区

第1步 在打开的 Excel 文件中，单击【开始】选项卡下【单元格】组中【插入】按钮 的下拉按钮，在弹出的下拉列表中选择【插入工作表】选项。

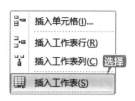

第2步 即可在工作表的前面创建一个新工作表。

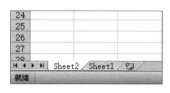

(2) 使用快捷菜单插入工作表

第1步 在 Sheet1 工作表标签上单击鼠标右键，在弹出的快捷菜单中选择【插入】选项。

第2步 弹出【插入】对话框，选择【工作表】图标，单击【确定】按钮。

第3步 即可在当前工作表的前面插入一个新工作表。

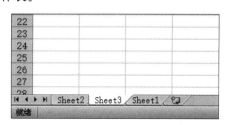

(3) 使用【新工作表】按钮

单击工作表名称后的【新工作表】按钮，也可以快速插入新工作表。

2. 删除工作表

(1) 使用快捷菜单

第1步 选中 Excel 中多余的工作表，在选中的工作表标签上右击，在弹出的快捷菜单中选择【删除】选项。

第2步 在 Excel 中即可看到删除工作表后的效果。

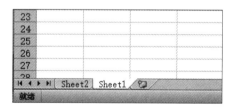

(2) 使用功能区删除

选择要删除的工作表，单击【开始】选项卡下【单元格】组中【删除】按钮的下拉按钮，在弹出的下拉列表中选择【删除工作表】选项，即可将选择的工作表删除。

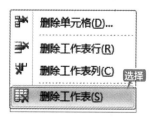

5.3.2 重命名工作表

每个工作表都有自己的名称，默认情况下以 Sheet1、Sheet2、Sheet3……命名工作表。用户可以对工作表进行重命名操作，以便更好地管理工作表。重命名工作表的方法有以下两种。

1. 在标签上直接重命名

第1步 双击要重命名的工作表的标签 Sheet1（此时该标签以高亮显示），进入可编辑状态。

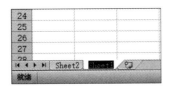

第2步 输入新的标签名，按【Enter】键即可完成对该工作表标签重命名操作。

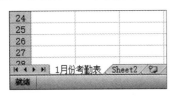

2. 使用快捷菜单重命名

第1步 插入新的工作表，在工作表标签上右击，在弹出的快捷菜单中选择【重命名】选项。

第2步 此时工作表标签会高亮显示，在标签上输入新的标签名，按【Enter】键即可完成工作表的重命名。

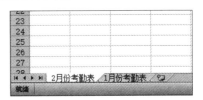

5.3.3 移动和复制工作表

在 Excel 中插入多个工作表后，可以复制和移动工作表。

1. 移动工作表

移动工作表最简单的方法是使用鼠标操作。在同一个工作簿中移动工作表的方法有以下两种。

（1）直接拖曳法

第1步 选择要移动的工作表的标签，按住鼠标左键不放。

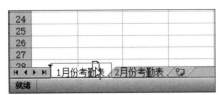

第2步 拖曳鼠标让指针到工作表的新位置，黑色倒三角会随鼠标指针移动而移动。

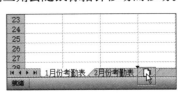

第3步 释放鼠标左键，工作表即可被移动到新的位置。

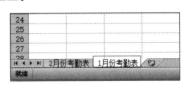

（2）使用快捷菜单法

第1步 在要移动的工作表标签上右击，在弹

出的快捷菜单中选择【移动或复制】选项。

第2步 在弹出的【移动或复制工作表】对话框中选择要插入的位置，单击【确定】按钮。

第3步 即可将当前工作表移动到指定的位置。

|提示|::::::::

不但可以在同一个 Excel 工作簿中移动工作表，还可以在不同的工作簿中移动工作表。若要在不同的工作簿中移动工作表，则要求这些工作簿必须是打开的。打开【移动或复制工作表】对话框，在【将选定工作表移至工作簿】下拉列表中选择要移动的目标位置，单击【确定】按钮，即可将当前工作表移动到指定的位置。

2. 复制工作表

用户可以在一个或多个 Excel 工作簿中复制工作表，有以下两种方法。

(1) 使用鼠标复制工作表

用鼠标复制工作表的步骤与移动工作表的步骤相似，只是需要在拖曳鼠标左键的同时按住【Ctrl】键。

第1步 选择要复制的工作表，按住【Ctrl】键的同时单击该工作表。

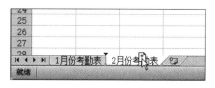

第2步 拖曳鼠标让指针到工作表的新位置，黑色倒三角会随鼠标指针移动而移动，释放鼠标左键，工作表即被复制到新的位置。

(2) 使用快捷菜单复制工作表

第1步 选择要复制的工作表，在工作表标签上单击鼠标右键，在弹出的快捷菜单中选择【移动或复制】选项。

第2步 在弹出的【移动或复制工作表】对话框中选择要复制的目标工作簿和插入的位置，然后选中【建立副本】复选框，单击【确定】按钮。

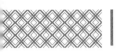

第3步 即可完成复制工作表的操作。

5.3.4 隐藏和显示工作表

用户可以对工作表进行隐藏和显示操作，以便更好地管理工作表。

第1步 选择要隐藏的工作表，在工作表标签上单击鼠标右键，在弹出的快捷菜单中选择【隐藏】选项。

第2步 在 Excel 中即可看到【1月份考勤表】工作表已被隐藏。

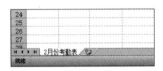

第3步 在任意一个工作表标签上单击鼠标右键，在弹出的快捷菜单中选择【取消隐藏】选项。

第4步 在弹出的【取消隐藏】对话框中，选择【1月份考勤表】选项，单击【确定】按钮。

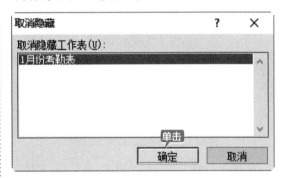

第5步 在 Excel 中即可看到工作表已被重新显示。

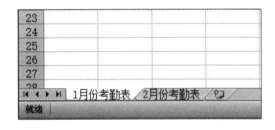

| 提示 |

　隐藏工作表时在工作簿中必须有两个或两个以上的工作表。

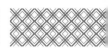

5.3.5 设置工作表标签的颜色

Excel 中可以对工作表的标签设置不同的颜色，以区分工作表的内容分类及重要级别等，使用户更好地管理工作表。

第1步 选择要设置标签颜色的工作表，在工作表标签上单击鼠标右键，在弹出的快捷菜单中选择【工作表标签颜色】→【主题颜色】选项。

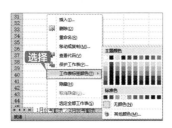

第2步 在弹出的【主题颜色】面板中，选择【标

准色】选项组中的【橙色】选项。

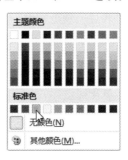

第3步 在 Excel 中即可看到工作表的标签已变为设置的颜色。

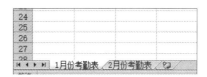

5.4 输入数据

对于单元格中输入的数据，Excel 会自动地根据数据的特征进行处理并显示出来。本节介绍如何在公司员工考勤表中输入和编辑这些数据。

5.4.1 输入文本

单元格中的文本包括汉字、英文字母、数字和符号等。每个单元格最多可包含 32 767 个字符。在单元格中输入文字和数字，Excel 会将它显示为文本形式。若输入文字，Excel 则会将它作为文本处理；若输入数字，Excel 会将数字作为数值处理。

选择要输入的单元格，输入数据后按【Enter】键，Excel 会自动识别数据类型，并将单元格对齐方式默认设置为"左对齐"。

如果单元格列宽容纳不下文本字符串，多余字符串会在相邻单元格中显示；若相邻的单元格中已有数据，就截断显示。

	A	B	C	D	E	F
1	公司员工考勤表 (早上上班时间8:30，晚上下班时间17:30)					
2	员工编号	员工姓名	上、下班时间			

在考勤表中，输入其他文本数据。

	A	B	C	D	E	F
1	公司员工考勤表 (早上上班时间8:30，晚上下班时间17:30)					
2	员工编号	员工姓名	上、下班时间			
3		张XX				
4		王XX				
5		李XX				
6		赵XX				
7		周XX				
8		钱XX				
9		金XX				
10		朱XX				
11		胡XX				

| 提示 |

如果在单元格中输入的是多行数据，在换行处按【Alt+Enter】组合键，可以实现换行。换行后在一个单元格中将显示多行文本，行的高度也会自动增大。

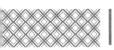

5.4.2 输入以"0"开头的员工编号

在考勤表中，输入以"0"开头的员工编号，来对考勤表进行规范管理。

输入以"0"开头的数字，有两种方法，具体操作步骤如下。

1. 添加英文标点

第1步 如果输入以数字0开头的数字串，Excel 会自动省略 0。如果要保持输入的内容不变，可以先输入英文标点单引号（'），再输入数字或字符。

	A	B
1	公司员工考勤表（早上	
2	员工编号	员工姓名
3		
4	'0001	张XX

第2步 按【Enter】键，即可确定输入的数字内容。

	A	B
1	公司员工考勤表（早上	
2	员工编号	员工姓名
3		
4	0001	张XX
5		王XX

2. 使用【数字格式】

第1步 选中要输入以"0"开头的数字的单元格 A5，单击【开始】选项卡下【数字】组中的【数字格式】按钮 常规 右侧的下拉按钮。

第2步 在弹出的下拉列表中，选择【文本】选项。

第3步 返回 Excel 中，输入数值"0002"。

	A	B
1	公司员工考勤表（早上	
2	员工编号	员工姓名
3		
4	0001	张XX
5	0002	王XX

第4步 按【Enter】键确定输入数据后，数值前的"0"并没有消失。

	A	B
1	公司员工考勤表（早上	
2	员工编号	员工姓名
3		
4	0001	张XX
5	0002	王XX
6		李XX

5.4.3 输入时间日期

在考勤表中输入日期或时间时，需要用特定的格式定义。日期和时间也可以参加运算。Excel 内置了一些日期与时间的格式。当输入的数据与这些格式相匹配时，Excel 会自动将它们识别为日期或时间数据。

1. 输入日期

公司员工考勤表中，需要输入当前月份的日期，以便归档管理考勤表。在输入日期时，可以用左斜线或短线分隔日期的年、月、日。例如，可以输入"2016/6"或者"2016-6"。

第1步 选择要输入日期的单元格，输入"2016/6"。

	A	B	C	D
1	公司员工考勤表 (早上上班时间8:30，晚上下
2	员工编号	员工姓名	上、下班时	2016/6

第2步 按【Enter】键，单元格中的内容变为"Jun-16"。

	A	B	C	D
1	公司员工考勤表 (早上上班时间8:30，晚上
2	员工编号	员工姓名	上、下班时	Jun-16

第3步 选中单元格 D2，单击【开始】选项卡下【数字】组中的【数字格式】按钮 常规 右侧的下拉按钮，在弹出的下拉列表中，选择【短日期】选项。

第4步 在 Excel 中，即可看到单元格的数字格式设置后的效果。

	A	B	C	D
1	公司员工考勤表 (早上上班时间8:30，晚上
2	员工编号	员工姓名	上、下班时	2016/6/1

第5步 单击【开始】选项卡下【数字】组中的【数字格式】按钮右侧的下拉按钮，在弹出的下拉列表中，选择【长日期】选项。

第6步 在 Excel 中，即可看到单元格的数字格式设置后的效果。

	A	B	C	D
1	公司员工考勤表 (早上上班时间8:30，晚上下班
2	员工编号	员工姓名	上、下班时	2016年6月1日

| 提示 | ::::::::

如果要输入当前的日期，按【Ctrl + ;】组合键即可。

第7步 在本案例考勤表中，在 D2 单元格中输入"2016 年 6 月份"。

	A	B	C	D
1	公司员工考勤表 (早上上班时间8:30，晚上下班时
2	员工编号	员工姓名	上、下班时	2016年6月份

2. 输入时间

在考勤表中，输入每个员工的上下班时间，可以细致地记录每个人的出勤情况。

在输入时间时，小时、分、秒之间用冒号（：）作为分隔符，即可快速地输入时间。例如，输入"8:25"。

如果按 12 小时制输入时间，需要在时间的后面空一格再输入字母am(上午)或pm(下午)。例如，输入"5:00 pm"，按【Enter】键的时间结果是"5:00 PM"。

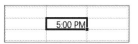

如果要输入当前的时间，按【Ctrl + Shift + ;】组合键即可。

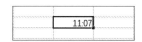

下图所示为在考勤表中，输入部分员工的上下班时间。

	A	B	C	D	E
1	公司员工考勤表 (早上上班时间8:30，晚上下班时间17:30)				
2	员工编号	员工姓名	上、下班时间2016年6月份		
3				1	2
4	0001	张XX		8:25	
5	0002	王XX		8:40	
6		李XX		8:29	
7		赵XX		8:45	
8		周XX			
9		钱XX			
10		金XX		15:30	

| 提示 |

特别需要注意的是：若单元格中首次输入的是日期，则单元格就自动格式化为日期格式，以后如果输入一个普通数值，系统仍然会换算成日期显示。

5.4.4 填充数据

在考勤表中，用 Excel 的自动填充功能，可以方便快捷地输入有规律的数据。有规律的数据是指等差、等比、系统预定义的数据填充序列和用户自定义的序列。

1. 填充相同的数据

使用填充柄可以在表格中输入相同的数据，相当于复制数据。具体的操作步骤如下。

第1步 在 C4 单元格中，输入"上班时间"文本，选定该单元格。

	A	B	C	D
1	公司员工考勤表 (早上上班时间8:30，晚上下班时间)			
2	员工编号	员工姓名	上、下班时间2016年6月份	
3				1
4	0001	张XX	上班时间	8:25
5	0002	王XX		8:40
6		李XX		8:29
7		赵XX		8:45

第2步 将鼠标指针指向该单元格右下角的填充柄，然后拖曳鼠标指针至单元格 C16，效果如图所示。

	A	B	C	D
1	公司员工考勤表 (早上上班时间8:30，晚上下班时)			
2	员工编号	员工姓名	上、下班时间2016年6月份	
3				1
4	0001	张XX	上班时间	8:25
5	0002	王XX	上班时间	8:40
6		李XX	上班时间	8:29
7		赵XX	上班时间	8:45
8		周XX	上班时间	
9		钱XX	上班时间	
10		金XX	上班时间	15:30
11		朱XX	上班时间	17:32
12		胡XX	上班时间	
13		马XX	上班时间	
14		孙XX	上班时间	
15		刘XX	上班时间	
16		吴XX	上班时间	

2. 填充序列

使用填充柄还可以填充序列数据，如等差或等比序列。具体操作方法如下。

第1步 选中 A4:A5 单元格区域，将鼠标指针指向该单元格右下角的填充柄。

	A	B	C
1	公司员工考勤表 (早上上班时间8		
2	员工编号	员工姓名	上、下班时
3			
4	0001	张XX	上班时间
5	0002	王XX	上班时间
6		吴XX	上班时间

第2步 待鼠标指针变为 **+** 时，拖曳鼠标指针至单元格 A16，即可进行 Excel 2010 中默认的等差序列的填充。

	A	B	C
1	公司员工考勤表 (早上上班时间8		
2	员工编号	员工姓名	上、下班时
3			
4	0001	张XX	上班时间
5	0002	王XX	上班时间
6	0003	李XX	上班时间
7	0004	赵XX	上班时间
8	0005	周XX	上班时间
9	0006	钱XX	上班时间
10	0007	金XX	上班时间
11	0008	朱XX	上班时间
12	0009	胡XX	上班时间
13	0010	马XX	上班时间
14	0011	孙XX	上班时间

第3步 选中单元格区域 D3:E3，将鼠标指针指向该单元格右下角的填充柄。

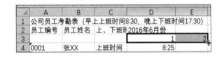

第4步 待鼠标指针变为 **+** 时，拖曳鼠标指针至单元格 AG3，即可进行等差序列填充。

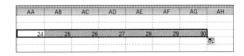

○ 复制单元格(C)
◉ 填充序列(S)
○ 仅填充格式(F)
○ 不带格式填充(O)

5.5 行、列和单元格的操作

单元格是工作表中行列交汇处的区域，它可以保存数值、文字和声音等数据。在 Excel 中，
单元格是编辑数据的基本元素。下面介绍关于考勤表中单元格与行、列的基本操作。

5.5.1 单元格的选取和定位

对考勤表中的单元格进行编辑操作，首
先要选择单元格或单元格区域（启动 Excel
并创建新的工作簿时，单元格 A1 处于自动选
定状态）。

1. 选择一个单元格

单击某一单元格，若单元格的边框线变
成粗线，则此单元格处于选定状态。当前单
元格的地址显示在名称框中，在工作表格区
内，鼠标指针会呈白色✛字形状。

	F	G	H

| 提示 |

在名称框中输入目标单元格的地址，如
"A3"，按【Enter】键即可选定第 A 列和
第 3 行交汇处的单元格。此外，使用键盘上
的上、下、左、右 4 个方向键，也可以选定
单元格。

2. 选择连续的单元格区域

在考勤表中，若要对多个单元格进行相
同的操作，可以先选择单元格区域。

第1步 单击该区域左上角的单元格 A2，按住
【Shift】键的同时单击该区域右下角的单元
格 C6。

	A	B	C
1	公司员工考勤表（早上上班时间8
2	员工编号	员工姓名	上、下班时
3	单击		

第2步 此时即可选定单元格区域 A2:C6，效
果如图所示。

	A	B	C
1	公司员工考勤表（早上上班时间8
2	员工编号	员工姓名	上、下班时
3			
4	0001	张XX	上班时间
5	0002	王XX	上班时间
6	0003	李XX	上班时间
7	0004	赵XX	上班时间

| 提示 |

选中 A2 单元格，将鼠标指针移到单元
格 A2 右下角上，按住鼠标左键不放，向该
区域右下角的单元格 C6 拖曳，或在名称框
中输入单元格区域名称"A2:C6"，按【Enter】
键，均可选定单元格区域 A2:C6。

3. 选择不连续的单元格区域

选择不连续的单元格区域也就是选择不相邻的单元格或单元格区域，具体操作步骤如下。

第1步 选择第 1 个单元格区域（例如，A2:C3 单元格区域）后，按住【Ctrl】键不放。

	A	B	C
1	公司员工考勤表（早上上班时间8:30，		
2	员工编号	员工姓名	上、下班时201
3			
4	0001	张XX	上班时间

第2步 拖曳鼠标选择第 2 个单元格区域（例如，单元格区域 C6:E8）。

	A	B	C	D	E
1	公司员工考勤表（早上上班时间8:30，晚上下班时间17:30）				
2	员工编号	员工姓名	上、下班时	2016年6月份	
3					1	2
4	0001	张XX	上班时间	8:25	
5	0002	王XX	上班时间	8:40	
6	0003	李XX	上班时间	8.29	
7	0004	赵XX	上班时间	8:45	
8	0005	周XX	上班时间		

第3步 使用同样的方法可以选择多个不连续的单元格区域。

4. 选择所有单元格

选择所有单元格，即选择整个工作表，方法有以下两种。

① 单击工作表左上角行号与列标相交处的【选定全部】按钮，即可选定整个工作表。

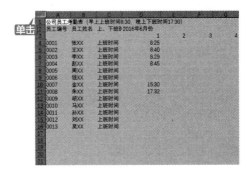

② 按【Ctrl+A】组合键也可以选择整个表格。

5.5.2 合并单元格

合并与拆分单元格是最常用的单元格操作，它不仅可以满足用户编辑考勤表内表格中数据的需求，也可以使考勤表整体更加美观。

1. 合并单元格

合并单元格是指在 Excel 工作表中，将两个或多个选定的相邻单元格合并成一个单元格。在公司员工考勤表中的具体操作步骤如下。

第1步 选择单元格区域 A2:A3，单击【开始】选项卡下【对齐方式】选项组中的【合并后居中】按钮右侧的下拉按钮，在弹出的菜单中选择"合并后居中"命令。

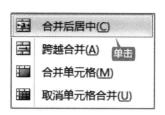

第2步 即可合并且居中显示该单元格。

	A	B	C
1	公司员工考勤表（早上上班时间		
2	员工编号	员工姓名	上、下班时
3			
4	0001	张XX	上班时间

第3步 合并考勤表中需要合并的其余单元格，效果如图所示。

	A	B	C	D	E	F	G
1							公司员工考勤
2	员工编号	员工姓名	上、下班时间				
3				1	2	3	4
4	0001	张XX	上班时间	8:25			
5	0002	王XX	上班时间	8:40			
6	0003	李XX	上班时间	8:29			
7	0004	赵XX	上班时间	8:45			
8	0005	周XX	上班时间				
9	0006	钱XX	上班时间				
10	0007	金XX	上班时间	15:30			
11	0008	朱XX	上班时间	17:32			
12	0009	胡XX	上班时间				
13	0010	马XX	上班时间				
14	0011	孙XX	上班时间				
15	0012	刘XX	上班时间				
16	0013	吴XX	上班时间				
17							

| 提示 |

单元格合并后，将使用原始区域左上角的单元格地址来表示合并后的单元格地址。

2. 拆分单元格

在 Excel 工作表中，还可以将合并后的单元格拆分成多个单元格。

第1步 选择并合并单元区域 G4:G6。

第2步 单击【开始】选项卡下【对齐方式】选项组中【合并后居中】按钮 右侧的下

拉按钮，在弹出的列表中选择【取消单元格合并】命令。

第3步 该表格即被取消合并，恢复成合并前的单元格。

使用鼠标右键也可以拆分单元格，具体操作步骤如下。

第1步 在合并后的单元格上单击鼠标右键，在弹出的快捷菜单中选择【设置单元格格式】选项。

第2步 弹出【设置单元格格式】对话框，在【对齐】选项卡下取消选中【合并单元格】复选框，然后单击【确定】按钮。

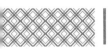

第3步 即可拆分合并后的单元格。

5.5.3 清除单元格

清除单元格中的内容，使考勤表中的数据修改更加简便、快捷。清除单元格的内容有两种操作方法，具体操作步骤如下。

1. 使用【清除】按钮

选中要清除数据的单元格，单击【开始】选项卡下【编辑】组中的【清除】按钮 清除 · 右侧的下拉按钮，在弹出的下拉列表中选择【清除内容】选项，即可在考勤表中清除单元格中的内容。

| 提示 |

选择【全部清除】选项，可以将单元格中的内容、格式、批注及超链接等全部清除。

选择【清除格式】选项，只清除为单元格设置的格式；选择【清除内容】选项，仅清除单元格中的文本内容；选择【清除批注】选项，仅清除在单元格中添加的批注；选择【清除超链接】选项，仅清除在单元格中设置的超链接。

2. 使用快捷菜单

第1步 在单元格 H7 中输入内容，然后选中该单元格。

第2步 单击鼠标右键，在弹出的快捷菜单中选择【清除内容】选项。

第3步 即可清除单元格 H7 中的内容。

3. 使用【Delete】键

第1步 选中要清除数据的单元格 D10。

	A	B	C	D
1				
2	员工编号	员工姓名	上、下班时	
3				1
4	0001	张XX	上班时间	8:25
5	0002	王XX	上班时间	8:40
6	0003	李XX	上班时间	8:29
7	0004	赵XX	上班时间	8:45
8	0005	周XX	上班时间	
9	0006	钱XX	上班时间	
10	0007	金XX	上班时间	15:30
11	0008	朱XX	上班时间	17:32

	A	B	C	D
1				
2	员工编号	员工姓名	上、下班时	
3				1
4	0001	张XX	上班时间	8:25
5	0002	王XX	上班时间	8:40
6	0003	李XX	上班时间	8:29
7	0004	赵XX	上班时间	8:45
8	0005	周XX	上班时间	
9	0006	钱XX	上班时间	
10	0007	金XX	上班时间	
11	0008	朱XX	上班时间	17:32

第2步 按【Delete】键，即可清除单元格中的内容。

5.5.4 插入行与列

在考勤表中，用户可以根据需要插入行和列。插入行与列有两种操作方法，其具体操作步骤如下。

1. 使用快捷菜单

第1步 如果要在第 5 行上方插入行，可以选择第 5 行的任意单元格或选择第 5 行，例如这里选择 A5 单元格并单击鼠标右键，在弹出的快捷菜单中选择【插入】选项。

第2步 弹出【插入】对话框，选中【整行】单选按钮，单击【确定】按钮。

第3步 则可以在第 5 行的上方插入新的行。

第4步 如果要插入列，可以选择某列或某列中的任意单元格并单击鼠标右键，在弹出的快捷菜单中选择【插入】选项，在弹出的【插入】对话框中，选中【整列】单选按钮，单击【确定】按钮。

第5步 即可在所选单元格所在列的左侧插入新列。

2. 使用功能区

第1步 选择需要插入行的单元格 A7，单击【开始】选项卡下【单元格】组中的【插入】按钮下方的下拉按钮，在弹出的下拉列表中选择【插入工作表行】选项。

第2步 则可以在第7行的上方插入新的行。单击【开始】选项卡下【单元格】组中的【插入】按钮右侧的下拉按钮，在弹出的下拉列表中选择【插入工作表列】选项。

第3步 即可在左侧插入新的列。使用功能区插入行与列后的效果如图所示。

> **提示**
>
> 在工作表中插入新行，当前行则向下移动，而插入新列，当前列则向右移动。选中单元格的名称会相应发生变化。

5.5.5 删除行与列

删除多余的行与列，可以使考勤表更加美观、准确。删除行和列有以下几种方法，具体操作步骤如下。

1. 使用【删除】对话框

第1步 选择要删除的行或列中的任意一个单元格，如单元格 A7，并单击鼠标右键，在弹出的快捷菜单中选择【删除】选项。

第2步 在弹出的【删除】对话框中单击选中【整列】单选按钮，然后单击【确定】按钮。

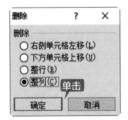

第3步 可以删除选中单元格所在的列。

2. 使用功能区

第1步 选择要删除的列所在的任一单元格，如 A1，单击【开始】选项卡下【单元格】组中的【删除】按钮的下拉按钮，在弹出的下拉列表中选择【删除工作表列】选项。

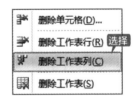

第2步 即可将选中的单元格所在的列删除。

第3步 重复插入行与列的操作，在考勤表中插入需要的行和列。

第4步 将需要合并的单元格区域合并并输入其他内容，效果如下图所示。

5.5.6 调整行高与列宽

在考勤表中，当单元格的宽度或高度不足时，会导致数据显示不完整，这时就需要调整列宽和行高，使考勤表的布局更加合理，外表更加美观。具体操作步骤如下。

1. 调整单行或单列

制作考勤表时，可以根据需要调整单列或单行的列宽或行高，具体操作步骤如下。

第1步 将鼠标指针移动到第 1 行与第 2 行的行号之间，当鼠标指针变成➕形状时，按住鼠标左键向上拖曳使第 1 行行高变窄，向下拖曳使第 1 行行高变宽。

第2步 向下拖曳到合适位置时，松开鼠标左键，即可增加行高。

第3步 将鼠标指针移动到第 B 列与第 C 列两

3. 使用快捷菜单

选择要删除的整行或者整列并单击鼠标右键，在弹出的快捷菜单中选择【删除】选项，即可直接删除选择的整行或者整列。

列的列标之间，当鼠标指针变成➕形状时，按住鼠标左键向左拖曳鼠标可以使第 B 列列宽变窄，向右拖曳则可使第 B 列列宽变宽。

第4步 向右拖曳到合适位置，松开鼠标左键，即可增加列宽。

> |提示|
>
> 拖曳时将显示出以点和像素为单位的宽度工具提示。

2. 调整多行或多列

在考勤表中，对应的日期列宽过宽，可

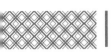

以同时调整宽度。

第1步 选择 E 列到 AG 列之间的所有列，将鼠标指针放置在任意两列的列标之间，然后按住鼠标左键，向右拖曳可增加列宽，向左拖曳减少列宽。

第2步 向左拖曳到合适位置时松开鼠标左键，即可减少列宽。

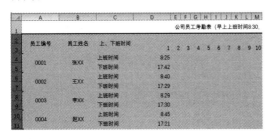

第3步 选择行 2 到行 29 中间的所有行，然后拖曳所选行号的下侧边界，向下拖曳可增加行高。

第4步 拖曳到合适位置时松开鼠标左键，即可增加行高。

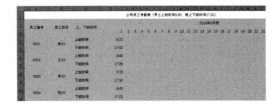

3. 调整整个工作表的行或列

如果要调整工作表中所有列的宽度，单击【全选】按钮 ，然后拖曳任意列标题的边界调整行高或列宽。

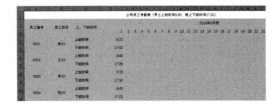

4. 自动调整行高与列宽

在 Excel 中，除了手动调整行高与列宽外，还可以将单元格设置为根据单元格内容自动调整行高或列宽。

第1步 在考勤表中，选择要调整的行或列，如这里选择 D 列。单击【开始】选项卡下【单元格】选项组中的【格式】按钮 ，在弹出的下拉列表中选择【自动调整行高】或【自动调整列宽】命令。

第2步 自动调整列宽的效果如图所示。

5.6 文本段落的格式化

在 Excel 2010 中，设置字体格式、对齐方式与设置边框和背景等，可以美化考勤表的内容。

5.6.1 设置字体

在考勤表制作完成后，可对字体进行设置大小、加粗、颜色等，使考勤表看起来更加美观。

第1步 选择 A1 单元格，单击【开始】选项卡下【字体】组中的【字体】按钮右侧的下拉按钮，在弹出的下拉列表中选择【华文行楷】选项。

第2步 单击【开始】选项卡下【字体】组中的【字号】按钮 11 ▾右侧的下拉按钮，在弹出的下拉列表中选择【18】选项。

第3步 双击 A1 单元格，选中单元格中的"（早上上班时间 8:30，晚上下班时间 17:30）"，单击【开始】选项卡下【字体】组中的【字体颜色】按钮 A▾右侧的下拉按钮，在弹出的【主题颜色】面板中选择【红色】选项。

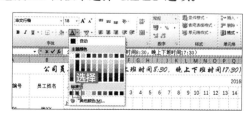

第4步 单击【开始】选项卡下【字体】组中的【字

号】按钮 18 ▾右侧的下拉按钮，在弹出的下拉列表中选择【12】选项。

第5步 重复上面的步骤，选择第2行、第3行，设置【字体】为"华文新魏"，【字号】为"12"。

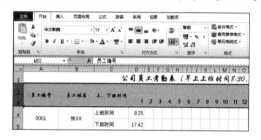

第6步 选择第4行到第43行之间的所有行，设置【字体】为"华文楷体"，【字号】为"11"。

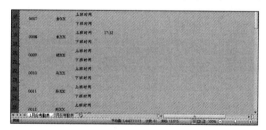

第7步 选择 2016 年 6 月份中的日期为周六和周日的单元格，并设置其【字体颜色】为"红色"。

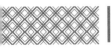

5.6.2 设置对齐方式

Excel 2010 允许为单元格数据设置的对齐方式有左对齐、右对齐和合并居中对齐等。在本案例中设置居中对齐，使考勤表更加有序美观。

【开始】选项卡中的【对齐方式】选项组中，对齐按钮的分布及名称如图所示，单击对应按钮可执行相应设置。

(1)【顶端对齐】按钮

单击该按钮，可使选定的单元格或单元格区域内的数据沿单元格的顶端对齐。

(2)【垂直居中】按钮

单击该按钮，可使选定的单元格或单元格区域内的数据在单元格内上下居中。

(3)【底端对齐】按钮

单击该按钮，可使选定的单元格或单元格区域内的数据沿单元格的底端对齐。

(4)【方向】按钮

单击该按钮，将弹出下拉菜单，可根据各个菜单命令左侧显示的样式进行选择。

(5)【左对齐】按钮

单击该按钮，可使选定的单元格或单元格区域内的数据在单元格内左对齐。

(6)【居中】按钮

单击该按钮，可使选定的单元格或单元格区域内的数据在单元格内水平居中显示。

(7)【右对齐】按钮

单击该按钮，可使选定的单元格或单元格区域内的数据在单元格内右对齐。

(8)【减少缩进量】按钮

单击该按钮，可以减少边框与单元格文字间的边距。

(9)【增加缩进量】按钮

单击该按钮，可以增加边框与单元格文字间的边距。

(10)【自动换行】按钮

单击该按钮，可以使单元格中的所有内容以多行的形式全部显示出来。

(11)【合并后居中】按钮

单击该按钮，可以使选定的各个单元格合并为一个较大的单元格，并将合并后的单元格内容水平居中显示。

单击此按钮右边的下拉按钮，可弹出如图所示的菜单，用来设置合并的形式。

第1步 单击【选定全部】按钮，选定整个工作表。

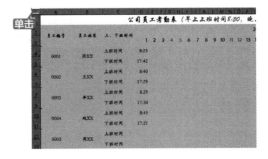

第2步 单击【开始】选项卡下【对齐方式】组中的【居中】按钮，由于考勤表进行过合并并居中操作，所以这时考勤表会首先取消居中显示。

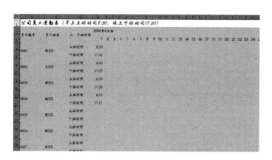

第3步 再次单击【开始】选项卡下【对齐方式】组中的【居中】按钮，考勤表中的数据会全部居中显示。

提示

默认情况下，单元格的文本是左对齐，数字是右对齐。

5.6.3 设置边框和背景

在 Excel 2010 中，单元格四周的灰色网格线默认是不能被打印出来的。为了使考勤表更加规范、美观，可以为表格设置边框和背景。

设置边框主要有以下两种方法。

1. 使用【字体】选项组

第1步 选中要添加边框和背景的 A1:AG29 单元格区域，单击【开始】选项卡下【字体】选项组中【下框线】按钮右侧的下拉按钮，在弹出的列表中选择【所有框线】选项。

第2步 即可为表格添加边框。

第3步 单击【开始】选项卡下【字体】选项组中【填充颜色】按钮右侧的下拉按钮，在弹出的【主题颜色】面板中，选择任一颜色。

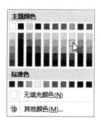

第4步 考勤表设置边框和背景的效果如图所示。

第5步 重复上面的步骤，选择【无框线】选项，取消上面步骤中添加的框线。

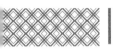
第6步 在【主题颜色】面板中，选择【无填充颜色】选项，取消考勤表中的背景颜色。

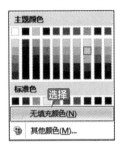

2. 使用【设置单元格格式】对话框

使用【设置单元格格式】对话框也可以设置表格的边框和背景。具体操作步骤如下。

第1步 选择 A1:AH29 单元格区域，单击【开始】选项卡下【单元格】组中的【格式】按钮右侧的下拉按钮，在弹出的下拉列表中选择【设置单元格格式】选项。

第2步 弹出【设置单元格格式】对话框，选择【边框】选项卡，在【线条样式】列表框中选择一种样式，然后在【颜色】下拉列表中选择颜色，在【预置】区域中单击【外边框】选项与【内部】选项。

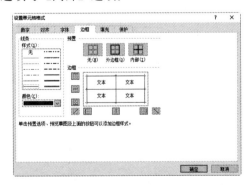

第3步 选择【填充】选项卡，在【背景色】

选项组中的【颜色】下拉列表中选择一种颜色可以填充单色背景。在这里我们设置双色背景，单击【填充效果】按钮 填充效果(I)... 。

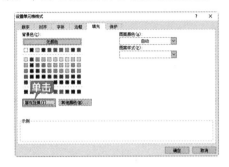

第4步 弹出【填充效果】对话框，单击【渐变】选项卡下【颜色】组中的【颜色2】按钮右侧的下拉按钮，在弹出的【主题颜色】面板中，选择【金色,强调文字颜色4,浅色 60%】选项。

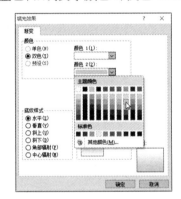

第5步 返回【填充效果】对话框，单击【确定】按钮。

第6步 返回【设置单元格格式】对话框，单击【确定】按钮。

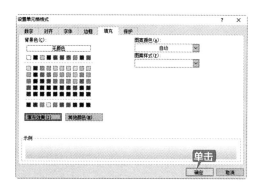

第 7 步 返回到考勤表文档中，可以查看设置边框和背景后的效果。

5.7 设置条件样式

设置条件样式，用区别于一般单元格的样式来表示迟到/早退时间所在的单元格，可以方便、快速地在考勤表中查看需要的信息。

5.7.1 设置单元格样式

单元格样式是一组已定义的格式特征，使用 Excel 2010 中的内置单元格样式可以快速改变文本样式、标题样式、背景样式和数字样式等。在考勤表中设置单元格样式的具体操作步骤如下。

第 1 步 选择 A1：AG29 单元格区域，单击【开始】选项卡下【样式】组中的【单元格样式】按钮 的下拉按钮。

第 3 步 重复 5.6.3 小节的操作步骤，再次设置边框背景与文字格式，效果如图所示。

第 2 步 在弹出的下拉列表中选择【40%–强调文字颜色 4】选项，即可改变单元格样式。

5.7.2 设置条件样式

在 Excel 2010 中可以使用条件格式，将考勤表中符合条件的数据突出显示出来，让公司员工对迟到次数、时间等一目了然。对一个单元格区域应用条件格式的具体操作步骤如下。

第1步 选择要设置条件样式的单元格区域 D4:AG29，单击【开始】选项卡下【样式】选项组中的【条件格式】按钮 的下拉按钮，在弹出的下拉列表中选择【突出显示单元格规则】→【介于】条件规则。

第2步 弹出【介于】对话框，在两个文本框中分别输入"8:30"与"17:30"，在【设置为】右侧的下拉列表框中选择【浅红填充色深红色文本】，单击【确定】按钮。

第3步 效果如图所示。

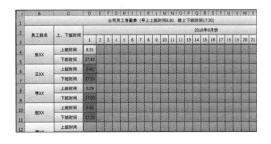

| 提示 |

单击【新建规则】选项，弹出【新建格式规则】对话框，在此对话框中可以根据自己的需要来设定条件规则。

设定条件格式后，可以管理和清除设置的条件格式。

选择设置条件格式的区域，单击【开始】选项卡下【样式】选项组中的【条件格式】按钮，在弹出的列表中选择【清除规则】→【清除所选单元格的规则】选项，可清除选择区域中的条件规则。

5.8 页面设置

设置纸张方向和添加页眉与页脚来满足考勤表格式的要求并完善文档的信息。

5.8.1 设置纸张方向

设置纸张的方向，可以满足考勤表的布局格式要求。具体操作步骤如下。

第1步 单击【页面布局】选项卡下【页面设置】组中的【纸张方向】按钮，在弹出的下拉列表中单击【横向】选项。

第2步 设置纸张方向的效果如图所示。

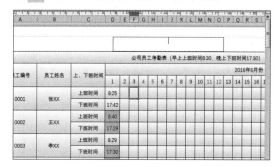

5.8.2 添加页眉和页脚

在页眉和页脚中可以输入创建文档的基本信息，例如在页眉中输入文档名称、章节标题或者作者名称等信息，在页脚中输入文档的创建时间、页码等，不仅能使表格更美观，还能向读者快速传递文档要表达的信息。具体操作步骤如下。

第1步 选中考勤表中任一单元格，单击【插入】选项卡下【文本】组中的【页眉和页脚】按钮，弹出【页眉和页脚】文本框。

第2步 在【添加页眉】文本框中，输入"考勤表"文本。

第3步 在【添加页脚】文本框中，输入"2016"文本。

第4步 单击【视图】选项卡下【工作簿视图】组中的【页面布局】按钮。

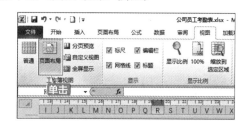

第5步 效果如图所示。

5.9 保存与共享工作簿

保存与共享考勤表，可以使公司员工之间保持同步工作进程，提高工作效率。

5.9.1 保存考勤表

保存考勤表到计算机硬盘中，防止资料丢失，具体操作步骤如下。

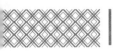

第1步 单击【文件】按钮，在弹出的面板中，选择【另存为】选项。

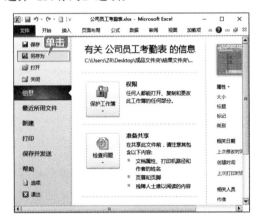

第2步 在弹出的【另存为】对话框中选择文

件要保存的位置，并在【文件名】文本框中输入"公司员工考勤表"，并单击【保存】按钮，即可保存考勤表。

5.9.2 另存为其他兼容格式

将 Excel 工作簿另存为其他兼容格式，可以方便不同用户阅读，具体操作步骤如下。

第1步 单击【文件】按钮，在弹出的面板中，选择【另存为】选项。

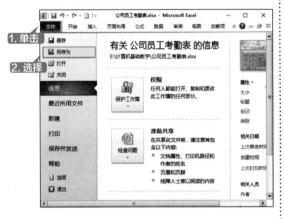

第2步 在弹出的【另存为】对话框中选择文件要保存的位置，并在【文件名】文本框中输入"公司员工考勤表"。

第3步 单击【保存类型】选项右侧的下拉按钮，在弹出的下拉列表中选择【PDF（*.pdf）】选项。

第4步 返回【另存为】对话框，单击【选项】按钮。

第5步 弹出【选项】对话框，选中【发布内容】选项组中的【整个工作簿】单选按钮，然后单击【确定】按钮。

第6步 返回【另存为】对话框，单击【保存】按钮。

第7步 即可把考勤表另存为 PDF 格式。

5.9.3 共享工作簿

把考勤表共享之后，可以让公司员工保持同步信息，具体操作步骤如下。

第1步 选中考勤表中任一单元格，单击【审阅】选项卡下【更改】组中的【共享工作簿】按钮。

第2步 弹出【共享工作簿】对话框，选中【允许多用户同时编辑，同时允许工作簿合并】复选框。

第3步 选中【高级】选项卡下【更新】组中的【自动更新间隔】单选按钮，并把时间设置为"20

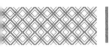

分钟"，然后单击【确定】按钮。

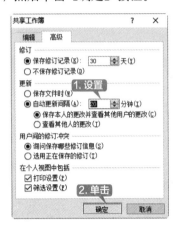

第 4 步 在弹出的【Microsoft Excel】对话框中，单击【确定】按钮。

第 5 步 返回文档中，即可看到考勤表的格式已经变为【共享】格式。

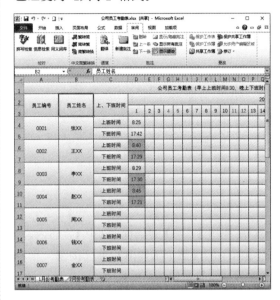

制作工作计划进度表

与公司员工考勤表类似的文档还有工作计划进度表、包装材料采购明细表、成绩表、汇总表等。制作这类表格时，要做到数据准确、重点突出、分类简洁，使读者快速明了表格信息，方便读者对表格进行编辑操作。下面就以制作工作计划进度表为例进行介绍，具体操作步骤如下。

1. 创建空白工作簿

新建空白工作簿，重命名工作表并设置工作表标签的颜色等。

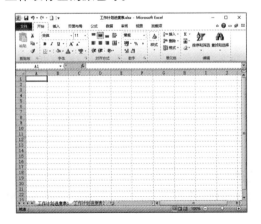

2. 输入数据

输入工作计划进度表中的各种数据，并对数据列进行填充，合并单元格并调整行高与列宽。

3. 设置文本段落格式

设置工作簿中的文本段落格式、文本对齐方式，并设置边框和背景。

◇ **删除最近使用过的工作簿记录**

Excel 2010 可以记录最近使用过的 Excel 工作簿，用户也可以将这些记录信息删除。

第1步 在 Excel 2010 中，单击【文件】选项卡，在弹出的列表中选择【最近所用文件】选项，即可看到右侧显示了最近打开的工作簿信息。

4. 设置页面

在工作计划进度表中，根据表格的布局来设置纸张的方向，并添加页眉与页脚，保存并共享工作簿。

第2步 右击要删除的记录信息，在弹出的快捷菜单中，选择【从列表中删除】选项，即可将该记录信息删除。

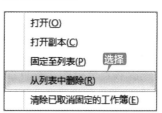

第3步 如果用户要删除全部打开过的信息，可以选择任意记录，并单击鼠标右键，在弹出的快捷菜单中选择【清除已取消固定的工作簿】选项。

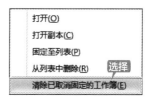

第4步 在弹出的提示框中单击【是】按钮。

第 5 步 即可看到已清除了所有记录。

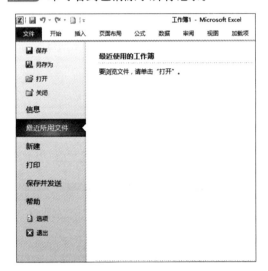

◇ **当有多个工作表时如何快速切换**

如果工作簿中包含大量工作表，例如十几个甚至数十个，在 Excel 窗口底部就没有办法显示出这么多的工作表标签，下面介绍如何快速定位至某一特定工作表。

第 1 步 打开随书光盘中的"素材 \ch05\ 技巧 .xlsx"文件，可以看到工作簿中包含了 12 个工作表，可以单击工作簿窗口左下角工作表导航按钮区域的 ▶ 按钮切换到下一个工作表，或单击 ◀ 按钮切换到上一个工作表。

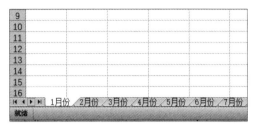

第 2 步 如果要从第一个工作表快速切换至第 10 个工作表，即切换至"10 月份"工作表，可以在工作簿窗口左下角的工作表导航按钮区域的任一位置单击鼠标右键，将会弹出【激活】对话框，选择"10 月份"选项，单击【确定】按钮。

第 3 步 即可快速定位至"10 月份"工作表中。

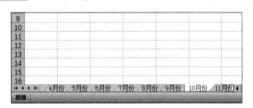

第6章

Excel 表格的美化

本章导读

工作表的管理和美化是表格制作的一项重要内容。通过对表格格式的设置，可以使表格的框线、底纹以不同的形式表现出来。同时还可以设置表格的条件格式，重点突出表格中的特殊数据。Excel 2010 为工作表的美化设置提供了方便的操作方法和多项功能。

思维导图

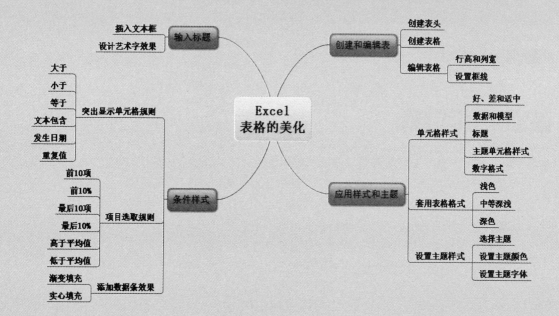

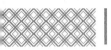
6.1 公司客户信息管理表

公司客户信息管理表是管理公司客户信息的表格，制作公司客户信息管理表时要准确记录客户的基本信息，并突出重点客户。

实例名称：制作公司客户信息管理表	
实例目的：Excel 表格的美化	
素材	素材 \ch06\ 客户表 .xlsx
结果	结果 \ch06\ 客户表 .xlsx
录像	视频教学录像 \06 第 6 章

6.1.1 案例概述

公司客户信息管理表是公司常用的表格，主要用于管理公司的客户信息。制作公司客户信息管理表时，需要注意以下几点。

1. 内容要完整

① 表格中客户信息要完整，如客户公司编号、名称、电话、传真、邮箱、客户购买的产品、数量等，可以通过客户信息管理表快速了解客户的基本信息。

② 输入的内容要仔细核对，避免出现数据错误。

2. 制作规范

① 表格的整体色调要协调一致。客户信息管理表是比较正式的表格，不需要使用过多的颜色。

② 数据的格式要统一，文字的大小与单元格的宽度和高度要匹配，避免太拥挤或太稀疏。

3. 突出特殊客户

制作公司客户信息管理表时可以突出重点或优质的客户，便于公司人员快速根据制作的表格对客户分类。

公司客户信息管理表需要制作规范并设置客户等级分类。

本章就以美化公司客户信息管理表为例介绍美化表格的操作。

6.1.2 设计思路

美化公司客户信息管理表时可以按以下思路进行。

① 插入标题文本框，设计标题艺术字，使用艺术字美化表格。

② 创建表头，并根据需要设置表头的样式。

③ 输入并编辑表格的内容，要保证输入信息的准确。

④ 设置条件样式，可以使用条件样式突出优质客户的信息。

⑤ 保存制作完成的公司客户信息管理表。

6.1.3 涉及知识点

本案例主要涉及以下知识点。

① 插入文本框。

② 插入艺术字。

③ 创建和编辑信息管理表。

④ 设置条件样式。

⑤ 应用样式。

⑥ 设置主题。

6.2 输入标题

在美化公司客户信息管理表时，首先要设置管理表的标题，并对标题中的艺术字进行设计与美化。

6.2.1 插入标题文本框

插入标题文本框能更好地控制标题内容的宽度和长度。插入标题文本框的具体操作步骤如下。

第1步 打开 Excel 2010 软件，新建一个 Excel 表格。

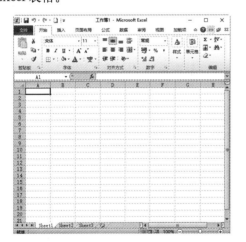

第2步 单击【文件】按钮，在弹出的面板中选择【另存为】选项，在弹出的【另存为】对话框中选择文件要保存的位置，并在【文件名】文本框中输入"公司客户信息管理表"，并单击【保存】按钮。

第3步 单击【插入】选项卡下【文本】组中的【文本框】按钮的下拉按钮，在弹出的下拉列表中选择【横排文本框】选项。

第4步 在表格中单击鼠标指定标题文本框的开始位置，按住鼠标左键并拖曳鼠标，至合适大小后释放鼠标左键，即可完成标题文本框的绘制。这里在单元格区域 A1:L5 上绘制

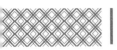
文本框。

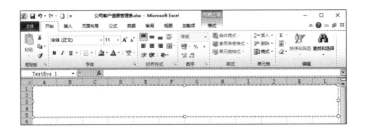

6.2.2 设计标题的艺术字效果

设置好标题文本框的位置和大小后，即可在标题文本框内输入标题，并根据需要设计标题的艺术字效果。具体操作步骤如下。

第1步 在【文本框】中输入文字"公司客户信息管理表"。

第2步 选中文字"公司客户信息管理表"，单击【开始】选项卡下【字体】组中的【字号】按钮 11 · 的下拉按钮，把标题的【字号】设置为"44"，并设置【字体】为"华文新魏"。

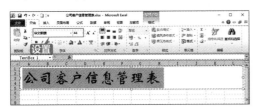

第3步 单击【开始】选项卡下【对齐方式】组中的【居中】按钮，使标题位于文本框的中间位置。

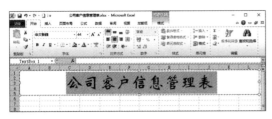

第4步 单击【绘图工具】→【格式】选项卡下【艺术字样式】组中的【其他】按钮，在弹出的下拉列表中选择一种艺术字。

第5步 单击【绘图工具】→【格式】选项卡下【艺术字样式】组中的【文本填充】按钮右侧的下拉按钮，在弹出的【主题颜色】面板中选择【蓝色，强调文字颜色1，深色 50%】选项。

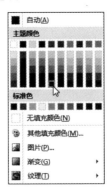

第6步 选择插入的艺术字，单击【绘图工具】→【格式】选项卡下【艺术字样式】组中的【文本效果】按钮，在弹出的下拉列表中选择【映像】→【紧密映像，接触】选项。

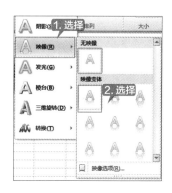

第 7 步 单击【绘图工具】→【格式】选项卡下【形状样式】组中的【形状填充】按钮 右侧的下拉按钮,在弹出的下拉列表中,选择【蓝色,强调文字颜色 1,淡色 80%】选项。

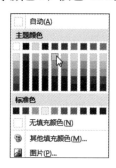

第 8 步 单击【绘图工具】→【格式】选项卡下【形状样式】组中的【形状填充】按钮 形状填充 · 右侧的下拉按钮,在弹出的下拉列表中,选择【渐变】→【变体】组中的【线性向上】选项。

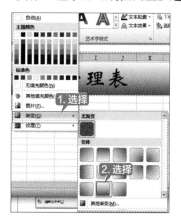

第 9 步 完成标题艺术字的设置,效果如图所示。

6.3 创建和编辑信息管理表

使用 Excel 2010 可以创建并编辑信息管理表,完善管理表的内容并美化管理表的文字。

6.3.1 创建表头

表头是表格中的第一行内容,是表格的开头部分。表头主要列举表格数据的属性或对应的值,能够使用户通过表头快速了解表格内容。设计表头时应根据调查内容的不同有所区别,表头所列项目是分析表格数据时不可缺少的。具体操作步骤如下。

第 1 步 打开随书光盘中的"素材 \ch06\ 客户表 .xlsx"工作簿,选择 A1:L1 单元格区域,按【Ctrl+C】组合键进行复制。

第 2 步 返回"公司客户信息管理表"工作表,选择 A6 单元格,按【Ctrl+V】组合键,把所选内容粘贴到单元格区域 A6:L6 中。

第 3 步 单击【开始】选项卡下【字体】组中的【字体】按钮右侧的下拉按钮,在弹出的下拉列表中选择"华文行楷"字体。

第4步 单击【开始】选项卡下【字体】组中的【字号】按钮右侧的下拉按钮 ▼ ，在弹出的下拉列表中选择"12"号。

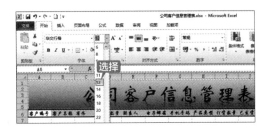

第5步 单击【开始】选项卡下【对齐方式】组中的【居中】按钮 ▥ ，使表头中的字体居中设置。创建表头后的效果如图所示。

6.3.2 创建信息管理表

表头创建完成后，需要对信息管理表进行完善，补充客户信息。具体操作步骤如下。

第1步 在打开的"客户表 .xlsx"工作簿中复制 A2:L15 单元格区域的内容。

第2步 返回"公司客户信息管理表 .xlsx"工作表，选择单元格 A7，按【Ctrl+V】组合键，把所选内容粘贴到单元格区域 A7:L20 中。

第3步 单击【开始】选项卡下【字体】组中的【字体】按钮右侧的下拉按钮，设置【字体】为"黑体"。

第4步 单击【开始】选项卡下【字体】组中的【字号】按钮右侧的下拉按钮，设置【字号】为"12"。

第5步 单击【开始】选项卡下【对齐方式】组中的【居中】按钮 ▥ ，使表格中的内容居中对齐，效果如图所示。

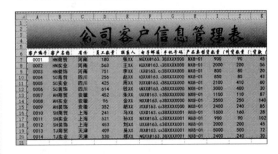

6.3.3 编辑信息管理表

完成信息管理表的内容后，需要对单元格的行高与列宽进行相应的调整，并给管理表添加列表框。具体操作步骤如下。

第1步 单击【全选】按钮，单击【开始】选项卡下【单元格】组中的【格式】按钮，在弹出的下拉列表中选择【自动调整列宽】选项。

第2步 调整 A6：A20 单元格区域内的行高，效果如图所示。

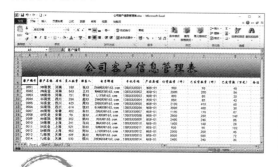

第3步 选择 A6：L20 单元格区域，单击【开始】选项卡下【字体】组中的【无框线】按钮右侧的下拉按钮，在弹出的下拉列表中选择【所有框线】选项。

第4步 信息管理表的编辑效果如图所示。

6.4 设置条件样式

在信息管理表中设置条件样式，可以把满足某种条件的单元格突出显示，并设置选取规则，添加更简单易懂的数据条效果。

6.4.1 突出显示优质客户信息

突出显示优质客户信息，需要在信息管理表中设置条件样式。例如，需要将订货数量超过"2500"件的客户设置为优质客户。具体操作步骤如下。

第1步 选择要设置条件样式的 I7：I20 单元格区域，单击【开始】选项卡下【样式】选项组中的【条件格式】按钮下方的下拉按钮，在弹出的下拉列表中选择【突出显示单元格规则】→【大于】选项。

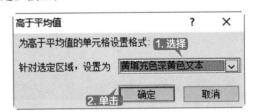

第 2 步　弹出【大于】对话框，在【为大于以下值的单元格设置格式】文本框中输入"2500"，在【设置为】右侧的文本框中选择【绿填充色深绿色文本】选项，单击【确定】按钮。

第 3 步　效果如图所示，订货数量超过 2500 件的客户已突出显示。

订货数量（件）	已发货数量（件）
900	90
2000	200
800	80
850	85
2100	410
3000	400
1100	110
2500	250
2400	240
1600	160
900	90
2000	200
5000	500
2400	240

6.4.2 设置项目的选取规则

　　项目选取规则可以突出显示选定区域中最大或最小的百分数或指定的数据所在单元格，还可以指定大于或小于平均值的单元格。在信息管理表中，需要为发货数量来设置一个选取规则。具体操作步骤如下。

第 1 步　选择 J7:J20 单元格区域，单击【开始】选项卡下【样式】组中的【条件格式】按钮右侧的下拉按钮，在弹出的列表中选择【项目选取规则】→【高于平均值】选项。

第 2 步　弹出【高于平均值】对话框，单击【设置为】右侧的下拉按钮，在弹出的下拉列表

中选择【黄填充色深黄色文本】选项，单击【确定】按钮。

第 3 步　即可看到在信息管理表工作簿中，高于发货数量平均值的单元格都使用黄色背景突出显示。

订货数量（件）	已发货数量（件）	已发货款（万元）
900	90	45
2000	200	56
800	80	20
850	85	43
2100	410	60
3000	400	30
1100	110	87
2500	250	140
2400	240	85
1600	160	28
900	90	102
2000	200	45
5000	500	72
2400	240	30

6.4.3 添加数据条效果

在信息管理表中添加数据条效果，可以使用数据条的长短来标识单元格中数据的大小，可以使用户对多个单元格中数据的大小关系一目了然，便于数据的分析。

第1步 选择 K7:K20 单元格区域，单击【开始】选项卡下【样式】选项组中的【条件格式】按钮下方的下拉按钮，在弹出的列表中选择【数据条】→【渐变填充】组中的【红色数据条】选项。

第2步 添加数据条后的效果如图所示。

订货数量（件）	已发货数量（件）	已发货款（万元）	备注
900	90	45	
2000	200	56	
800	80	20	
850	85	43	
2100	410	60	
3000	400	30	
1100	110	87	
2500	250	140	
2400	240	85	
1600	160	28	
900	90	102	
2000	200	45	
5000	500	72	
2400	240	30	

6.5 应用样式和主题

在信息管理表中应用样式和主题可以使用 Excel 2010 中设计好的字体、字号、颜色、填充色、表格边框等样式来实现对工作簿的美化。

6.5.1 应用单元格样式

在信息管理表中应用单元格样式，可以编辑工作簿的字体、表格边框等。具体操作步骤如下。

第1步 选择单元格区域 A6:L20，单击【开始】选项卡下【样式】组中的【单元格样式】按钮下方的下拉按钮，在弹出的面板中选择【新建单元格样式】选项。

第2步 在弹出的【样式】对话框中，在【样式名】文本框中输入样式名字，如"信息管理表"，单击【格式】按钮。

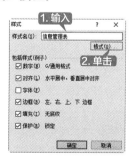

第3步 在弹出的【设置单元格格式】对话框中，选择【边框】选项卡，在【颜色】组中单击【颜色】右侧的下拉按钮，在弹出的面板中选择

一种颜色，单击【确定】按钮。

第4步 返回【样式】对话框，单击【确定】按钮。

第5步 单击【开始】选项卡下【样式】组中的【单

元格样式】按钮下方的下拉按钮，在弹出的面板中选择【自定义】→【信息管理表】选项。

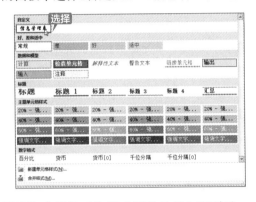

第6步 应用单元格样式后的效果如图所示。

6.5.2 套用表格格式

Excel 预置有 60 种常用的格式，用户可以自动地套用这些预先定义好的格式，以提高工作效率。具体操作步骤如下。

第1步 选择要套用格式的单元格区域 A6:L20，单击【开始】选项卡下【样式】组中的【套用表格格式】按钮右侧的下拉按钮，在弹出的下拉列表中选择【浅色】组中的【表样式浅色 13】选项。

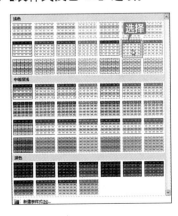

第2步 在弹出的【套用表格式】对话框中，选中【表包含标题】复选框，然后单击【确定】按钮。

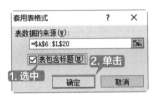

第3步 即可套用该浅色样式，如图所示。

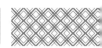

第4步 在此样式中单击任意一个单元格，在【表格工具】→【设计】选项卡下【表格样式】的其他按钮，在组中选择一种样式，即可完成更改表格样式的操作。

第5步 选择表格内的任意单元格，单击【表格工具】→【设计】选项卡下【工具】组中的【转换为区域】按钮。

第6步 在弹出的【Microsoft Excel】对话框中，单击【是】按钮。

第7步 即可结束标题栏的筛选状态，把表格转换为区域。

6.5.3 设置主题效果

Excel 2010 工作簿由颜色、字体及效果组成，使用主题可以对信息管理表进行美化，让表格更加美观。设置主题效果的具体操作步骤如下。

第1步 单击【页面布局】选项卡下【主题】组中【主题】按钮的下拉按钮，在弹出的【内置】面板中选择【奥斯汀】选项。

第2步 设置表格为【奥斯汀】主题后的效果如图所示。

第3步 单击【页面布局】选项卡下【主题】组中的【颜色】按钮，在弹出的【内置】面板中，选择【都市】主题颜色选项。

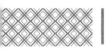

第4步 设置【都市】主题颜色后的效果如图所示。

第5步 单击【页面布局】选项卡下【主题】组中【字体】按钮 🗹字体▾ 右侧的下拉按钮，在弹出的【内置】面板中，选择如图所示的一种字体主题样式。

第6步 设置主题后的效果如图所示。

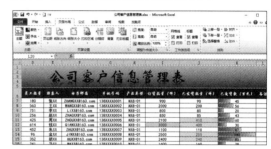

制作人事变更表

与公司客户信息管理表类似的工作表还有人事变更表、采购表、期末成绩表等。制作美化这类表格时，都要做到主题鲜明、制作规范、重点突出，便于公司更好地管理内部信息。下面就以制作人事变更表为例进行介绍。具体操作步骤如下。

1. 创建空白工作簿

新建空白工作簿，重命名工作表，并将其保存为"人事变更表.xlsx"工作簿。

2. 编辑人事变更表

输入标题并设置标题的艺术字效果，输入人事变更表的各种数据并进行编辑。

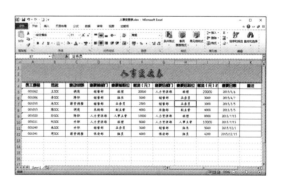

3. 设置条件样式

在人事变更表中设置条件格式，突出变更后高于 8000 元的薪资数据。

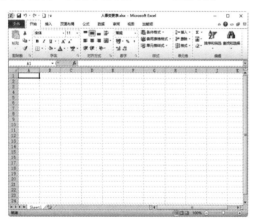

在人事变更表中应用样式和主题可以实现对人事变更表进行美化,让表格更加美观。

4. 应用样式和主题

◇【F4】键的妙用

Excel中,对表格中的数据进行操作之后,按【F4】键可以重复上一次的操作。具体操作步骤如下。

第1步 新建工作簿,并输入一些数据,选择 B2 单元格,单击【开始】选项卡下【字体】组中的【字体颜色】按钮,在弹出的下拉列表中选择【红色】,将【字体颜色】设置为"红色"。

	A	B	C	D
1	1	1	1	
2	2	2	2	
3	3	3	3	
4	4	4	4	
5	5	5	5	
6	6	6	6	
7				

第2步 选择单元格 C3,按【F4】键,即可重复上一步将单元格中文本颜色设置为"红色"的操作,把 C3 单元格中字体的颜色也设置为红色。

	A	B	C	D
1	1	1	1	
2	2	2	2	
3	3	3	3	
4	4	4	4	
5	5	5	5	
6	6	6	6	
7				

◇ 巧用选择性粘贴

使用选择性粘贴功能有选择地粘贴剪贴板中的数值、格式、公式、批注等内容,使复制和粘贴操作更灵活。使用选择性粘贴将表格内容转置的具体操作步骤如下。

第1步 打开随书光盘中的"素材 \ch06\ 转置表格内容 .xlsx"工作簿,选择 A1:C9 单元格区域,单击【开始】选项卡下【剪贴板】组中的【复制】按钮。

第2步 选中要粘贴的单元格 A12 并单击鼠标右键,在弹出的快捷菜单中选择【选择性粘贴】→【选择性粘贴】选项。

第3步 在弹出的【选择性粘贴】对话框中，选中【转置】复选框，单击【确定】按钮。

第4步 使用选择性粘贴将表格转置后的效果如图所示。

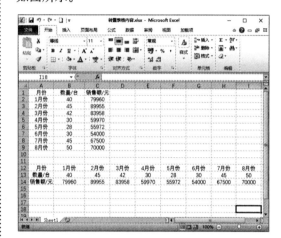

第 7 章
初级数据处理与分析

⊖ 本章导读

在工作中，经常需要对各种类型的数据进行统计和分析。Excel 具有统计各种数据的能力，使用排序功能可以将数据表中的内容按照特定的规则排序；使用筛选功能可以将满足用户条件的数据单独显示；设置数据的有效性可以防止输入错误数据；使用条件格式功能可以直观地突出显示重要值；使用合并计算和分类汇总功能可以对数据进行分类或汇总。本章就以统计建材库存明细表为例，演示如何使用 Excel 对数据进行处理和分析。

◉ 思维导图

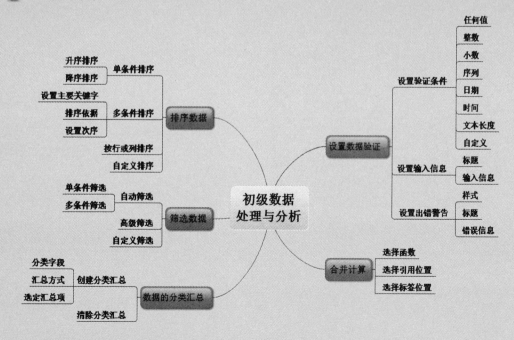

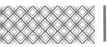

7.1 建材库存明细表

　　建材库存明细表是建材商店对阶段产品出入库情况的详细统计清单，记录着一段时间物品的售出和剩余状况，对下一阶段相应商品的采购和使用计划有很重要的参考作用。库存明细表类目众多，如果手动统计不仅费时费力，而且也容易出错，使用 Excel 则可以快速对这类工作表进行分析统计，得出详细而准确的数据。

实例名称：制作建材库存明细表	
实例目的：掌握初级数据处理与分析	
素材	素材 \ch07\ 建材库存明细表 .xlsx
结果	结果 \ch07\ 建材库存明细表 .xlsx
录像	视频教学录像 \07 第 7 章

7.1.1 案例概述

　　完整的建材库存明细表主要包括名称、数量、库存、剩余等，需要对建材库存的各个类目进行统计和分析。在对数据进行统计分析的过程中，需要用到排序、筛选、分类汇总等操作。熟悉各个类型的操作，对以后处理相似数据时有很大的帮助。

　　打开随书光盘中的"素材 \ch07\ 建材库存明细表 .xlsx"工作簿。

　　建材库存明细表工作簿包含两个工作表，分别是 Sheet1 工作表和 Sheet2 工作表。其中 Sheet1 工作表主要记录了建材库存的基本信息和销售情况。

　　Sheet2 工作表除了简单记录了建材的基本信息外，还记录了下个月的预计出售量和采购计划。

7.1.2 设计思路

对建材库存明细表的处理和分析可以通过以下思路进行。

① 设置物品编号和类别的数据验证。

② 通过对物品排序进行分析处理。

③ 通过筛选的方法对库存和销售状况进行分析。

④ 使用分类汇总操作对物品销售情况进行分析。

⑤ 使用合并计算操作将两个工作表中的数据进行合并。

7.1.3 涉及知识点

本案例主要涉及以下知识点。

① 设置数据验证。

② 排序操作。

③ 筛选数据。

④ 分类汇总。

⑤ 合并计算。

7.2 设置数据验证

在制作建材库存明细表的过程中，对数据的类型和格式会有严格要求，因此需要在输入数据时对数据的有效性进行验证。

7.2.1 设置办公用品编号长度

建材库存明细表需要对不同建材进行编号，以便更好地进行统计。编号的长度是固定的，因此需要对输入的数据的长度进行限制，以避免输入错误的数据，具体操作步骤如下。

第1步 选中 Sheet1 工作表中的 B3:B24 单元格区域。

第2步 单击【数据】选项卡下【数据工具】

组中的【数据有效性】按钮 右侧的下拉按钮，在弹出的菜单中选择【数据有效性】选项。

第3步 弹出【数据有效性】对话框，选择【设置】选项卡，单击【验证条件】选项组内的【允许】文本框右侧的下拉按钮，在弹出的选项列表中选择【文本长度】选项。

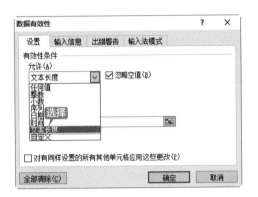

第5步 即可完成设置输入数据长度的操作，当输入的文本长度不是 5 时，即会弹出提示窗口。

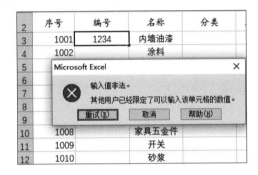

| 提示 |

设置数据验证时，还可以根据需要设置为任何值、整数、小数、序列、日期、时间或者自定义类型。

第4步 数据文本框变为可编辑状态，在【数据】文本框的下拉选项列表中选择【等于】选项，在【长度】文本框内输入"5"，选中【忽略空值】复选框，单击【确定】按钮。

7.2.2 设置输入信息时的提示

完成对单元格输入数据的长度限制设置后，可以设置输入信息时的提示信息。具体操作步骤如下。

第1步 选中 B3:B24 单元格区域，单击【数据】选项卡下【数据工具】组中的【数据有效性】按钮 数据有效性 右侧的下拉按钮，选择【数据有效性】选项。

第2步 弹出【数据有效性】对话框，选择【输入信息】选项卡，选中【选定单元格时显示输入信息】复选框，在【标题】文本框内输入"请输入建材编号"，在【输入信息】文本框内输入"建材编号长度为5，请输入正确编号！"，单击【确定】按钮。

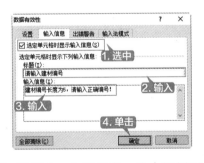

第3步 返回 Excel 工作表，选中设置了提示信息的单元格时，即可显示提示信息，效果如图所示。

7.2.3 设置输错时的警告信息

当用户输入错误的数据时，可以设置警告信息提示用户。具体操作步骤如下。

第1步 选中 B3:B22 单元格区域，单击【数据】选项卡下【数据工具】选项组中的【数据有效性】按钮 数据有效性 右侧的下拉按钮，选择【数据有效性】选项。

第2步 弹出【数据有效性】对话框，选择【出错警告】选项卡，选中【输入无效数据时显示出错警告】选择框，在【样式】下拉列表中选择【停止】选项，在【标题】文本框内输入文字"输入错误"，在【错误信息】文本框内输入文字"请输入正确格式的编号"，单击【确定】按钮。

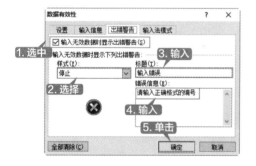

第3步 例如，在 B3 单元格内输入"2"，即会弹出设置的警示信息。

第4步 设置完成后，在 B3 单元格内输入"JC001"，单击【Enter】键确定，即可完成输入。

第5步 使用快速填充功能填充 B4:B24 单元格区域，效果如图所示。

7.2.4 设置单元格的下拉选项

假如单元格内需要输入像"分类"这样仅包含特定几个类别字符的数据时，可以将其设置为下拉选项以方便输入。具体操作步骤如下。

第1步 选中 D3:D24 单元格区域，单击【数据】选项卡下【数据工具】选项组中的【数据有效性】按钮 数据有效性 右侧的下拉按钮。选择【数据有效性】选项。

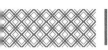
第2步 弹出【数据有效性】对话框，选择【设置】选项卡，在【有效性条件】选项组内单击【允许】文本框的下拉按钮，在弹出的下拉列表中选择【序列】选项。

第3步 显示【来源】文本框，在文本框内输入"油漆／涂料，门／窗，家居用品，室内家具，电工电料，装修材料，墙地面材料，建筑五金，装修／装饰部品，建筑部品，建筑防护"，同时选中【忽略空值】和【提供下拉箭头】复选框。

第4步 设置单元格区域的提示信息【标题】为"在下拉列表中选择"，【输入信息】为"请在下拉列表中选择建材的分类！"。

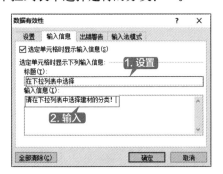

第5步 设置单元格的出错信息【标题】为"输

入有误"，【错误信息】为"可在下拉列表中选择！"，单击【确定】按钮。

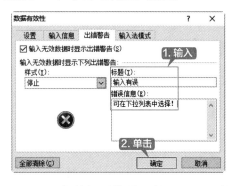

第6步 即可在单位列的单元格后显示下拉选项，单击下拉按钮，即可在下拉列表中选择物品类别，效果如图所示。

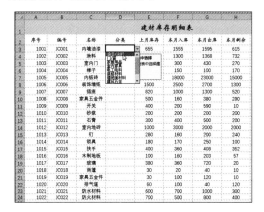

第7步 使用同样的方法在D4:D24单元格区域输入物品类别。

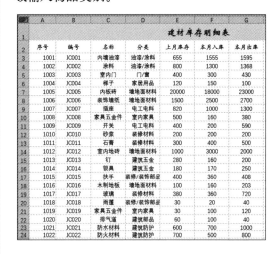

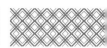

7.3 排序数据

在对建材库存明细表中的数据进行统计时，需要对数据进行排序，以便更好地对数据进行分析和处理。

7.3.1 单条件排序

Excel 可以根据某个条件对数据进行排序，如在库存明细表中对入库数量进行排序。具体操作步骤如下。

第1步 选中数据区域的任意单元格，单击【数据】选项卡下【排序和筛选】选项组内的【排序】按钮。

第2步 弹出【排序】对话框，将【主要关键字】设置为"本月入库"，【排序依据】设置为"数值"，将【次序】设置为"升序"，选中【数据包含标题】复选框，单击【确定】按钮。

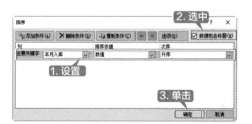

第3步 即可将数据以入库数量为依据进行从小到大的排序，效果如图所示。

|提示|

　　Excel 默认的排序是根据单元格中的数据进行排序的。在按升序排序时，Excel 使用如下的顺序。

　　① 数值从最小的负数到最大的正数排序。

　　② 文本按 A~Z 顺序。

　　③ 逻辑值 False 在前，True 在后。

　　④ 空格排在最后。

7.3.2 多条件排序

如果在按照各个销售门店进行排序的同时又需要对各个门店内的本月剩余情况进行排序，就可以使用多条件排序。具体操作步骤如下。

第1步 选择"Sheet1"工作表，选中任意数据，单击【数据】选项卡下【排序和筛选】选项组内的【排序】按钮。

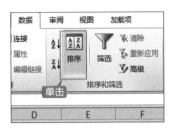

第2步 弹出【排序】对话框，设置【主要关键字】为"销售门店"，【排序依据】为"数值"，【次序】为"升序"，单击【添加条件】按钮。

第4步 即可对工作表进行排序，效果如图所示。

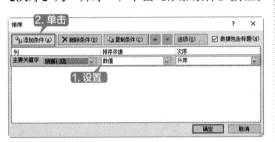

分类	上月库存	本月入库	本月出库	本月剩余	销售门店	审核人
室内家具	30	100	120	10	北城	王建国
装修材料	380	360	720	20	北城	王建国
建筑五金	180	170	250	100	北城	王建国
家居用品	120	150	100	170	北城	刘明
装修材料	300	400	500	200	北城	王建国
电工电料	400	200	590	10	东城	张兰
装修/装饰部品	400	360	408	352	东城	李华
建筑防护	700	500	800	400	东城	刘明
油漆/涂料	655	1555	1595	615	东城	张兰
墙地面材料	1000	3000	2000	2000	东城	张兰
墙地面材料	100	160	203	57	南城	张兰

建材库存明细表

第3步 设置【次要关键字】为"本月剩余"，【排序依据】为"数值"，【次序】为"升序"，单击【确定】按钮。

> **提示**
>
> 在对工作表进行排序分析后，可以按【Ctrl+Z】组合键撤销排序的效果。
>
> 在多条件排序中，数据区域按主要关键字排列，主要关键字相同的按次要关键字排列，如果次要关键字也相同的则按第三关键字排列。

7.3.3 按行或列排序

如果需要对"建材库存明细表"进行按行或者按列的排序，也可以通过排序功能实现。具体操作如下。

第1步 选中E2:G24单元格区域，单击【数据】选项卡下【排序和筛选】选项组中的【排序】按钮。

第2步 弹出【排序】对话框，单击【选项】按钮。

第3步 在弹出的【排序】选项中的【方向】组中选中【按行排序】单选按钮，单击【确定】按钮。

第4步 返回【排序】对话框，将【主要关键字】设置为"行2"，【排序依据】设置为"数值"，【次序】设置为"升序"，单击【确定】按钮。

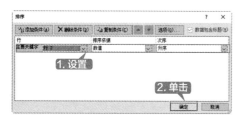

1. 设置

2. 单击

第5步 即可将工作表数据根据设置进行排序，效果如图所示。

C	D	E	F	G	H
建材库存明细表					
名称	分类	本月出库	本月入库	上月库存	本月剩余
家具五金件	室内家具	120	100	30	190
玻璃	装修材料	720	360	380	700
锁具	建筑五金	250	170	180	240
梯子	家居用品	100	150	120	130
石膏	装修材料	500	400	300	600
开关	电工电料	590	200	400	390
扶手	装修/装饰部品	408	360	400	368
防火材料	建筑防护	800	500	700	600
内墙油漆	油漆/涂料	1595	1555	655	2495
室内地砖	墙地面材料	2000	3000	1000	4000
木制地板	墙面材料	203	160	100	263
排气道	建筑部品	40	100	60	80
砂浆	装修材料	200	200	200	200
室内门	门/窗	430	300	400	330
插座	电工电料	1300	1000	820	1480
装饰墙纸	墙地面材料	2700	2500	1500	3700
雨篷	装修/装饰部品	40	20	30	30
钉	建筑五金	200	160	280	80
家具五金件	室内家具	380	160	500	40
防水材料	建筑防护	1000	700	600	1100
涂料	油漆/涂料	1368	1300	800	1868
内板砖	墙地面材料	23000	18000	20000	21000

7.3.4 自定义排序

如果需要按照建材的分类进行排列，首先要使用自定义排序功能，然后自定义建材分类的排序序列。按照建材分类自定义排序的具体操作步骤如下。

第1步 选中数据区域任意单元格。

	A	B	C	D	E	F
1					建材库存明细表	
2	序号	编号	名称	分类	本月出库	本月入库
3	1019	JC019	家具五金件	室内家具	120	100
4	1017	JC017	玻璃	装修材料	720	360
5	1014	JC014	锁具	建筑五金	250	170
6	1004	JC004	梯子	家居用品	100	150
7	1011	JC011	石膏	装修材料	500	400
8	1009	JC009	开关	电工电料	590	200
9	1015	JC015	扶手	装修/装饰部品	408	360
10	1022	JC022	防火材料	建筑防护	800	500
11	1001	JC001	内墙油漆	油漆/涂料	1595	1555
12	1012	JC012	室内地砖	墙面材料	2000	3000
13	1016	JC016	木制地板	墙面材料	203	160
14	1020	JC020	排气道	建筑部品	40	100
15	1010	JC010	砂浆	装修材料	200	200
16	1003	JC003	室内门	门/窗	430	300
17	1007	JC007	插座	电工电料	1300	1000
18	1006	JC006	装饰墙纸	墙地面材料	2700	2500
19	1018	JC018	雨篷	装饰部品	40	20
20	1013	JC013	钉	建筑五金	200	160
21	1008	JC008	家具五金件	室内家具	380	160
22	1021	JC021	防水材料	建筑防护	1000	700
23	1002	JC002	涂料	油漆/涂料	1368	1300
24	1005	JC005	内板砖	墙地面材料	23000	18000

第2步 单击【数据】选项卡下【排序和筛选】选项组的【排序】按钮。

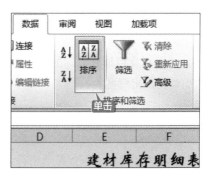

第3步 弹出【排序】对话框，设置【主要关键字】为"分类"，单击【次序】下拉列表中的【自定义序列】选项。

1. 设置

2. 单击

第4步 弹出【自定义序列】对话框，在【自定义序列】选项卡下【输入序列】文本框内输入"油漆／涂料、门／窗、家居用品、室内家具、电工电料、装修材料、墙地面材料、建筑五金、装修／装饰部品、建筑部品、建筑防护"，每输入一个条目后按【Enter】键分隔条目，输入完成后单击【确定】按钮。

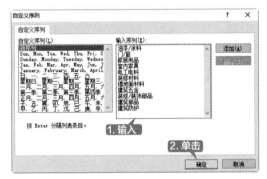

第5步 返回【排序】对话框，即可看到自定义的次序，单击【确定】按钮。

第6步 即可将数据按照自定义的序列进行排序，效果如图所示。

	A	B	C	D	E	F	G
1				建材库存明细表			
2	序号	编号	名称	分类	上月库存	本月入库	本月出库
3	1001	JC001	内墙油漆	油漆/涂料	655	1555	1595
4	1002	JC002	涂料	油漆/涂料	800	1300	1368
5	1003	JC003	室内门	门/窗	400	300	430
6	1004	JC004	梯子	家居用品	120	150	100
7	1019	JC019	家具五金件	室内家具	30	100	120
8	1008	JC008	家具五金件	室内家具	500	160	380
9	1009	JC009	开关	电工电料	400	200	590
10	1007	JC007	插座	电工电料	820	1000	1300
11	1017	JC017	玻璃	装修材料	380	360	720
12	1011	JC011	石膏	装修材料	300	400	500
13	1010	JC010	砂浆	装修材料	200	200	200
14	1012	JC012	室内地砖	墙地面材料	1000	3000	2000
15	1016	JC016	木制地板	墙地面材料	100	160	203
16	1006	JC006	装修墙纸	墙地面材料	1500	2500	2700
17	1005	JC005	内板砖	墙地面材料	20000	18000	23000
18	1014	JC014	锁具	建筑五金	180	170	250
19	1013	JC013	钉	建筑五金	280	160	200
20	1015	JC015	扶手	装修/装饰部品	400	360	408
21	1018	JC018	雨蓬	装修/装饰部品	30	20	40
22	1020	JC020	排气道	建筑部品	60	100	40
23	1022	JC022	防火材料	建筑防护	700	500	800
24	1021	JC021	防水材料	建筑防护	600	700	1000

7.4 筛选数据

在对"建材库存明细表"的数据进行处理时，如果需要查看一些特定的数据，可以使用数据筛选功能筛选出需要的数据。

7.4.1 自动筛选

通过自动筛选功能，可以筛选出符合条件的数据。自动筛选包括单条件筛选和多条件筛选。

1. 单条件筛选

单条件筛选就是将符合一种条件的数据筛选出来。例如，筛选出【销售门店】为"东城"的库存明细的具体操作步骤如下。

第1步 选中数据区域任意单元格。

	A	B	C	D	E	F	G	H	I	J
1					建材库存明细表					
2	序号	编号	名称	分类	上月库存	本月入库	本月出库	本月剩余	销售门店	审核人
3	1019	JC019	家具五金件	室内家具	30	100	120	10	北城	王建国
4	1017	JC017	玻璃	装修材料	380	360	720	20	北城	王建国
5	1014	JC014	锁具	室内家具	180	170	250	100	北城	刘明
6	1004	JC004	梯子	家居用品	120	150	100	170	北城	刘明
7	1011	JC011	石膏	装修材料	300	400	500	200	北城	王建国
8	1009	JC009	开关	电工电料	400	200	590	10	北城	张兰
9	1015	JC015	扶手	装修/装饰部品	400	360	408	352	东城	李华
10	1022	JC022	防火材料	建筑防护	700	500	800	400	东城	刘明
11	1001	JC001	内墙油漆	油漆/涂料	655	1555	1595	615	东城	张兰
12	1012	JC012	室内地砖	墙地面材料	1000	3000	2000	2000	东城	李华
13	1016	JC016	木制地板	墙地面材料	100	160	203	57	南城	王建国
14	1020	JC020	排气道	建筑部品	60	100	40	120	南城	赵兵
15	1010	JC010	砂浆	装修材料	200	200	200	200	南城	赵兵
16	1003	JC003	室内门	门/窗	400	300	430	270	南城	刘明
17	1007	JC007	插座	电工电料	820	1000	1300	520	南城	张兰
18	1006	JC006	装修墙纸	墙地面材料	1500	2500	2700	1300	南城	张兰
19	1018	JC018	雨蓬	装修/装饰部品	30	20	40	10	南城	李华
20	1013	JC013	钉	建筑五金	280	160	200	240	高城	李华
21	1008	JC008	家具五金件	室内家具	500	160	380	280	高城	王建国
22	1021	JC021	防水材料	建筑防护	600	700	1000	300	高城	李华
23	1002	JC002	涂料	油漆/涂料	800	1300	1368	732	高城	赵兵
24	1005	JC005	内墙砖	墙地面材料	20000	18000	23000	15000	高城	王建国

第2步 单击【数据】选项卡下【排序和筛选】选项组中的【筛选】按钮 。

第3步 工作表自动进入筛选状态，每列的标题下面出现一个下拉按钮，单击 I2 单元格的下拉按钮。

第4步 在弹出的下拉列表中选中【东城】复选框，然后单击【确定】按钮。

第5步 即可筛选出【销售门店】为"东城"的库存明细数据，效果如图所示。

2. 多条件筛选

多条件筛选就是将符合多个条件的数据筛选出来。例如，将建材库存明细表中【名称】为"玻璃"和"插座"的库存明细筛选出来的具体操作步骤如下。

第1步 选中数据区域任意单元格。

第2步 单击【数据】选项卡下【排序和筛选】组中的【筛选】按钮 。

第3步 工作表自动进入筛选状态，每列的标题下面出现一个下拉按钮，单击 C2 单元格的下拉按钮。

第4步 在弹出的下拉选框中选中【玻璃】和【插座】复选框,单击【确定】按钮。

第5步 即可筛选出与玻璃和插座有关的所有数据,如图所示。

7.4.2 高级筛选

如果要将建材库存明细表中【审核人】为"刘明"的【名称】数据单独筛选出来,可以使用高级筛选功能设置多个复杂筛选条件实现。具体操作步骤如下。

第1步 在I26和I27单元格内分别输入"审核人"和"刘明",在J26单元格内输入"名称"。

F	G	H	I	J
360	720	20	北城	王建国
170	250	100	北城	王建国
150	100	170	北城	刘明
400	500	200	北城	王建国
200	590	10	东城	张兰
360	408	352	东城	李华
500	800	400	东城	刘明
1555	1595	615	东城	张兰
3000	2000	2000	东城	张兰
160	203	57	南城	张兰
100	40	120	南城	王建国
200	200	200	南城	赵风
300	430	270	南城	刘明
1000	1300	520	南城	张兰
2500	2700	1300	南城	张兰
20	40	10	西城	李华
160	200	240	西城	王建国
160	380	280	西城	王建国
700	1000	300	西城	李华
1300	1368	732	西城	赵风
18000	23000	15000	西城	王建
			审核人	名称
			刘明	

第2步 选中数据区域任意单元格,单击【数据】选项卡下【排序和筛选】组中的【高级】按钮 。

第3步 弹出【高级筛选】对话框,在【方式】组内选中【将筛选结果复制到其他位置】单选按钮,在【列表区域】文本框内输入"$A$2:$J$24",在【条件区域】文本框内输入"$I$26:$I$27",在【复制到】文本框内输入"$J$26",选中【选择不重复的记录】复选框,单击【确定】按钮。

240	西城	王建国
280	西城	王建国
300	西城	李华
732	西城	赵风
15000	西城	王建国
审核人	名称	
刘明	梯子	
	防火材料	
	室内门	

第4步 即可将建材库存明细表中"刘明"审核的建材名称单独筛选出来并复制在指定区域，效果如图所示。

| 提示 |

输入的筛选条件文字需要和数据表中的文字保持一致。

7.4.3 自定义筛选

第1步 选择任意数据区域任意单元格。

第2步 单击【数据】选项卡下【排序和筛选】选项组内的【筛选】按钮。

第3步 即可进入筛选模式，单击【本月入库】下拉按钮，在弹出的下拉列表中单击【数字筛选】选项，在弹出的列表中选择【介于】选项。

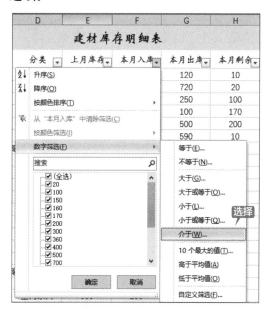

第4步 弹出【自定义自动筛选方式】对话框，在【显示行】组中上方左侧下拉选框中选择【大于或等于】选项，对应的右侧数值框中设置为"500"，选中【与】单选按钮，在下方左侧下拉选框中选择【小于或等于】选项，对应的数值框中设置为"3000"，单击【确定】按钮。

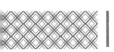
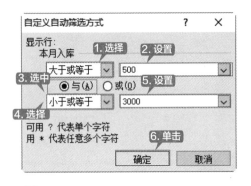

第 5 步 即可将本月入库量介于 500 和 3000 之间的建材商品筛选出来，效果如图所示。

序号	编号	名称	分类	上月库存	本月入库	本月出库	本月剩余	销售门店	审核人
1022	JC022	防火材料	建筑防护	700	500	800	400	东城	刘明
1001	JC001	内墙涂漆	油漆/涂料	655	1555	1595	615	东城	张兰
1012	JC012	室内地砖	墙地面材料	1000	3000	2000	2000	东城	张兰
1007	JC007	插座	电工电料	820	1000	1300	520	南城	张兰
1006	JC006	装饰壁纸	装饰/装饰部品	1500	2500	2700	1300	南城	张兰
1021	JC021	防水材料	建筑防护	600	700	1000	300	西城	李华
1002	JC002	涂料	油漆/涂料	800	1300	1368	732	西城	赵风

7.5 数据的分类汇总

"建材库存明细表"需要对不同销售门店的建材商品进行分类汇总，使工作表更加有条理，有利于对数据的分析和处理。

7.5.1 创建分类汇总

将"建材库存明细表"根据销售门店对上月剩余情况进行分类汇总。具体操作步骤如下。

第 1 步 选中"销售门店"区域任意单元格。

序号	编号	名称	分类	上月库存	本月入库	本月出库	本月剩余	销售门店	审核人
1019	JC019	家具五金件	室内家具	30	100	120	10	北城	王建国
1017	JC017	玻璃	装修材料	380	360	720	20	北城	王建国
1014	JC014	铰具	建筑五金	180	170	250	100	北城	王建国
1004	JC004	椅子	家居用品	120	150	100	170	北城	刘明
1011	JC011	石膏	装修材料	300	400	500	200	北城	王建国
1009	JC009	开关	电工电料	400	200	590	10	东城	张兰
1015	JC015	扶手	装修/装饰部品	400	360	408	352	东城	李华
1022	JC022	防火材料	建筑防护	700	500	800	400	东城	刘明
1001	JC001	内墙涂漆	油漆/涂料	655	1555	1595	615	东城	张兰
1012	JC012	室内地砖	墙地面材料	1000	3000	2000	2000	东城	张兰
1016	JC016	木制地板	墙地面材料	100	160	203	57	南城	张兰
1020	JC020	排气道	装修材料	60	100	40	120	南城	王建国
1010	JC010	砂浆	装修材料	200	200	200	200	南城	赵风
1003	JC003	室内门	门/窗	400	300	430	270	南城	刘明
1007	JC007	插座	电工电料	820	1000	1300	520	南城	张兰
1006	JC006	装饰壁纸	装饰/装饰部品	1500	2500	2700	1300	南城	张兰
1018	JC018	铰链	装修/装饰部品	30	20	40	10	西城	李华
1013	JC013	钉	建筑五金	280	160	200	240	西城	王建国
1008	JC008	家具五金件	室内家具	500	160	380	280	西城	王建国
1021	JC021	防水材料	建筑防护	600	700	1000	300	西城	李华
1002	JC002	涂料	油漆/涂料	800	1300	1368	732	西城	赵风
1005	JC005	内板砖	墙地面材料	20000	18000	23000	15000	西城	王建国

第 2 步 单击【数据】选项卡下【排序和筛选】选项组内的【升序】按钮。

第 3 步 即可将数据以销售门店为依据进行升序排列，效果如图所示。

上月库存	本月入库	本月出库	本月剩余	销售门店	审核人
30	100	120	10	北城	王建国
380	360	720	20	北城	王建国
180	170	250	100	北城	王建国
120	150	100	170	北城	刘明
300	400	500	200	北城	王建国
400	200	590	10	东城	张兰
400	360	408	352	东城	李华
700	500	800	400	东城	刘明
655	1555	1595	615	东城	张兰
1000	3000	2000	2000	东城	张兰
100	160	203	57	南城	张兰
60	100	40	120	南城	王建国
200	200	200	200	南城	赵风
400	300	430	270	南城	刘明
820	1000	1300	520	南城	张兰
1500	2500	2700	1300	南城	张兰

第 4 步 单击【数据】选项卡下【分级显示】选项组内的【分类汇总】按钮。

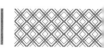

第5步 弹出【分类汇总】对话框，设置【分类字段】为"销售门店"，【汇总方式】为"计数"，在【选定汇总项】选项列表中选中【本月剩余】复选框，其余保持默认值，单击【确定】按钮。

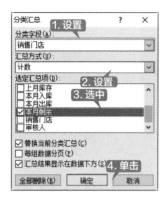

第6步 即可在工作表中进行以销售门店为分

类，对本月剩余商品数量进行计数的分类汇总，结果如图所示。

| 提示 |

在进行分类汇总之前，需要对分类字段进行排序使其符合分类汇总的条件，才能达到最佳的效果。

7.5.2 清除分类汇总

如果不再需要对数据进行分类汇总，可以选择清除分类汇总。具体操作步骤如下。

第1步 接 7.5.1 小节的操作，选中数据区域任意单元格。

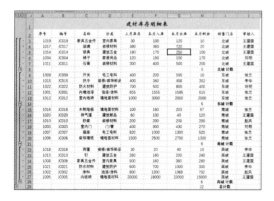

第2步 单击【数据】选项卡下【分级显示】选项组内的【分类汇总】按钮 分类汇总 ，在弹出的【分类汇总】对话框中单击【全部删除】按钮。

第3步 即可将分类汇总全部删除，效果如图所示。

7.6 合并计算

合并计算可以将多个工作表中的数据合并在一个工作表中，以便对数据进行更新和汇总。"建材库存明细表"中，"Sheet1"工作表和"Sheet2"工作表的内容可以汇总在一个工作表中。具体操作步骤如下。

第1步 选择"Sheet1"工作表，按照【序号】进行"升序"排序，然后选中 A2:J24 单元格区域。

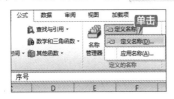

第2步 单击【公式】选项卡下【定义的名称】选项组中的【定义名称】按钮。

第3步 弹出【新建名称】对话框，在【名称】文本框内输入"表1"，单击【确定】按钮。

第4步 选择"Sheet2"工作表，选中 E1:F23单元格区域，单击【公式】选项卡下【定义的名称】选项组中的【定义名称】按钮。

第5步 在弹出的【新建名称】对话框中将【名称】设置为"表2"，单击【确定】按钮。

第6步 在"Sheet1"工作表中选中 K2 单元格，单击【数据】选项卡下【数据工具】选项组中的【合并计算】按钮。

第7步 弹出【合并计算】对话框，在【函数】下拉列表中选择【求和】选项，在【引用位置】文本框内输入"表2"，选中【标签位置】组内的【首行】复选框，单击【确定】按钮。

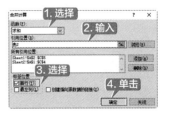

第8步 即可将表2合并在"Sheet1"工作表内，效果如图所示。

第9步 对工作表进行美化和调整，最终效果如图所示，完成后，保存案例即可。

| 提示 |

除了使用上述方式，还可以在工作表名称栏中直接为单元格区域命名。

举一反三

分析与汇总商品销售数据表

商品销售数据表记录着一个阶段内各个种类的商品的销售情况，通过对商品销售数据的分析可以找出在销售过程中存在的问题。分析与汇总商品销售数据表的思路如下。

1. 设置数据验证

设置商品的商品编号和商品种类的数据验证，并完成商品编号和商品种类的输入。

2. 排序数据

根据需要按照销售数量、销售金额或销售员等对商品进行排序。

商品编号	商品名称	商品种类	销售数量	单价	销售金额	销售员
SP1014	面包	食品	112	¥2.3	¥257.6	王XX
SP1009	锅巴	食品	86	¥3.5	¥301.0	张XX
SP1018	速冻水饺	食品	54	¥7.5	¥405.0	马XX
SP1005	香皂	日用品	52	¥8.0	¥416.0	王XX
SP1004	饼干	食品	180	¥2.5	¥450.0	马XX
SP1002	薯片	食品	150	¥4.5	¥675.0	马XX
SP1020	牙刷	日用品	36	¥24.0	¥864.0	马XX
SP1007	锅铲	厨房用具	53	¥21.0	¥1,113.0	张XX
SP1001	牛奶	食品	38	¥40.0	¥1,520.0	张XX
SP1015	火腿肠	食品	86	¥19.5	¥1,677.0	张XX
SP1006	洗发水	日用品	48	¥37.8	¥1,814.4	张XX
SP1010	海苔	食品	67	¥28.0	¥1,876.0	张XX
SP1012	牙膏	日用品	120	¥19.0	¥2,280.0	王XX
SP1017	保温杯	日用品	48	¥50.0	¥2,400.0	王XX
SP1008	方便面	食品	140	¥19.2	¥2,688.0	王XX
SP1013	洗面奶	日用品	84	¥35.0	¥2,940.0	马XX
SP1019	咖啡	食品	62	¥53.0	¥3,286.0	王XX
SP1011	炒菜锅	厨房用具	35	¥199.0	¥6,965.0	王XX
SP1003	电饭煲	厨房用具	24	¥299.0	¥7,176.0	马XX
SP1016	微波炉	厨房用具	59	¥428.0	¥25,252.0	张XX

3. 筛选数据

根据需要筛选出某个销售员的商品销售数据。

4. 对数据进行分类汇总

对商品根据销售员进行分类汇总。

至此，就完成了分析与汇总商品销售数据表的操作。

◇ **通过筛选删除空白行**

对于不连续的多个空白行，可以使用筛选功能的快速删除。具体操作步骤如下。

第1步 打开随书光盘中的"素材\ch07\删除空白行.xlsx"工作簿。

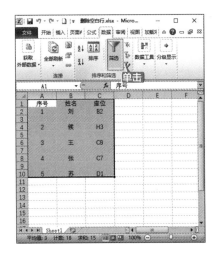

第3步 单击 A1 单元格出现的下拉按钮，选中【空白】复选框，单击【确定】按钮。

第2步 选中 A1:C10 单元格区域，单击【数据】选项卡下【排序和筛选】选项组中的【筛选】按钮。

第4步 即可将 A1:C10 单元格区域内的空白

行选中。

第5步 将鼠标光标放置在选定单元格区域，单击鼠标右键，在弹出的快捷菜单中选择【删除行】选项。

第6步 弹出【是否删除工作表的整行？】对话框，单击【确定】按钮。

第7步 即可删除空白行，取消筛选，效果如图所示。

	A	B	C
1	1	刘	B2
2	2	候	H3
3	3	王	C8
4	4	张	C7
5	5	苏	D1
6			
7			
8			

◇ 筛选多个表格的重复值

使用下面的方法可以快速在多个工作表中找重复值，节省处理数据的时间。

第1步 打开随书光盘中的"素材\ch07\查找重复值.xlsx"工作簿。

第2步 单击【数据】选项卡下【排序和筛选】选项组中的【高级】按钮。

第3步 在弹出的【高级筛选】对话框中选中【将筛选结果复制到其他位置】单选按钮，【列表区域】设置为"$A$1:$B$13"，【条件区域】设置为"Sheet2!$A$1:$B$13"，【复制到】设置为"Sheet1!$F$3"，选中【选择不重复的记录】复选框，单击【确定】按钮。

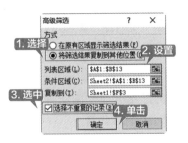

第4步 即可将两个工作表中的重复数据复制到指定区域，效果如图所示。

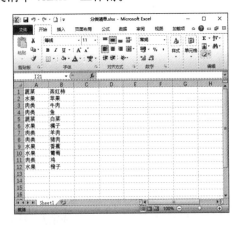

◇ **把相同项合并为单元格**

在制作工作表时，将相同的表格进行合并可以使工作表更加简洁明了。快速实现合并的具体步骤如下。

第1步 打开随书光盘中的"素材\ch07\分类清单.xlsx"工作簿。

第2步 选中数据区域 A 列中的单元格，单击

【数据】选项卡下【排序和筛选】选项组中的【升序】按钮。

第3步 在弹出的【排序提醒】提示框中选中【扩展选定区域】单选按钮，单击【排序】按钮。

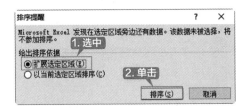

第4步 即可对数据进行以 A 列为依据的升序排列，A 列相同名称的单元格将会连续显示，效果如图所示。

	A	B	C
1	肉类	牛肉	
2	肉类	鱼	
3	肉类	羊肉	
4	肉类	猪肉	
5	肉类	鸡	
6	蔬菜	西红柿	
7	蔬菜	白菜	
8	水果	苹果	
9	水果	橘子	
10	水果	香蕉	
11	水果	葡萄	
12	水果	橙子	
13			

第5步 选择 A 列，单击【数据】选项卡下【分级显示】选项组中的【分类汇总】按钮 分类汇总 。

第6步 在弹出的提示框中单击【确定】按钮。

第7步 弹出【分类汇总】对话框，【分类字段】选择"肉类"，【汇总方式】选择"计数"，选中【选定汇总项】选项框内的【肉类】复选框，然后选中【汇总结果显示在数据下方】复选框，单击【确定】按钮。

第8步 即可对 A 列进行分类汇总，效果如图所示。

对定位的单元格进行合并居中的具体操作步骤如下。

第1步 单击【开始】选项卡下【编辑】选项组内的【查找和替换】按钮，在弹出的下拉列表中选择【定位条件】选项。

第2步 弹出【定位条件】对话框，选中【空值】单选按钮，单击【确定】按钮。

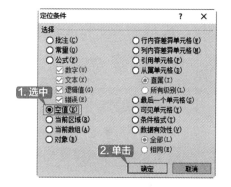

第3步 即可选中 A 列所有空值，单击【开始】选项卡下【对齐方式】选项组中的【合并后居中】按钮。

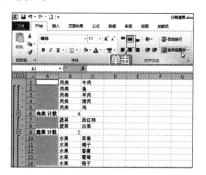

第4步 即可对定位的单元格进行合并居中的操作，效果如图所示。

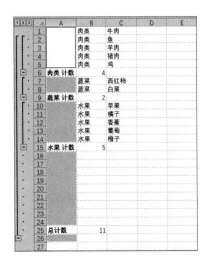

删除分类汇总，完成相同项合并的具体操作步骤如下。

第1步 选择 B 列数据，单击【数据】选项卡下【分级显示】选项组中的【分类汇总】按钮。

第2步 确认提示框信息之后弹出【分类汇总】对话框，【汇总方式】选择"计数"，在【选定汇总项】选项框内选中【肉类】复选框，取消选中【汇总结果显示在数据下方】复选框，单击【全部删除】按钮。

第3步 弹出提示框，单击【确定】按钮即可。

第4步 删除分类汇总后的效果如图所示。

	A	B	C
1		肉类	牛肉
2		肉类	鱼
3		肉类	羊肉
4		肉类	猪肉
5		肉类	鸡
6		蔬菜	西红柿
7		蔬菜	白菜
8		水果	苹果
9		水果	橘子
10		水果	香蕉
11		水果	葡萄
12		水果	橙子

第5步 选中 A 列，单击【开始】选项卡下【剪贴板】选项组中的【格式刷】按钮。

第6步 单击 B 列，B 列即可复制 A 列格式，然后删除 A 列，最终效果如图所示。

	A	B	C
1		牛肉	
2		鱼	
3	肉类	羊肉	
4		猪肉	
5		鸡	
6	蔬菜	西红柿	
7		白菜	
8		苹果	
9		橘子	
10	水果	香蕉	
11		葡萄	
12		橙子	

第8章

中级数据处理与分析——图表

本章导读

　　在 Excel 中使用图表不仅能使数据的统计结果更直观、更形象，还能够清晰地反映数据的变化规律和发展趋势。使用图表可以制作产品统计分析表、预算分析表、工资分析表、成绩分析表等。本章主要介绍创建图表、图表的设置和调整、添加图表元素及创建迷你图等操作。

思维导图

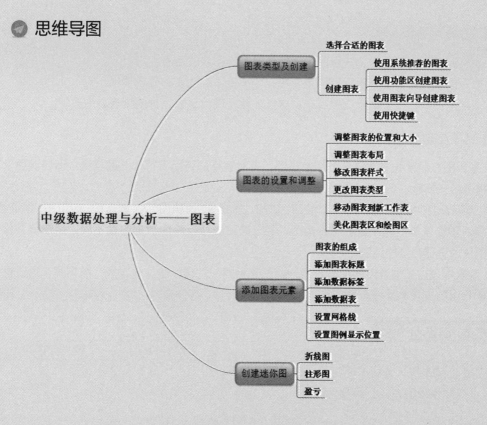

8.1 企业成本统计分析图表

制作企业成本统计分析图表时，表格内的数据类型要格式一致，选取的图表类型要能恰当地反映数据的变化趋势。

实例名称：制作企业成本统计分析图表		
实例目的：学习中级数据处理与分析——图表		
	素材	素材 \ch08\ 企业成本统计分析图表 .xlsx
	结果	结果 \ch08\ 企业成本统计分析图表 .xlsx
	录像	视频教学录像 \08 第 8 章

8.1.1 案例概述

数据分析是指用适当的统计分析方法对收集来的大量数据进行分析，提取有用信息和形成结论，从而对数据加以详细研究和概括总结的过程。Excel 作为常用的分析工具，可以实现基本的分析工作。在 Excel 中使用图表可以清楚地表达数据的变化关系，并且还可以分析数据的规律，进行预测。本节就以制作"企业成本统计分析图表"为例，介绍使用 Excel 的图表功能分析销售数据的方法。

制作"企业成本统计分析图表"时，需要注意以下几点。

1. 表格的设计要合理

① 表格要有明确的名称，快速向读者传达要制作图表的信息。

② 表头的设计要合理，能够指明企业每一个项目最近几年的成本情况。

③ 表格中的数据格式、单位要统一，这样才能正确地反映销售统计表中的数据。

2. 选择合适的图表类型

① 制作图表时首先要选择正确的数据源，有时表格的标题不可作为数据源，而表头通常要作为数据源的一部分。

② Excel 2010 提供了柱形图、折线图、饼图、条形图、面积图、XY 散点图、股价图、曲面图、雷达图等 9 种图表类型以及组合图表类型，每一类图表所反映的数据主题不同，用户需要根据要表达的主题选择合适的图表。

③ 图表中可以添加合适的图表元素，如图表标题、数据标签、数据表、图例等，通过这些图表元素可以更直观地反映图表信息。

8.1.2 设计思路

制作企业成本统计分析图表时可以按以下思路进行。

① 设计要使用图表分析的数据表格。

② 为表格选择合适的图表类型并创建图表。

③ 设置并调整图表的位置、大小、布局、样式以及美化图表。

④ 添加并设置图表标题、数据标签、数据表、网线以及图例等图表元素。

⑤ 根据最近几年的项目成本情况创建迷你图。

8.1.3 涉及知识点

本案例主要涉及以下知识点。

① 创建图表。

② 设置和整理图表。

③ 添加图表元素。

④ 创建迷你图。

8.2 图表类型及创建

Excel 2010 提供了包含组合图表在内的 10 种图表类型，用户可以根据需求选择合适的图表类型，然后创建嵌入式图表或工作表图表来表达数据信息。

8.2.1 如何选择合适的图表

Excel 2010 提供了柱形图、折线图、饼图、条形图、面积图、XY 散点图、股价图、曲面图、雷达图等图表类型以及组合图表类型，需要根据图表的特点选择合适的图表类型。

第1步 打开随书光盘中的"素材 \ch08\ 企业成本统计分析图表 .xlsx"文件，在数据区域选择任意一个单元格，例如，这里选择 D3 单元格。

第2步 单击【插入】选项卡下【图表】选项组右下角的【图表】按钮。

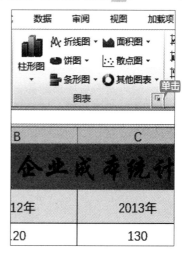

第3步 弹出【插入图表】对话框，即可在左侧的列表中查看 Excel 2010 提供的所有图表

类型。

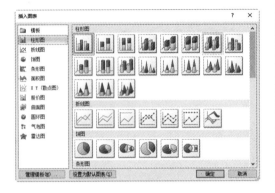

1. 柱形图——以垂直条跨若干类别比较值

柱形图由一系列垂直条组成，通常用来比较一段时间中两个或多个项目的相对尺寸。例如，不同产品季度或年销售量对比、在几个项目中不同部门的经费分配情况、每年各类资料的数目等。

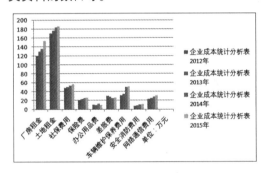

2. 折线图——按时间或类别显示趋势

折线图用来显示一段时间内的趋势。例如，数据在一段时间内呈增长趋势，在另一段时间内处于下降趋势，可以通过折线图，对将来作出预测。

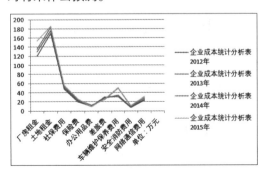

3. 饼图——显示比例

饼图用于对比几个数据在其形成的总和中所占百分比值。整个饼代表总和，每一个数用一个楔形或薄片代表。

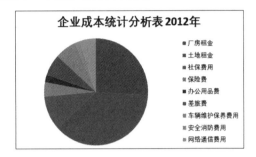

4. 条形图——以水平条跨若干类别比较值

条形图由一系列水平条组成，使得对于时间轴上的某一点，两个或多个项目的相对尺寸具有可比性。条形图中的每一条在工作表上是一个单独的数据点或数。

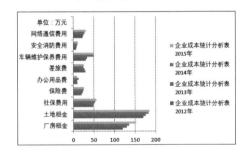

5. 面积图——显示变动幅度

面积图显示一段时间内变动的幅值。当有几个部分的数据都在变动时，可以选择显示需要的部分，即可看到单独各部分的变动，同时也看到总体的变化。

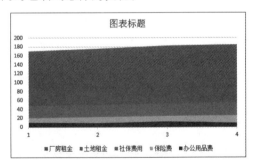

6. XY 散点图——显示值集之间的关系

XY 散点图展示成对的数和它们所代表的趋势之间的关系。散点图的重要作用是可以用来绘制函数曲线，从简单的三角函数、指数函数、对数函数到更复杂的混合型函数，都可以利用它快速、准确地绘制出曲线，所以在教学、科学计算中会经常用到。

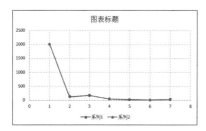

7. 股价图——显示股票变化趋势

股价图是含有 3 个数据序列的折线图，被用来显示一段给定时间内一种股票的最高价、最低价、开盘价和收盘价。股价图多用于金融、商贸等行业，用来描述商品价格、货币兑换率和温度、压力测量等。

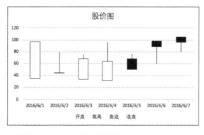

8. 曲面图——在曲面上显示两个或更多数据

曲面图显示的是连接一组数据点的三维曲面，曲面图主要用于寻找两组数据的最优组合。

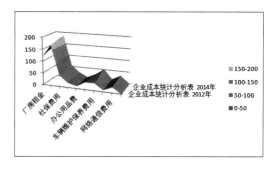

9. 雷达图——显示相对于中心点的值

显示数据如何按中心点或其他数据变动，每个类别的坐标值从中心点辐射。

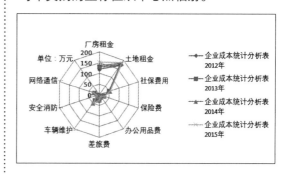

8.2.2 创建图表

创建图表时，不仅可以使用系统推荐的图表类型创建图表，还可以根据实际需要选择并创建合适的图表。下面就介绍在企业成本统计分析图表中创建图表的方法。

1. 使用功能区创建图表

在 Excel 2010 功能区中将图表类型集中显示在【插入】选项卡下的【图表】选项组中，方便用户快速创建图表。具体操作步骤如下。

第1步 选择数据区域内的任意一个单元格，选择【插入】选项卡，在【图表】组中即可看到包含多个创建图表按钮。

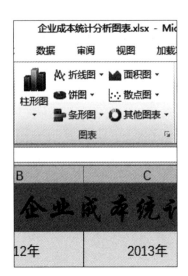

第2步 单击【图表】选项组中【柱形图】按
钮 的下拉按钮，在弹出的下拉列表中选择
【二维柱形图】组中的【簇状柱形图】选项。

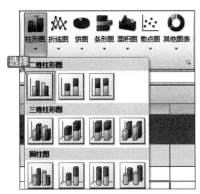

第3步 即可在该工作表中插入一个柱形图表，
效果如图所示。

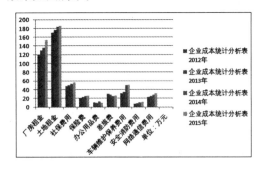

> | 提示 |
>
> 在选择创建的图表后，可以按【Delete】
> 键将其删除。

2. 使用图表向导创建图表

使用图表向导也可以创建图表，具体的
操作步骤如下。

第1步 在打开的素材文件中，任意选择数据
区域的一个单元格。单击【插入】选项卡下
【图表】选项组中的【图表】按钮 ，弹出【插
入图表】对话框，在左侧的列表中选择【折
线图】选项，在右侧选择一种折线图类型，
单击【确定】按钮。

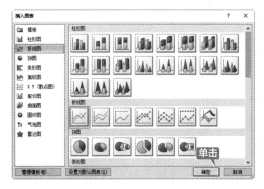

第2步 即可在 Excel 工作表中创建折线图图
表，效果如图所示。

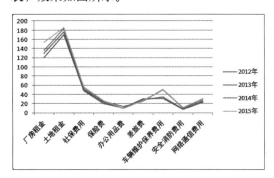

> | 提示 |
>
> 除了使用上面的两种方法创建图表外，
> 还可以按【Alt+F1】组合键创建嵌入式图表，
> 按【F11】键创建工作表图表。嵌入式图表
> 就是与工作表数据在一起或者与其他嵌入式
> 图表在一起的图表。而工作表图表是特定的
> 工作表，只包含单独的图表。

8.3 图表的设置和调整

在企业成本统计分析表中创建图表后，可以根据需要设置图表的位置和大小，还可以根据需要调整图表的样式及类型。

8.3.1 调整图表的位置和大小

创建图表后如果对图表的位置和大小不满意，可以根据需要调整图表的位置和大小。

1. 调整图表的位置

第1步 选择创建的图表，将鼠标指针放置在图表上，当鼠标指针变为 ✛ 形状时，按住鼠标左键，并拖曳鼠标。

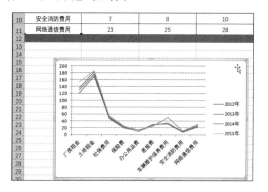

第2步 至合适位置处释放鼠标左键，即可完成调整图表位置的操作。

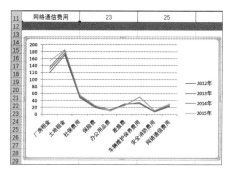

2. 调整图表的大小

调整图表大小有两种方法，第1种方法是使用鼠标拖曳调整，第2种方法是精确调整图表的大小。

方法一：拖曳鼠标调整。

第1步 选择插入的图表，将鼠标指针放置在图表四周的控制点上，例如，这里将鼠标指针放置在右下角的控制点上，当鼠标指针变为 ⤡ 形状时，按住鼠标左键并拖曳鼠标。

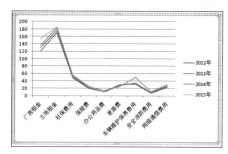

第2步 至合适大小后释放鼠标左键，即可完成调整图表大小的操作。

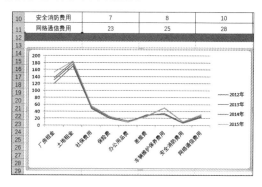

| 提示 |

将鼠标指针放置在4个角的控制点上可以同时调整图表的宽度和高度，将鼠标指针放置在左右边的控制点上可以调整图表的宽度，将鼠标指针放置在上下边的控制点上可以同时调整图表的高度。

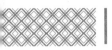
方法二：精确调整图表大小。

如要精确地调整图表的大小，可以选择插入的图表，在【格式】选项卡下【大小】选项组中单击【高度】和【宽度】微调框后的微调按钮，或者直接输入图表的高度和宽度值，按【Enter】键确认即可。

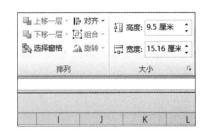

提示

单击【格式】选项卡下【大小】选项组的【大小和属性】按钮，在打开的【设置图表区格式】窗口中单击选中【锁定纵横比】复选框，可等比放大或缩小图表。

8.3.2 调整图表布局

创建图表后，可以根据需要调整图表的布局。具体操作步骤如下。

第1步 选择创建的图表，单击【设计】选项卡下【图表布局】组中的下拉按钮，在弹出的下拉列表中选择【布局7】选项。

第2步 即可看到调整图表布局后的效果，如图所示。

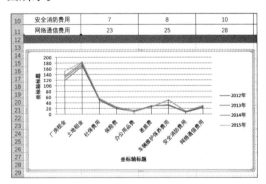

8.3.3 修改图表样式

修改图表样式主要是调整图表样式，修改图表样式的具体操作步骤如下。

第1步 选择图表，单击【设计】选项卡下【图表样式】组中的【其他】按钮，在弹出的下拉列表中选择【样式6】图表样式选项。

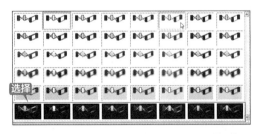

第2步 即可更改图表的样式，效果如图所示。

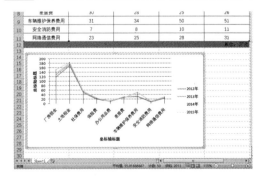

8.3.4 更改图表类型

创建图表后，如果选择的图表类型不能满足展示数据的效果，还可以更改图表类型。具体操作步骤如下。

第1步 选择图表，单击【设计】选项卡下【类型】组中的【更改图表类型】按钮 更改图表类型。

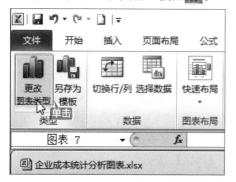

第2步 弹出【更改图表类型】对话框。

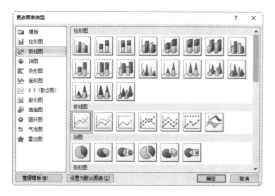

第3步 选择要更改的图表类型，这里在左侧

列表中选择【柱形图】选项，在右侧选择【簇状柱形图】类型，单击【确定】按钮。

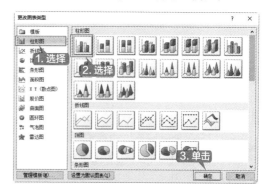

第4步 即可看到将折线图更改为簇状柱形图后的效果。

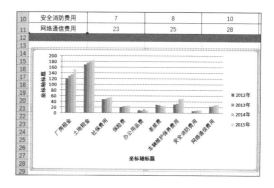

8.3.5 移动图表到新工作表

创建图表后，如果工作表中数据较多，数据和图表将会有重叠，可以将图表移动到新工作表中。

第1步 选择图表，单击【设计】选项卡下【位置】组中的【移动图表】按钮 移动图表。

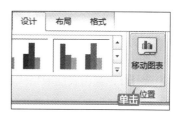

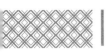

【第2步】弹出【移动图表】对话框，在【选择放置图表的位置】组中单击选中【新工作表】单选项，并在文本框中设置新工作表的名称，单击【确定】按钮。

【第3步】即可创建名称为"Chart1"的工作表，并在表中显示图表，而"Sheet1"工作表中则不包含图表。

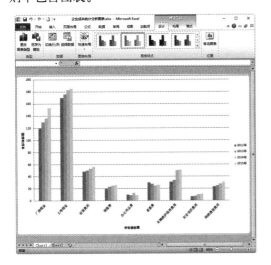

【第4步】在"Chart1"工作表中选择图表，并单击鼠标右键，在弹出的快捷菜单中选择【移动图表】选项。

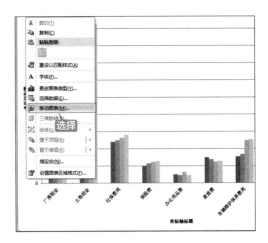

【第5步】弹出【移动图表】对话框，在【选择放置图表的位置】组中选中【对象位于】单选按钮，并在文本框中选择"Sheet1"工作表，单击【确定】按钮。

【第6步】即可将图表移动至"Sheet1"工作表，并删除"Chart1"工作表。

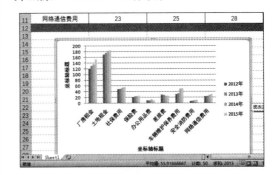

8.3.6 美化图表区和绘图区

美化图表区和绘图区可使图表更美观。美化图表区和绘图区的具体操作步骤如下。

1. 美化图表区

【第1步】选中图表并单击鼠标右键，在弹出的快捷菜单中选择【设置图表区域格式】选项。

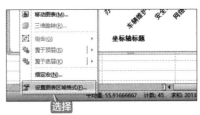

第2步 弹出【设置图表区格式】对话框，在【填充】选项卡下【填充】组中选择【渐变填充】单选按钮。

第3步 单击【预设颜色】后的下拉按钮，在弹出的下拉列表中选择一种渐变样式。

第4步 单击【类型】后的下拉按钮，在弹出的下拉列表中选择【线性】线型。

第5步 根据需要设置【方向】为"线性对角－右上到左下"，设置【角度】为"90°"。

第6步 在渐变光圈区域可以设置渐变光圈效果，选择渐变光圈后，按住鼠标左键并拖曳鼠标，可以调整渐变光圈的位置，分别选择每个渐变光圈，单击下方【颜色】后的下拉按钮，在弹出的下拉列表中设置各个渐变光圈的颜色。

| 提示 | ::::::::::

　　单击【添加渐变光圈】按钮 可增加渐变光圈，选择渐变光圈后，单击【删除渐变光圈】按钮 可移除渐变光圈。

第7步 关闭【设置图表区格式】窗格，即可看到美化图表区后的效果。

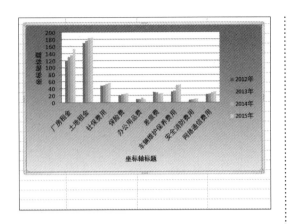

| 提示 |

在【边框】组中可以美化边框样式。

2. 美化绘图区

第1步 选中图表的绘图区并单击鼠标右键，在弹出的快捷菜单中选择【设置绘图区格式】选项。

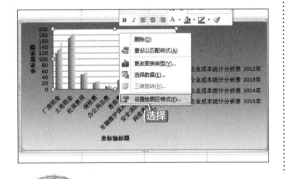

第2步 弹出【设置绘图区格式】窗格，在【填充】选项卡下【填充】组中选择【纯色填充】单选按钮，并单击【颜色】后的下拉按钮，在弹出的下拉列表中选择一种颜色。还可以根据需要调整透明度。

第3步 关闭【设置绘图区格式】窗格，即可看到美化绘图区后的效果。

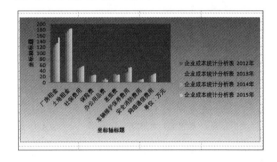

8.4 添加图表元素

创建图表后，可以在图表中添加坐标轴、轴标题、图表标题、数据标签、数据表、网格线和图例等元素。

8.4.1 图表的组成

图表主要由图表区、绘图区、标题、数据系列、坐标轴、图例、运算表和背景等组成。

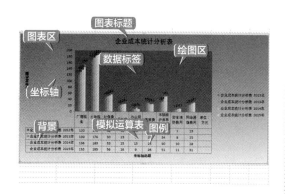

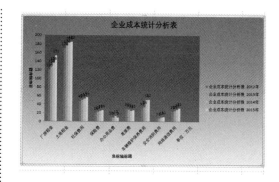

(1)图表区

整个图表以及图表中的数据称为图表区。在图表区中，当鼠标指针停留在图表元素上方时，Excel 会显示元素的名称，从而方便用户查找图表元素。

(2) 绘图区

绘图区主要显示数据表中的数据，数据随着工作表中数据的更新而更新。

(3) 图表标题

创建图表完成后，图表中会自动创建标题文本框，只需在文本框中输入标题即可。

(4) 数据标签

图表中绘制的相关数据点的数据来自数据的行和列。如果要快速标识图表中的数据，可以为图表的数据添加数据标签，在数据标签中可以显示系列名称、类别名称和百分比。

(5)坐标轴

默认情况下，Excel 会自动确定图表坐标轴中图表的刻度值，也可以自定义刻度，以满足使用需要。当图表中绘制的数值涵盖范围较大时，可以将垂直坐标轴改为对数刻度。

(6)图例

图例用方框表示，用于标识图表中的数据系列所指定的颜色或图案。创建图表后，图例以默认的颜色来显示图表中的数据系列。

(7)数据表

数据表是反映图表中源数据的表格，默认的图表一般都不显示数据表。

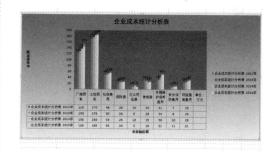

(8)背景

背景主要用于衬托图表，可以使图表更加美观。

8.4.2 添加图表标题

在图表中添加标题可以直观地反映图表的内容。添加图表标题的具体操作步骤如下。

第1步 选择美化后的图表，单击【布局】选项卡下【标签】组中的【图表标题】按钮的下拉按钮，在弹出的下拉列表中选择【图表上方】选项。

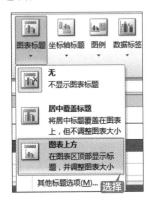

第2步 即可在图表的上方添加【图表标题】文本框。

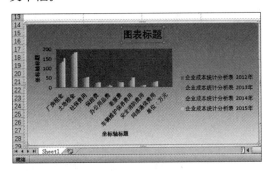

第3步 删除【图表标题】文本框中的内容，并输入"企业成本统计分析表"，就完成了图表标题的添加。

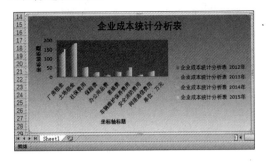

第4步 选择添加的图表标题，单击【格式】选项卡下【艺术字样式】组中的【快速样式】按钮的下拉按钮，在弹出的下拉列表中选择一种艺术字样式。

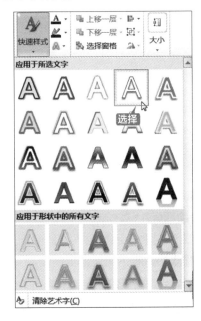

第5步 即可完成对标题的设置，最终效果如下图所示。

8.4.3 添加数据标签

添加数据标签可以直接读出柱形条对应的数值，添加数据标签的具体操作步骤如下。

第1步 选择图表，单击【布局】选项卡下【标签】组中的【数据标签】按钮 的下拉按钮，在弹出的下拉列表中选择【数据标签外】选项。

第2步 即可在图表中添加数据标签，效果如图所示。

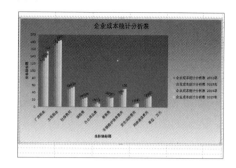

8.4.4 添加数据表

数据表是反映图表中源数据的表格，默认情况下图表中不显示数据表。添加数据表的具体操作步骤如下。

第1步 选择图表，单击【布局】选项卡下【标签】组中的【模拟运算表】按钮 的下拉按钮，在弹出的下拉列表中选择【显示模拟运算表和图例项标示】选项。

第2步 即可在图表中添加数据表，适当调整图表大小，效果如图所示。

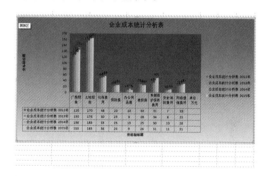

8.4.5 设置网格线

如果对默认的网格线不满意，可以添加网格线或自定义网格线样式。具体的操作步骤如下。

第1步 选择图表，单击【布局】选项卡下【坐标轴】组中的【网格线】按钮 的下拉按钮，在弹出的下拉列表中选择【网格线】→【主要纵网格线】→【主要网格线】选项。

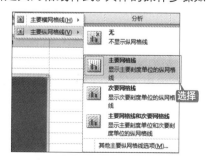

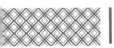

| 提示 |

默认情况下图表中显示"主轴主要水平网格线",再次单击【主轴主要水平网格线】选项,可取消"主轴主要水平网格线"的显示。

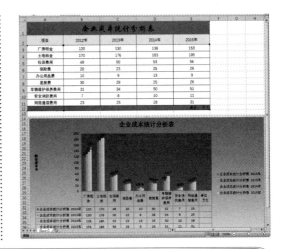

第2步 即可在图表中添加主轴主要垂直网格线表,效果如图所示。

| 提示 |

选择网格线,并单击鼠标右键,在弹出的快捷菜单中选择【设置网格线格式】选项,可以打开【设置主要网格线格式】窗格,在其中就可以对网格线进行自定义设置。

8.4.6 设置图例显示位置

图例可以显示在图表区的右侧、顶部、左侧以及底部。为了使图表的布局更合理,可以根据需要更改图例的显示位置,设置图例显示在图表区右侧的具体操作步骤如下。

第1步 选择图表,单击【布局】选项卡下【标签】组中【图例】按钮的下拉按钮,在弹出的下拉列表中选择【在左侧显示图例】选项。

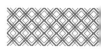

第2步 即可将图例显示在图表区左侧，效果如图所示。

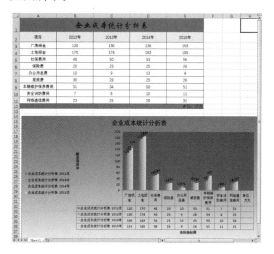

第3步 添加图表元素完成之后，根据需要调整图表的位置及大小，并对图表进行美化，以便能更清晰地显示图表中的数据。

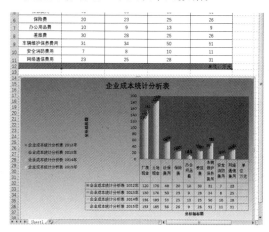

8.5 为项目成本创建迷你图

迷你图是一种小型图表，可放在工作表内的单个单元格中。由于其尺寸已经过压缩，因此，迷你图能够以简明且非常直观的方式显示大量数据集所反映出的图案。使用迷你图可以显示一系列数值的趋势，如季节性增长或降低、经济周期或突出显示最大值和最小值。将迷你图放在它所表示的数据附近时会产生最大的效果。若要创建迷你图，必须先选择要分析的数据区域，然后选择要放置迷你图的位置。根据单个项目最近几年的成本情况创建迷你图的具体操作步骤如下。

1. 创建迷你图

第1步 选择 F3 单元格，单击【插入】选项卡下【迷你图】组中的【折线图】按钮。

	D	E	F
十分析表			
	2014年	2015年	
	136	153	
	183	185	
	53	56	
	25	26	
	13	9	

第2步 弹出【创建迷你图】对话框，单击【选择所需的数据】组下【数据范围】右侧的 按钮。

第3步 选择 B3:E3 单元格区域，单击 按钮，返回【创建迷你图】对话框，即可看见【数据范围】文本框中已选中"B3:E3"，单击【确定】按钮。

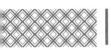
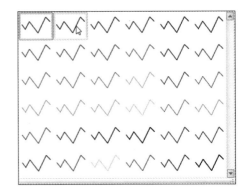

第4步 即可完成为"厂房租金"项目成本创建迷你图的操作。

E	F
2015年	
153	
185	
56	
26	
9	
26	
51	
11	
31	
单位：万元	

第5步 将鼠标指针放在 F3 单元格右下角的控制柄上，按住鼠标左键，向下填充至 F11 单元格，即可完成所有项目最近几年成本迷你图的创建。

E	F
2015年	
153	
185	
56	
26	
9	
26	
51	
11	
31	
单位：万元	

2. 设置迷你图

第1步 选择 F3:F11 单元格区域，单击【设计】

选项卡下【样式】组中的【其他】按钮，在弹出的下拉列表中选择一种样式。

> **|提示|**
>
> 如果要更改迷你图样式，可以在选择 F3:F11 单元格区域，单击【设计】选项卡下【类型】组中的【柱形图】按钮或【盈亏】按钮，即可更改迷你图的样式。
>
>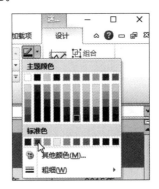

第2步 单击【设计】选项卡下【样式】组中的【迷你图颜色】按钮 🖉 ▾ 后的下拉按钮，在弹出的下拉列表中选择"红色"，即可更改迷你图的颜色。

第3步 更改迷你图样式后的效果如下。

第4步 选择F3:F11单元格区域,单击选中【设计】选项卡下【显示】组中的【高点】和【低点】复选框,显示迷你图中的最高点和最低点。

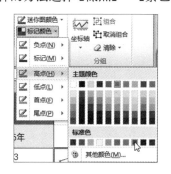

第5步 单击【设计】选项卡下【样式】组中【标记颜色】按钮 标记颜色 的下拉按钮,在弹出的下拉列表中选择【高点】→【蓝色】选项,使用同样的方法选择【低点】→【紫色】选项。

第6步 即可看到设置迷你图后的效果。

表		
2014年	2015年	
136	153	
183	185	
53	56	
25	26	
13	9	
25	26	
50	51	
10	11	
28	31	
	单位:万元	

第7步 至此,就完成了企业成本统计分析图表的制作,只需要按【Ctrl+S】组合键保存制作完成的工作簿文件即可。

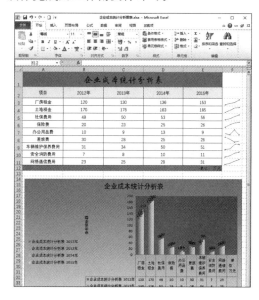

举一反三

项目预算分析图表

与企业成本统计分析图表类似的文件还有项目预算分析图表、年产量统计图表、货物库存分析图表、成绩统计分析图表等。制作这类文档时,都要做到数据格式的统一,并且要选择合适的图表类型,以便准确表达要传递的信息。下面就以制作项目预算分析图表为例进行介绍,具体操作步骤如下。

1. 创建图表

打开随书光盘中的"素材\ch08\项目预算表.xlsx"文件，创建簇状柱形图图表。

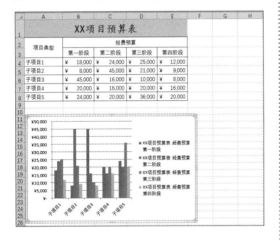

2. 设置并调整图表

根据需要调增图表的大小和位置，并调整图表的布局、样式，最后根据需要美化图表。

3. 添加图表元素

更改图表标题、添加数据标签、数据表以及调整图例的位置。

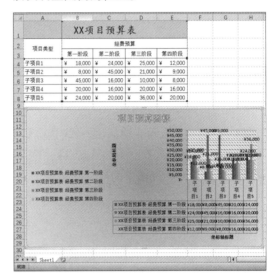

4. 创建迷你图

为每个子项目的每个阶段经费预算创建迷你图。

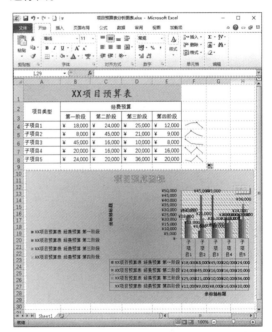

◇ 制作双纵坐标轴图表

在 Excel 中做出双坐标轴的图表，有利于更好地理解数据之间的关联关系，例如，分析价格和销量之间的关系。制作双坐标轴图表的具体操作步骤如下。

第1步 打开随书光盘中的"素材 \ch08\ 某品牌手机销售额 .xlsx"工作簿，选中 A2：C10 单元格区域。

第2步 单击【插入】选项卡下【图表】选项组中的【插入折线图】按钮，在弹出的下拉列表中选择【折线图】类型。

第3步 即可插入折线图，效果如图所示。

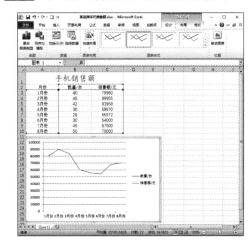

第4步 选中【数量】图例项，单击鼠标右键，在弹出的快捷菜单中选择【设置数据系列格式】选项。

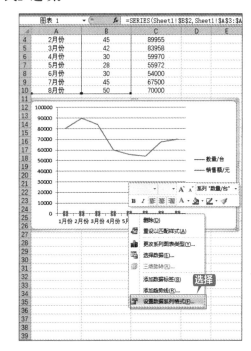

第5步 弹出【设置数据系列格式】对话框，选中【系列选项】中的【次坐标轴】单选按钮，单击【关闭】按钮。

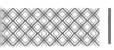

第6步 即可得到一个有双坐标轴的折线图表，可清楚地看到数量和销售额之间的对应关系。

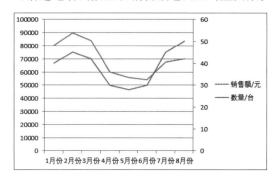

◇ **分离饼图制作技巧**

使用饼图可以清楚地看到各个数据在总数据中的占比，饼图的类型很多，下面就介绍在 Excel 2010 中制作分离饼图的技巧。

第1步 打开随书光盘中的"素材 \ch08\ 产品销售统计分析图表 .xlsx"工作簿，选中 B3:M4 单元格区域。

第2步 单击【插入】选项卡下【图表】选项组中的【饼图】按钮，在弹出的下拉列表中选择【三维饼图】选项。

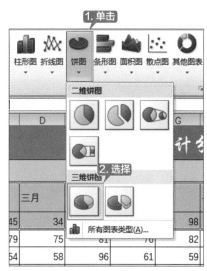

第3步 即可插入饼图如图所示。

第4步 选中绘图区，将鼠标指针放置在饼图上并按住鼠标左键向外拖曳饼块至合适位置。

	A	B	C	D	E	F	G
1	产品销售统计分						
2	地区：华北						
3	产品 \ 月份	一月	二月	三月	四月	五月	六月
4	冰箱	35	45	34	32	68	98
5	电视	78	79	75	81	76	82
6	洗衣机	75	54	58	96	61	59
7	空调	97	45	68	64	50	89
8	热水器	75	74	50	54	50	43
9	平板电脑	98	96	89	93	94	92

第 5 步 即可将各饼块分离，效果如图所示。

◇ 在图表中添加趋势线

在对数据进行分析时，有时需要对数据的变化趋势进行分析，这时可以使用添加趋势线的技巧。具体操作步骤如下。

第 1 步 打开随书光盘中的"素材 \ch08\ 产品销售统计分析图表 .xlsx"文件，创建仅包含热水器和空调的销售折线图。

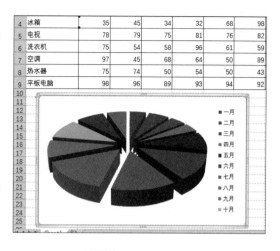

4	冰箱	35	45	34	32	68	98
5	电视	78	79	75	81	76	82
6	洗衣机	75	54	58	96	61	59
7	空调	97	45	68	64	50	89
8	热水器	75	74	50	54	50	43
9	平板电脑	98	96	89	93	94	92

> **| 提示 |**
>
> 用户也可选中单独饼块向外拖动，只将此饼块从饼图中分离。

第 2 步 选中表示空调的折线，单击鼠标右键，在弹出的快捷菜单中选择【添加趋势线】选项。

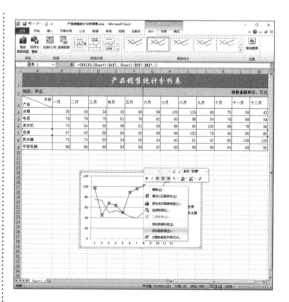

第 3 步 弹出【设置趋势线格式】窗格，选中【趋势线选项】组内的【线性】单选按钮，同时选中【趋势线名称】为"自动"，单击【关闭】按钮。

第 4 步 即可添加空调的销售趋势线，效果如图所示。

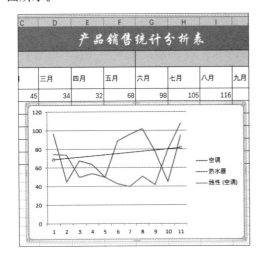

第 5 步 使用同样的方法可以添加热水器的销售趋势线。

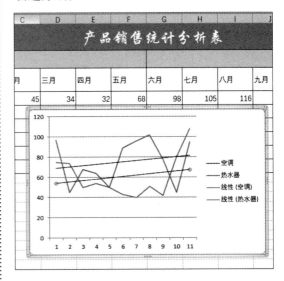

第9章

中级数据处理与分析——
数据透视表和数据透视图

本章导读

　　数据透视表和数据透视图可以将筛选、排序和分类汇总等操作依次完成，并生成汇总表格，对数据的分析和处理有很大的帮助。熟练掌握数据透视表和透视图的运用，可以在处理大量数据时发挥巨大作用。本章就以制作生活花费情况透视图为例，学习数据透视表和数据透视图的使用。

思维导图

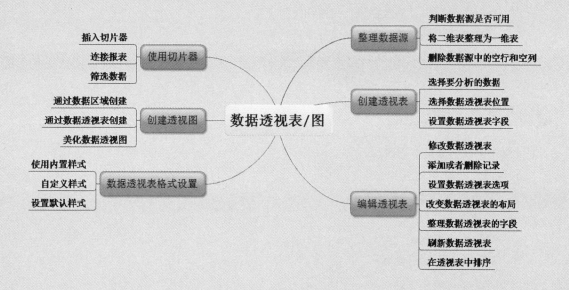

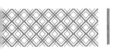

9.1 生活花费情况透视表

生活花费情况表是个人一段时间内生活支出情况的明细表，记录生活花费情况，有助于养成良好的理财习惯，另外，通过对阶段花费情况的分析，帮助自己培养良好的消费习惯。

实例名称：制作生活花费情况透视表	
实例目的：学习数据透视表和数据透视图的使用	
素材	素材 \ch09\ 生活花费情况透视表 . xlsx
结果	结果 \ch09\ 生活花费情况透视表 . xlsx
录像	视频教学录像 \09 第 9 章

9.1.1 案例概述

由于生活花费情况表的数据类目比较多，且数据比较繁杂，因此，直接观察很难发现其中的规律和变化趋势，使用数据透视表和数据透视图可以将数据按一定规律进行整理汇总，更直观地展现出数据的变化情况。

9.1.2 设计思路

制作生活花费情况透视表可以遵循以下思路进行。
① 对数据源进行整理，使其符合创建数据透视表的条件。
② 创建数据透视表，对数据进行初步整理汇总。
③ 编辑数据透视表，对数据进行完善和更新。
④ 设置数据透视表格式，对数据透视表进行美化。
⑤ 创建数据透视图，对数据进行更直观地展示。
⑥ 使用切片工具对数据进行筛选分析。

9.1.3 涉及知识点

本案例主要涉及以下知识点。
① 整理数据源。
② 创建透视表。
③ 编辑透视表。
④ 设置透视表格式。
⑤ 创建和编辑数据透视图。
⑥ 使用切片工具。

9.2 整理数据源

数据透视表对数据源有一定的要求，创建数据透视表之前需要对数据源进行整理，使其符合创建数据透视表的条件。

9.2.1 判断数据源是否可用

创建数据透视表时首先需要判断数据源是否可用，在 Excel 中，用户可以从以下 4 种类型的数据源中创建数据透视表。

① Excel 数据列表。Excel 数据列表是最常用的数据源。如果以 Excel 数据列表作为数据源，则标题行不能有空白单元格或者合并的单元格，否则不能生成数据透视表。

② 外部数据源。文本文件、Microsoft SQL Server 数据库、Microsoft Access 数据库、dBASE 数据库等均可作为数据源。Excel 2000 及以上版本还可以利用 Microsoft OLAP 多维数据集创建数据透视表。

③ 多个独立的 Excel 数据列表。数据透视表可以将多个独立 Excel 表格中的数据汇总到一起。

④ 其他数据透视表。创建完成的数据透视表也可以作为数据源来创建另外一个数据透视表。

在实际工作中，用户的数据往往是以二维表格的形式存在的，如图所示。这样的数据表无法作为数据源创建理想的数据透视表。只能把二维的数据表格转换为一维表格，才能作为数据透视表的理想数据源。数据列表就是指这种以列表形式存在的数据表格。

2016年生活支出统计表							
月份	房屋水电	餐饮	通讯	交通	水果零食	衣服	洗漱化妆
1月	610	1800	120	100	180	1500	102
2月	605	1730	87	103	170	100	108
3月	600	1830	76	105	165	200	168
4月	580	1720	63	96	135	50	60
5月	570	1500	65	98	154	690	30
6月	550	1630	58	76	120	350	108

9.2.2 将二维表整理为一维表

将二维表转换为一维表的具体操作步骤如下。

第1步 打开随书光盘中的"素材 \ch09\ 生活花费情况透视表．xlsx"工作簿。

第2步 选中 A2:H13 单元格区域，按【Alt+D】组合键调出【Office 旧版本菜单键序列】，然后按【P】键即可调出【数据透视表和数据透视图向导 —— 步骤 1（共 3 步）】对话框。

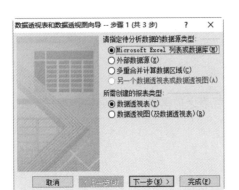

第3步 选中【请指定待分析数据的数据源类型】区域中的【多重合并计算数据区域】单选按钮,单击【下一步】按钮。

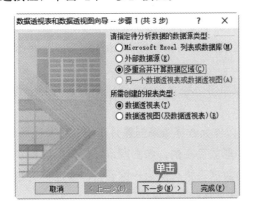

第4步 弹出【数据透视表和数据透视图向导 -- 步骤2a(共3步)】对话框,选中【请指定所需的页字段数目】区域中的【创建单页字段】单选按钮,单击【下一步】按钮。

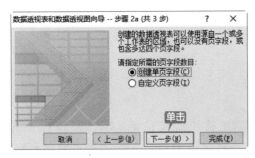

第5步 弹出【数据透视表和数据透视图向导 -- 步骤2b(共3步)】对话框,单击【选定区域】文本框右侧的【折叠】按钮。

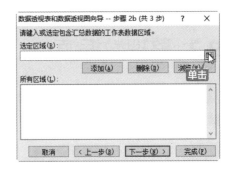

第6步 选中A2:H14单元格区域,单击【展开】按钮。

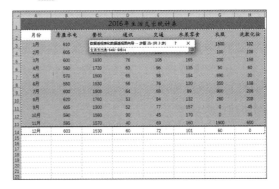

第7步 返回【数据透视表和数据透视图向导 -- 步骤2b(共3步)】对话框,单击【添加】按钮即可将所选区域添加至【所有区域】文本框内,单击【下一步】按钮。

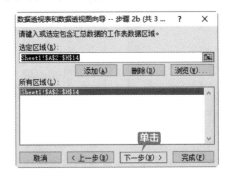

第8步 弹出【数据透视表和数据透视图向导 -- 步骤3(共3步)】对话框,选中【数据透视表显示位置】区域内的【新工作表】单选按钮,单击【完成】按钮。

第9步 即可新建数据透视表，在【数据透视表字段列表】窗口中取消选中【行】【列】【页1】复选框。

第3步 弹出【Microsoft Excel】提示框，单击【是】按钮。

第4步 即可将表格转换为普通区域，效果如图所示。

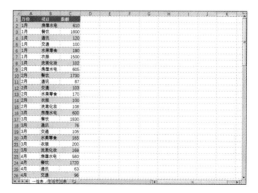

转换表格的具体操作步骤如下。

第1步 双击透视表中【求和项：值】下的数值【37410】，即可将二维表转化为一维表，效果如图所示。

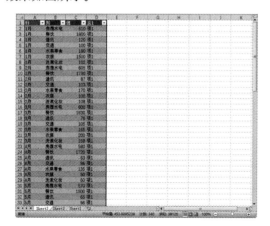

第5步 对表格进行简单编辑，并删除"Sheet9"工作表，最终效果如图所示。

第2步 单击【设计】选项卡下【工具】选项组内的【转换为区域】按钮。

| 提示 |

一维表就是指单元格内数据仅对应列标题（行标题）；二维表是指单元格内数据既可对应行标题，也可对应列标题。

9.2.3 删除数据源中的空行和空列

在数据源表中不可以存在空行或者空列，删除数据源中的空行和空列的具体操作步骤如下。

第1步 接9.2.2小节的操作，在第14行上方插入空白行，并在A14单元格和C14单元格分别输入"2月"和"600"，此时，表格中即出现了空白单元格。

	A	B	C	D	E
1	月份	项目	数额		
2	1月	房屋水电	610		
3	1月	餐饮	1800		
4	1月	通讯	120		
5	1月	交通	100		
6	1月	水果零食	180		
7	1月	衣服	1500		
8	1月	洗漱化妆	102		
9	2月	房屋水电	605		
10	2月	餐饮	1730		
11	2月	通讯	87		
12	2月	交通	103		
13	2月	水果零食	170		
14			600		
15	2月	衣服	100		
16	2月	洗漱化妆	108		
17	3月	房屋水电	600		
18	3月	餐饮	1830		
19	3月	通讯	76		

第2步 单击【开始】选项卡下【编辑】选项组内的【查找和选择】按钮，在弹出的下拉列表中选择【定位条件】选项。

第3步 弹出【定位条件】对话框，选中【空值】单选按钮，然后单击【确定】按钮。

第4步 即可定位到工作表中的空白单元格，效果如图所示。

	A	B	C
1	月份	项目	数额
2	1月	房屋水电	610
3	1月	餐饮	1800
4	1月	通讯	120
5	1月	交通	100
6	1月	水果零食	180
7	1月	衣服	1500
8	1月	洗漱化妆	102
9	2月	房屋水电	605
10	2月	餐饮	1730
11	2月	通讯	87
12	2月	交通	103
13	2月	水果零食	170
14	2月		600
15	2月	衣服	100

第5步 将鼠标指针放置在定位的单元格上，单击鼠标右键，在弹出的快捷菜单中选择【删除】选项。

第6步 弹出【删除】对话框，单击选中【整行】单选按钮，然后单击【确定】按钮。

第7步 即可将空白单元格所在行删除，效果如图所示。

8	1月	洗漱化妆	102
9	2月	房屋水电	605
10	2月	餐饮	1730
11	2月	通讯	87
12	2月	交通	103
13	2月	水果零食	170
14	2月	衣服	100
15	2月	洗漱化妆	108
16	3月	房屋水电	600
17	3月	餐饮	1830
18	3月	通讯	76
19	3月	交通	105
20	3月	水果零食	165

9.3 创建透视表

当数据源工作表符合创建数据透视表的要求时，即可创建透视表，以便更好地对生活花费情况工作表进行分析和处理。具体操作步骤如下。

第1步 选中一维数据表中数据区域任意单元格，单击【插入】选项卡下【表格】选项组中的【数据透视表】按钮的下拉按钮，在下拉列表中选择【数据透视表】选项。

第2步 弹出【创建数据透视表】对话框，单击【请选择要分析的数据】组中的【选择一个表或区域】单选按钮，单击【表／区域】文本框右侧的【折叠】按钮。

第3步 在工作表中选择表格数据区域，单击

【展开】按钮，效果如图所示。

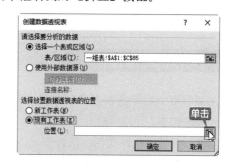

第4步 选中【选择放置数据透视表的位置】组中的【现有工作表】单选按钮，单击【位置】文本框右侧的【折叠】按钮。

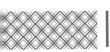

第5步 在工作表中选择创建工作表的位置，单击【展开】按钮。

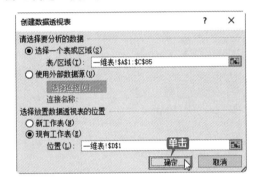

第6步 返回【创建数据透视表】对话框，单击【确定】按钮。

第8步 在【数据透视表字段】中将【项目】字段拖至【列标签】区域中，将【月份】字段拖动至【行标签】区域中，将【数额】字段拖动至【数值】区域中，即可生成数据透视表，效果如图所示。

第7步 即可创建数据透视表，如图所示。

9.4 编辑透视表

创建数据透视表之后，当添加或者删除数据，或者需要对数据进行更新时，可以对透视表进行编辑。

9.4.1 修改数据透视表

如果需要对数据透视表添加字段，可以使用更改数据源的方式对数据透视表做出修改。具体操作步骤如下。

第1步 简单调整表格样式后，选择新建的数据透视表中的 D 列单元格。

第2步 单击鼠标右键，在弹出的快捷菜单中选择【插入】选项。

第3步 即可在 D 列插入空白列，选择 D1 单元格，输入"是否超支"文本，并在下方输入记录情况，效果如图所示。

	A	B	C	D	E	F
1	月份	项目	数额	是否超支	求和项:数额	列标签
2	1月	房屋水电	610	是	行标签	餐饮
3	1月	餐饮	1800	否	10月	1580
4	1月	通讯	120	是	11月	1570
5	1月	交通	100	否	12月	1530
6	1月	水果零食	180	是	1月	1800
7	1月	衣服	1500	是	2月	1730
8	1月	洗漱化妆	102	是	3月	1830
9	2月	房屋水电	605	是	4月	1720
10	2月	餐饮	1730	是	5月	1500
11	2月	通讯	87	是	6月	1630
12	2月	交通	103	是	7月	1908
13	2月	水果零食	170	是	8月	1760
14	2月	衣服	100	是	9月	1300
15	2月	洗漱化妆	108	是	总计	19858
16	3月	房屋水电	600	否		
17	3月	餐饮	1830	是		
18	3月	通讯	76	否		

第4步 选择数据透视表，单击【选项】选项卡下【数据】组中的【更改数据源】按钮，

在弹出的下拉列表中选择【更改数据源】选项。

第5步 弹出【更改数据透视表数据源】对话框，单击【请选择要分析的数据】组中的【表／区域】文本框右侧的【折叠】按钮。

第6步 选择 A1:D85 单元格区域，单击【展开】按钮。

第7步 返回【移动数据透视表】对话框，单击【确定】按钮。

第8步 即可将【是否超支】字段添加在字段

列表，将【是否超支】字段拖动至【报表筛选】区域。

第9步 即可在数据透视表中看到相应变化，

效果如图所示。

是否超支	(全部)							
求和项:数额	列标签							
行标签	餐饮	房屋水电	交通	水果零食	通讯	洗漱化妆	衣服	总计
10月	1580	590	45	170	90	35	0	2510
11月	1570	595	69	160	40	600	1900	4934
12月	1530	603	72	101	60	0	60	2426
1月	1800	610	100	180	120	102	1500	4412
2月	1730	605	103	170	87	108	100	2903
3月	1830	600	105	165	76	168	200	3144
4月	1720	580	96	135	63	60	50	2704
5月	1500	570	98	154	65	30	690	3107
6月	1630	550	76	120	58	108	350	2892
7月	1908	600	68	89	64	206	800	3735
8月	1760	620	84	132	53	208	260	3117
9月	1300	605	77	157	52	45	0	2236
总计	19858	7128	993	1733	828	1670	5910	38120

| 提示 |

选择标签中字段名称，并将其拖曳到窗口外，也可以删除该字段。

9.4.2 添加或者删除记录

如果工作表中的记录发生变化，就需要对数据透视表做相应的修改。具体操作步骤如下。

第1步 选择一维表中第18行和第19行的单元格区域。

月份	项目	数额	是否超支	是否超支	(全部)	
1月	房屋水电	610	是			
1月	餐饮	1800	否	求和项:数额	列标签	
1月	通讯	120	是	行标签	餐饮	房屋水电
1月	交通	100	否	10月	1580	590
1月	水果零食	180	是	11月	1570	595
1月	衣服	1500	是	12月	1530	603
1月	洗漱化妆	102	是	1月	1800	610
2月	房屋水电	605	是	2月	1730	605
2月	餐饮	1730	是	3月	1830	600
2月	通讯	87	是	4月	1720	580
2月	交通	103	是	5月	1500	570
2月	水果零食	170	是	6月	1630	550
2月	衣服	100	否	7月	1908	600
2月	洗漱化妆	108	是	8月	1760	620
3月	房屋水电	600	否	9月	1300	605
3月	餐饮	1830	是	总计	19858	7128
3月	通讯	76	否			
3月	交通	105	是			
3月	水果零食	165	是			
3月	衣服	200	否			
3月	洗漱化妆	168	是			
4月	房屋水电	580	否			
4月	餐饮	1720	是			

第2步 单击鼠标右键，在弹出的快捷菜单中选择【插入】选项，即可在选择的单元格区域上方插入空白行，效果如图所示。

8	1月	洗漱化妆	102	是	1月	1800	610
9	2月	房屋水电	605	是	2月	1730	605
10	2月	餐饮	1730	是	3月	1830	600
11	2月	通讯	87	是	4月	1720	580
12	2月	交通	103	是	5月	1500	570
13	2月	水果零食	170	是	6月	1630	550
14	2月	衣服	100	否	7月	1908	600
15	2月	洗漱化妆	108	是	8月	1760	620
16	3月	房屋水电	600	否	9月	1300	605
17	3月	餐饮	1830	是	总计	19858	7128
18							
19							
20	3月	通讯	76	否			
21	3月	交通	105	是			
22	3月	水果零食	165	是			
23	3月	衣服	200	否			
24	3月	洗漱化妆	168	是			
25	4月	房屋水电	580	否			

第3步 在新插入的单元格中输入相关内容，效果如图所示。

10	2月	餐饮	1730	是	3月	1830	600
11	2月	通讯	87	是	4月	1720	580
12	2月	交通	103	是	5月	1500	570
13	2月	水果零食	170	是	6月	1630	550
14	2月	衣服	100	否	7月	1908	600
15	2月	洗漱化妆	108	是	8月	1760	620
16	3月	房屋水电	600	否	9月	1300	605
17	3月	餐饮	1830	是	总计	19858	7128
18	3月	聚会	500	否			
19	3月	旅游	700	否			
20	3月	通讯	76	否			
21	3月	交通	105	是			
22	3月	水果零食	165	是			
23	3月	衣服	200	否			

第4步 选择数据透视表，单击【选项】选项

卡下【数据】选项组中【刷新】按钮的下拉按钮，在弹出的下拉列表中选择【刷新】选项。

第5步 即可在数据透视表中加入新添加的记录，效果如图所示。

求和项:数额	列标签									总计
行标签	餐饮	房屋水电	交通	水果零食	通讯	洗漱化妆	衣服	聚会	旅游	
10月	1580	590	45	170	90	35	0			2510
11月	1570	595	69	160	40	600	1900			4934
12月	1530	603	72	101	60	0	60			2426
1月	1800	610	100	180	120	102	1500			4412
2月	1730	605	103	170	87	108	100			2903
3月	1830	600	105	165	76	168	200	500	700	4344
4月	1720	580	96	135	63	60	50			2704
5月	1500	570	98	154	65	30	690			3107
6月	1630	550	76	120	58	108	350			2892
7月	1908	600	68	89	64	206	800			3735
8月	1760	620	84	132	53	208	260			3117
9月	1300	605	77	157	52	45	0			2236
总计	19858	7128	993	1733	828	1670	5910	500	700	39320

第6步 将新插入的记录从一维表中删除。选中数据透视表，单击【选项】选项卡下【数据】中的【刷新】按钮，在弹出的下拉列表中选择【刷新】选项，记录即会从数据透视表中消失。

是否超支	(全部)							
求和项:数额	列标签							
行标签	餐饮	房屋水电	交通	水果零食	通讯	洗漱化妆	衣服	总计
10月	1580	590	45	170	90	35	0	2510
11月	1570	595	69	160	40	600	1900	4934
12月	1530	603	72	101	60	0	60	2426
1月	1800	610	100	180	120	102	1500	4412
2月	1730	605	103	170	87	108	100	2903
3月	1830	600	105	165	76	168	200	3144
4月	1720	580	96	135	63	60	50	2704
5月	1500	570	98	154	65	30	690	3107
6月	1630	550	76	120	58	108	350	2892
7月	1908	600	68	89	64	206	800	3735
8月	1760	620	84	132	53	208	260	3117
9月	1300	605	77	157	52	45	0	2236
总计	19858	7128	993	1733	828	1670	5910	38120

9.4.3 设置数据透视表选项

用户可以对创建的数据透视表外观进行设置，具体操作步骤如下。

第1步 选择数据透视表，选中【设计】选项卡下【数据透视表样式选项】组中的【镶边行】和【镶边列】复选框。

第2步 即可在数据透视表中加入镶边行和镶边列，效果如图所示。

是否超支	(全部)							
求和项:数额	列标签							
行标签	餐饮	房屋水电	交通	水果零食	通讯	洗漱化妆	衣服	总计
10月	1580	590	45	170	90	35	0	2510
11月	1570	595	69	160	40	600	1900	4934
12月	1530	603	72	101	60	0	60	2426
1月	1800	610	100	180	120	102	1500	4412
2月	1730	605	103	170	87	108	100	2903
3月	1830	600	105	165	76	168	200	3144
4月	1720	580	96	135	63	60	50	2704
5月	1500	570	98	154	65	30	690	3107
6月	1630	550	76	120	58	108	350	2892
7月	1908	600	68	89	64	206	800	3735
8月	1760	620	84	132	53	208	260	3117
9月	1300	605	77	157	52	45	0	2236
总计	19858	7128	993	1733	828	1670	5910	38120

第3步 选择数据透视表，单击【选项】选项卡下【数据透视表】组中的【选项】按钮。

月份	项目	数额	是否超支		是否超支	(全部)	
1月	房屋水电	610	是				
1月	餐饮	1800	否		求和项:数额	列标签	
1月	通讯	120	是		行标签	餐饮	
1月	交通	100	否		10月	1580	
1月	水果零食	180	是		11月	1570	
1月	衣服	1500	是		12月	1530	
1月	洗漱化妆	102	是		1月	1800	
2月	房屋水电	605	是		2月	1730	
2月	餐饮	1730	是		3月	1830	

第4步 弹出【数据透视表选项】对话框，选择【布局和格式】选项卡，取消选中【格式】组中的【更新时自动调整列宽】复选框。

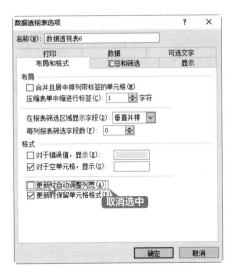

第5步 选择【数据】选项卡，选中【数据透

视表数据】选项组中的【打开文件时刷新数据】复选框，单击【确定】按钮。

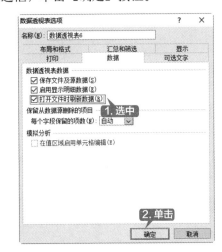

9.4.4 改变数据透视表的布局

用户可以根据需要对数据透视表的布局进行改变，具体操作步骤如下。

第1步 选择数据透视表，单击【设计】选项卡下【布局】选项组中的【总计】按钮，在弹出的下拉列表中选择【对行和列启用】选项。

第2步 即可对行和列都进行总计操作，效果如图所示。

E	F	G	H	I	J	K	L	M
是否超支	(全部) ▼							
求和项:数额	列标签 ▼							
行标签 ▼	餐饮	房屋水电	交通	水果零食	通讯	洗漱化妆	衣服	总计
10月	1580	590	45	170	90	35	0	2510
11月	1570	595	69	160	40	600	1900	4934
12月	1530	603	72	101	60	0	60	2426
1月	1800	610	100	180	120	102	1500	4412
2月	1730	605	103	170	87	108	100	2903
3月	1830	600	105	165	76	168	200	3144
4月	1720	580	96	135	63	60	50	2704
5月	1500	570	98	154	65	30	690	3107
6月	1630	550	76	120	58	108	350	2892
7月	1908	600	68	89	64	206	800	3735
8月	1760	620	84	132	53	208	260	3117
9月	1300	605	77	157	52	45	0	2236
总计	19858	7128	993	1733	828	1670	5910	38120

第3步 单击【布局】选项组中的【报表布局】按钮，在弹出的下拉列表中选择【以大纲形式显示】选项。

第4步 即可以大纲形式显示数据透视表，效果如图所示。

E	F	G	H	I	J	K	L	M
是否超支	(全部) ▼							
求和项:数额	项目 ▼							
月份 ▼	餐饮	房屋水电	交通	水果零食	通讯	洗漱化妆	衣服	总计
10月	1580	590	45	170	90	35	0	2510
11月	1570	595	69	160	40	600	1900	4934
12月	1530	603	72	101	60	0	60	2426
1月	1800	610	100	180	120	102	1500	4412
2月	1730	605	103	170	87	108	100	2903
3月	1830	600	105	165	76	168	200	3144
4月	1720	580	96	135	63	60	50	2704
5月	1500	570	98	154	65	30	690	3107
6月	1630	550	76	120	58	108	350	2892
7月	1908	600	68	89	64	206	800	3735
8月	1760	620	84	132	53	208	260	3117
9月	1300	605	77	157	52	45	0	2236
总计	19858	7128	993	1733	828	1670	5910	38120

第5步 单击【布局】选项组中的【报表布局】按钮，在弹出的下拉列表中选择【以压缩形式显示】选项。

9.4.5 整理数据透视表的字段

在统计和分析过程中，可以通过整理数据透视表中的字段来分别对各字段进行统计分析。具体操作步骤如下。

第1步 选中数据透视表，在【数据透视表字段列表】窗格中取消选中【月份】复选框。

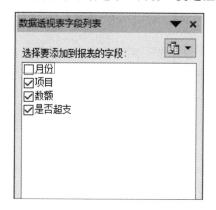

第2步 数据透视表中也相应地发生改变，效果如图所示。

E	F	G	H	I	J	K	L	M
是否超支	(全部)							
	列标签							
	餐饮	房屋水电	交通	水果零食	通讯	洗漱化妆	衣服	总计
求和项:数额	19858	7128	993	1733	828	1670	5910	38120

第6步 可以将数据透视表切换回压缩形式显示。

E	F	G	H	I	J	K	L	M
是否超支	(全部)							
求和项:数额	列标签							
行标签	餐饮	房屋水电	交通	水果零食	通讯	洗漱化妆	衣服	总计
10月	1580	590	45	170	90	35	0	2510
11月	1570	595	69	160	40	600	1900	4934
12月	1530	603	72	101	60	0	60	2426
1月	1800	610	100	180	120	102	1500	4412
2月	1730	605	103	170	87	108	100	2903
3月	1830	600	105	165	76	168	200	3144
4月	1720	580	96	135	63	60	50	2704
5月	1500	570	98	154	65	30	690	3107
6月	1630	550	76	120	58	108	350	2892
7月	1908	600	68	89	64	206	800	3735
8月	1760	620	84	132	53	208	260	3117
9月	1300	605	77	157	52	45	0	2236
总计	19858	7128	993	1733	828	1670	5910	38120

第3步 继续取消选中【项目】复选框，该字段也将从数据透视表中消失，效果如图所示。

E	F	G	H	I
是否超支	(全部)			
求和项:数额				
38120				

第4步 在【数据透视表字段】窗格中将【月份】字段拖动至【列标签】区域中，将【项目】字段拖动至【行标签】区域中。

第5步 即可将原来数据透视表中的行和列进行互换，效果如图所示。

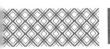

第6步 将【月份】字段拖动至【行标签】区域中，则可在数据透视表中不显示列，效果如图所示。

	D	E	F	G
1	是否超支	是否超支	(全部) ▼	
2	是			
3	否	行标签 ▼	求和项:数额	
4	否	⊟餐饮	19858	
5	否	10月	1580	
6	是	11月	1570	
7	是	12月	1530	
8	是	1月	1800	
9	是	2月	1730	
10	是	3月	1830	
11	是	4月	1720	
12	是	5月	1500	
13	是	6月	1630	
14	否	7月	1908	
15	是	8月	1760	
16	是	9月	1300	
17	是	⊟房屋水电	7128	
18	否	10月	590	

第7步 再次将【项目】字段拖至【列标签】区域内，即可将行和列换回，效果如图所示。

E	F	G	H	I	J	K	L	M
是否超支	(全部) ▼							
求和项:数额	列标签 ▼							
行标签 ▼	餐饮	房屋水电	交通	水果零食	通讯	洗漱化妆	衣服	总计
10月	1580	590	45	170	90	35	0	2510
11月	1570	595	69	160	40	600	1900	4934
12月	1530	603	72	101	60	0	60	2426
1月	1800	610	100	180	120	102	1500	4412
2月	1730	605	103	170	87	108	100	2903
3月	1830	600	105	165	76	168	200	3144
4月	1720	580	96	135	63	60	50	2704
5月	1500	570	98	154	65	30	690	3107
6月	1630	550	76	120	58	108	350	2892
7月	1908	600	68	89	64	206	800	3735
8月	1760	620	84	132	53	208	260	3117
9月	1300	605	77	157	52	45	0	2236
总计	19858	7128	993	1733	828	1670	5910	38120

9.4.6 刷新数据透视表

如果数据源工作表中的数据发生变化，可以使用刷新功能刷新数据透视表。具体操作步骤如下。

第1步 选择 C8 单元格，将单元格中数值更改为"82"。

	A	B	C	D
1	月份	项目	数额	是否超支
2	1月	房屋水电	610	是
3	1月	餐饮	1800	否
4	1月	通讯	120	是
5	1月	交通	100	否
6	1月	水果零食	180	是
7	1月	衣服	1500	是
8	1月	洗漱化妆	82	是
9	2月	房屋水电	605	否
10	2月	餐饮	1730	是
11	2月	通讯	87	是

第2步 选择数据透视表，单击【选项】选项卡下【数据】组中的【刷新】按钮。

第3步 数据透视表即会相应发生改变，效果如图所示。

E	F	G	H	I	J	K	L	M
是否超支	(全部) ▼							
求和项:数额	列标签 ▼							
行标签 ▼	餐饮	房屋水电	交通	水果零食	通讯	洗漱化妆	衣服	总计
10月	1580	590	45	170	90	35	0	2510
11月	1570	595	69	160	40	600	1900	4934
12月	1530	603	72	101	60	0	60	2426
1月	1800	610	100	180	120	82	1500	4392
2月	1730	605	103	170	87	108	100	2903
3月	1830	600	105	165	76	168	200	3144
4月	1720	580	96	135	63	60	50	2704
5月	1500	570	98	154	65	30	690	3107
6月	1630	550	76	120	58	108	350	2892
7月	1908	600	68	89	64	206	800	3735
8月	1760	620	84	132	53	208	260	3117
9月	1300	605	77	157	52	45	0	2236
总计	19858	7128	993	1733	828	1650	5910	38100

9.4.7 在透视表中排序

如果需要对数据透视表中的数据进行排序，可以使用下面的方法。具体操作步骤如下。

第1步 单击 E4 单元格内【行标签】右侧的下拉按钮，在弹出的下拉列表中选择【降序】选项。

第2步 即可看到以降序顺序显示的数据，效果如图所示。

是否超支	(全部)								
求和项:数额	列标签								
行标签	餐饮	房屋水电	交通	水果零食	通讯	洗漱化妆	衣服	总计
9月	1300	605	77	157	52	45	0	2236
8月	1760	620	84	132	53	208	260	3117
7月	1908	600	68	89	64	206	800	3735
6月	1630	550	76	120	58	108	350	2892
5月	1500	570	98	154	65	30	690	3107
4月	1720	580	96	135	63	60	50	2704
3月	1830	600	105	165	76	168	200	3144
2月	1730	605	103	170	87	108	100	2903
1月	1800	610	100	180	120	82	1500	4392
12月	1530	603	72	101	60	0	60	2426
11月	1570	595	69	160	40	600	1900	4934
10月	1580	590	45	170	90	35	0	2510
总计	19858	7128	993	1733	828	1650	5910	38120

第3步 按【Ctrl+Z】组合键撤销上一步操作，选择数据透视表数据区域 I 列任意单元格，单击【数据】选项卡下【排序和筛选】选项组中的【升序】按钮。

第4步 即可将数据以【水果零食】数据为标准进行升序排列，效果如图所示。

求和项:数额	列标签							
行标签	餐饮	房屋水电	交通	水果零食	通讯	洗漱化妆	衣服	总计
7月	1908	600	68	89	64	206	800	3735
12月	1530	603	72	101	60	0	60	2426
6月	1630	550	76	120	58	108	350	2892
8月	1760	620	84	132	53	208	260	3117
4月	1720	580	96	135	63	60	50	2704
5月	1500	570	98	154	65	30	690	3107
9月	1300	605	77	157	52	45	0	2236
11月	1570	595	69	160	40	600	1900	4934
3月	1830	600	105	165	76	168	200	3144
2月	1730	605	103	170	87	108	100	2903
10月	1580	590	45	170	90	35	0	2510
1月	1800	610	100	180	120	102	1500	4412
总计	19858	7128	993	1733	828	1670	5910	38120

第5步 对数据进行排序分析后，可以按【Ctrl+Z】组合键撤销上一步操作，效果如图所示。

求和项:数额	列标签							
行标签	餐饮	房屋水电	交通	水果零食	通讯	洗漱化妆	衣服	总计
10月	1580	590	45	170	90	35	0	2510
11月	1570	595	69	160	40	600	1900	4934
12月	1530	603	72	101	60	0	60	2426
1月	1800	610	100	180	120	102	1500	4412
2月	1730	605	103	170	87	108	100	2903
3月	1830	600	105	165	76	168	200	3144
4月	1720	580	96	135	63	60	50	2704
5月	1500	570	98	154	65	30	690	3107
6月	1630	550	76	120	58	108	350	2892
7月	1908	600	68	89	64	206	800	3735
8月	1760	620	84	132	53	208	260	3117

9.5 数据透视表的格式设置

对数据透视表进行格式设置可以使数据透视表更加清晰美观，增加数据透视表的易读性。

9.5.1 使用内置的数据透视表样式

Excel 内置了多种数据透视表的样式，可以满足大部分数据透视表的需要。使用内置的数据透视表样式的步骤如下。

第1步 选择数据透视表内任意单元格。

E	F	G	H	I	J	K	L	M
是否超支	(全部)							
求和项:数额	列标签							
行标签	餐饮	房屋水电	交通	水果零食	通讯	洗漱化妆	衣服	总计
10月	1580	590	45	170	90	35	0	2510
11月	1570	595	69	160	40	600	1900	4934
12月	1530	603	72	101	60	0	60	2426
1月	1800	610	100	180	120	102	1500	4412
2月	1730	605	103	170	87	108	100	2903
3月	1830	600	105	165	76	168	200	3144
4月	1720	580	96	135	63	60	50	2704
5月	1500	570	98	154	65	30	690	3107
6月	1630	550	76	120	58	108	350	2892
7月	1908	600	68	89	64	206	800	3735
8月	1760	620	84	132	53	208	260	3117
9月	1300	605	77	157	52	45	0	2236
总计	19858	7128	993	1733	828	1670	5910	38120

第2步 单击【设计】选项卡下【数据透视表样式】组中的【其他】按钮▼，在弹出的下拉列表中选择【中等深浅】组中的"数据透

视表样式中等深度 6"样式。

第3步 即可对数据透视表应用该样式，效果如图所示。

E	F	G	H	I	J	K	L	M	N
是否超支	(全部)								
求和项:数额	列标签								
行标签	餐饮	房屋水电	交通	水果零食	通讯	洗漱化妆	衣服	总计	
10月	1580	590	45	170	90	35	0	2510	
11月	1570	595	69	160	40	600	1900	4934	
12月	1530	603	72	101	60	0	60	2426	
1月	1800	610	100	180	120	102	1500	4412	
2月	1730	605	103	170	87	108	100	2903	
3月	1830	600	105	165	76	168	200	3144	
4月	1720	580	96	135	63	60	50	2704	
5月	1500	570	98	154	65	30	690	3107	
6月	1630	550	76	120	58	108	350	2892	
7月	1908	600	68	89	64	206	800	3735	
8月	1760	620	84	132	53	208	260	3117	
9月	1300	605	77	157	52	45	0	2236	

9.5.2 为数据透视表自定义样式

除了使用内置样式，用户还可以为数据透视表自定义样式。具体操作步骤如下。

第1步 选择数据透视表内任意单元格，单击【设计】选项卡下【数据透视表样式】组中的【其他】按钮，在弹出的下拉列表中选择【新建数据透视表样式】选项。

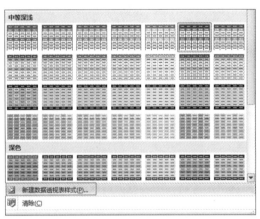

第2步 弹出【新建数据透视表快速样式】对

话框，选择【表元素】组中的【整个表】选项，单击【格式】按钮。

第3步 弹出【设置单元格格式】对话框，选择【边框】选项卡，在【线条】区域下【样式】组中选择一种样条样式，在【颜色】下拉列表中选择一种颜色，在【预置】区域中选择"外边框"选项，根据需要在【边框】区域对边框进行调整。

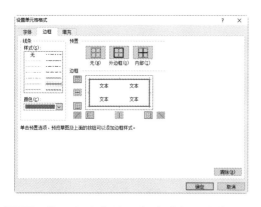

第4步 使用上述方法添加内边框，根据需要设置线条样式和颜色，效果如图所示。

第5步 单击【填充】选项卡，在【背景色】颜色面板中选择一种颜色，单击【确定】按钮。

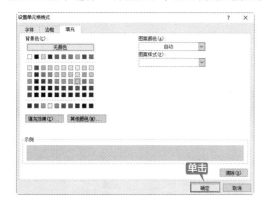

第6步 返回【新建数据透视表快速样式】对话框，即可在【预览】区域看到创建的样式预览图，单击【确定】按钮。

第7步 再次单击【设计】选项卡下【数据透视表样式】组中的【其他】按钮，在弹出的下拉列表中就会出现自定义的样式，选择该样式。

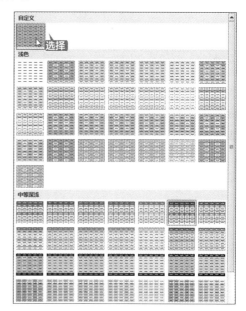

第8步 即可对数据透视表应用自定义的样式，效果如图所示。

行标签	餐饮	房屋水电	交通	水果零食	通讯	洗漱化妆	衣服	总计
10月	1580	590	45	170	90	35	0	2510
11月	1570	595	69	160	40	600	1900	4934
12月	1530	603	72	101	60	0	60	2426
1月	1800	610	100	180	120	102	1500	4412
2月	1730	605	103	170	87	108	100	2903
3月	1830	600	105	165	76	168	200	3144
4月	1720	580	96	135	63	60	50	2704
5月	1500	570	98	154	65	30	690	3107
6月	1630	550	76	120	58	108	350	2892
7月	1908	600	68	89	64	206	800	3735
8月	1760	620	84	132	53	208	260	3117
9月	1300	605	77	157	52	45	0	2236
总计	19858	7128	993	1733	828	1670	5910	38120

9.5.3 设置默认样式

如果经常使用某个样式，可以将其设置为默认样式。具体操作步骤如下。

第1步 选择数据透视区域任意单元格。

E	F	G	H	I	J	K	L	M
是否超支	(全部)							
求和项:数额	列标签							
行标签	餐饮	房屋水电	交通	水果零食	通讯	洗漱化妆	衣服	总计
10月	1580	590	45	170	90	35	0	2510
11月	1570	595	69	160	40	600	1900	4934
12月	1530	603	72	101	60	0	60	2426
1月	1800	610	100	180	120	102	1500	4412
2月	1730	605	103	170	87	108	100	2903
3月	1830	600	105	165	76	168	200	3144
4月	1720	580	96	135	63	60	50	2704
5月	1500	570	98	154	65	30	690	3107
6月	1630	550	76	120	58	108	350	2892
7月	1908	600	68	89	64	206	800	3735
8月	1760	620	84	132	53	208	260	3117
9月	1300	605	77	157	52	45	0	2236
总计	19858	7128	993	1733	828	1670	5910	38120

第2步 单击【设计】选项卡下【数据透视表样式】组中的【其他】按钮，弹出样式下拉列表，将鼠标指针放置在需要设置为默认样式的样式上，单击鼠标右键，在弹出的快捷菜单中选择【设为默认值】选项。

第3步 即可将该样式设置为默认数据透视表样式，以后再创建数据透视表，将会自动应用该样式，例如，创建 A1:D10 单元格区域的数据透视表，就会自动使用默认样式。

9.6 创建生活花费情况透视图

和数据透视表不同，数据透视图可以更直观地展示出数据的数量和变化，更容易从数据透视图中找到数据的变化规律和趋势。

9.6.1 通过数据区域创建数据透视图

数据透视图可以通过数据源工作表进行创建。具体操作步骤如下。

第1步 选中工作表中 A1:D85 单元格区域，单击【插入】选项卡下【表格】组的【数据透视表】按钮，在弹出的下拉菜单中选择【数据透视图】选项。

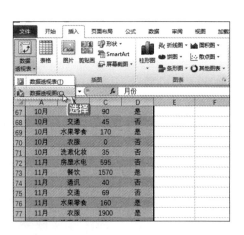

第2步 弹出【创建数据透视表】对话框，选中【选择放置数据透视表及数据透视图的位置】组内的【现有工作表】单选按钮，单击【位置】文本框右侧的【折叠】按钮。

第3步 在工作表中选择需要放置透视图的位置，单击【展开】按钮。

第4步 返回【创建数据透视表】对话框，单击【确定】按钮。

第5步 即可在工作表中插入数据透视图，效果如图所示。

第6步 在【数据透视表字段列表】窗口中，将【项目】字段拖至【图例字段】区域，将【月份】字段拖至【轴字段】区域，将【数额】字段拖至【数值】区域，将【是否超支】字段拖至【报表筛选】区域。

第7步 即可生成数据透视图，效果如图所示。

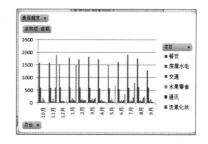

提示

创建数据透视图时，不能使用 XY 散点图、气泡图和股价图等图表类型。

9.6.2 通过数据透视表创建数据透视图

除了使用数据区域创建数据透视图之外，还可以使用数据透视表创建数据透视图。具体操作步骤如下。

第1步 将先前使用数据区域创建的数据透视图删除，选择第 1 个数据透视表数据区域任意单元格。

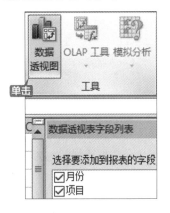

第2步 单击【选项】选项卡下【工具】选项组内的【数据透视图】按钮。

第3步 弹出【插入图表】对话框，选择【柱形图】选项组内的【簇状柱形图】样式，单击【确定】按钮。

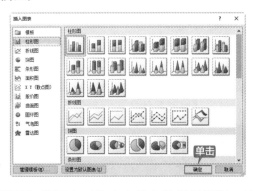

第4步 即可在工作表中插入数据透视图，效果如图所示。

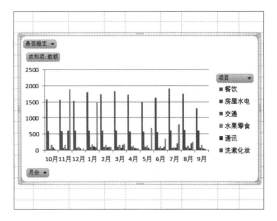

9.6.3 美化数据透视图

插入数据透视图之后，可以对数据透视图进行美化。具体操作步骤如下。

第1步 单击【图表样式】选项组内的【其他】按钮，在弹出的下拉列表中选择一种图表样式。

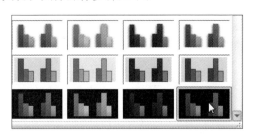

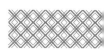

第2步 即可为数据透视图应用所选样式，效果如图所示。

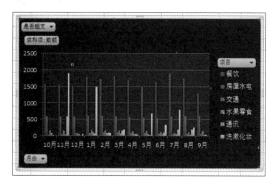

第3步 单击【设计】选项卡下【图表布局】选项组中的【快速布局】按钮，在弹出的下拉列表中的【布局1】选项。

第4步 即可在数据透视图中添加图表标题，将图表标题更改为"生活花费情况透视图"，效果如图所示。

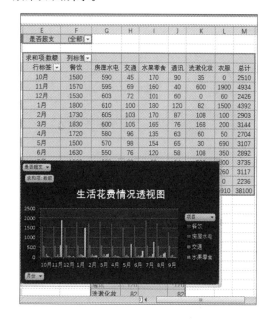

| 提示 |

透视表外观的设置应以易读为前提，然后在不影响观察的前提下对表格和图表进行美化。

9.7 使用切片器同步筛选多个数据透视表

使用切片器可以同步筛选多个数据透视表中的数据，可以快捷地对生活花费情况透视表中的数据进行筛选。具体操作步骤如下。

第1步 选中最下方的数据透视表，在【数据透视字段】窗口中将【项目】字段移至【行标签】区域，将【月份】字段移至【列标签】区域。

第2步 即可将最下方数据透视表的行和列进行互换，效果如图所示。

是否超支	(全部)												
求和项:数额	列标签												
行标签	10月	11月	12月	1月	2月	3月	4月	5月	6月	7月	8月	9月	总计
餐次	1580	1570	1530	1800	1730	1830	1720	1500	1630	1908	1760	1300	19858
房屋水电	590	595	603	610	605	600	580	570	550	600	620	605	7128
交通	45	69	72	100	103	105	96	98	76	68	84	77	993
水果零食	170	160	101	180	170	165	135	154	120	89	132	157	1733
通讯	90	40	60	120	87	76	63	65	58	64	53	52	828
洗漱化妆	35	600	0	82	108	168	60	30	108	206	208	45	1650
衣服	0	1900	60	1500	100	0	50	690	350	800	260	0	5910
总计	2510	4934	2426	4392	2903	3144	2704	3107	2892	3735	3117	2236	38100

插入【项目】切片器的具体操作如下。

第1步 由于使用切片器工具筛选多个透视表要求筛选的透视表拥有同样的数据源，因此删除第2个透视表，效果如图所示。

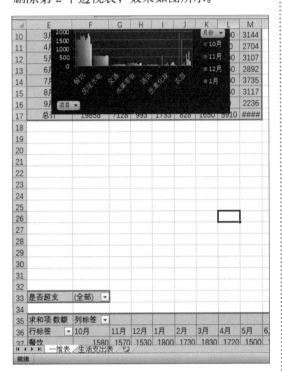

第2步 选择第1个数据透视表中任意单元格，单击【选项】选项卡下【排序和筛选】选项组内的【插入切片器】按钮。

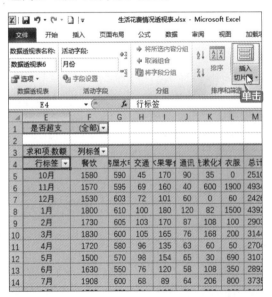

第3步 弹出【插入切片器】对话框，选中【项目】复选框，单击【确定】按钮。

第4步 即可插入【项目】切片器，效果如图所示。

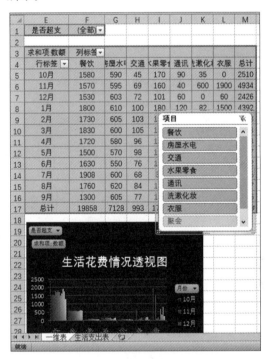

使用切片器筛选数据的具体操作方法如下。

第1步 插入切片器后即可对切片器目录中的内容进行筛选，如单击【餐饮】选项即可将

第1个数据透视表中的餐饮数据筛选出来，效果如图所示。

第2步 将鼠标指针放置在【项目】切片器上，单击鼠标右键，在弹出的快捷菜单中选择【数据透视表连接】选项。

第3步 弹出【数据透视表连接(项目)】对话框，选中【数据透视表13】复选框，单击【确定】按钮。

第4步 即可将【项目】切片器同时应用于第2个数据透视表，效果如图所示。

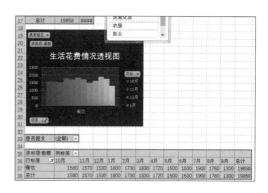

第5步 按住【Ctrl】键的同时选择【项目】切片器中的多个项目，效果如图所示。

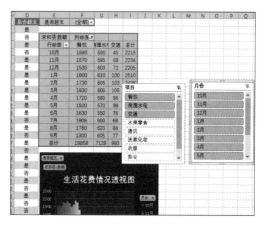

第6步 选中第2个数据透视表中任意单元格，使用上面的方法插入【月份】切片器，并将【月份】切片器同时应用于第一个数据透视表，效果如图所示。

第7步 使用两个切片器，可以进行更详细的筛选，如筛选11月的餐饮使用情况。

制作销售业绩透视表

　　创建销售业绩透视表可以很好地对销售业绩数据进行分析，找到普通数据表中很难发现的规律，对以后的销售策略有很重要的参考作用。制作销售业绩透视表可以按照以下步骤进行。

1. 创建销售业绩透视表

　　根据销售业绩表创建出销售业绩透视表。

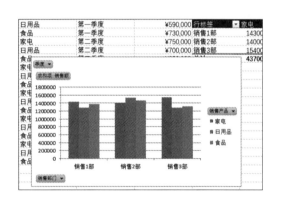

2. 设置数据透视表格式

　　可以根据需要对数据透视表的格式进行设置，使表格更加清晰、易读。

3. 插入数据透视图

　　在工作表中插入销售业绩透视图，以便更好地对各部门各季度的销售业绩进行分析。

4. 美化数据透视图

　　对数据透视图进行美化操作，使数据图更加美观、清晰。

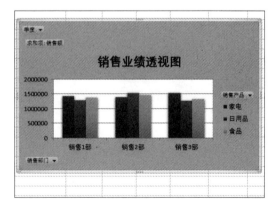

　　至此，销售业绩透视表就制作完成了。

◇ 组合数据透视表内的数据项

对于数据透视表中的性质相同的数据项，可以将其进行组合，以便更好地对数据进行统计分析。具体操作步骤如下。

第1步 打开随书光盘中的"素材 \ch09\ 采购数据透视表 . xlsx"工作簿。

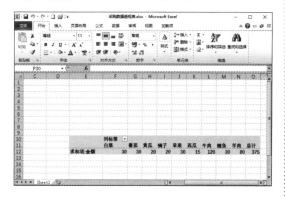

第2步 选择 K11 单元格，单击鼠标右键，在弹出的快捷菜单中选择【将"肉"移至开头】选项。

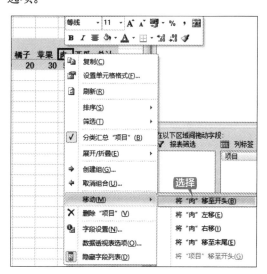

第3步 即可将"肉"移至透视表开头位置，选中 G11:I11 单元格区域，单击鼠标右键，在弹出的快捷菜单中选择【创建组】选项。

第4步 即可创建名称为"数据组1"的组合，输入数据组名称"蔬菜"，按【Enter】键确认，效果如图所示。

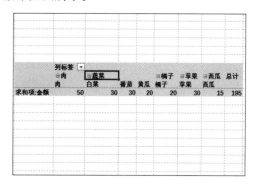

第5步 使用同样的方法，将 J11:L11 单元格区域创建为"水果"数据组，效果如图所示。

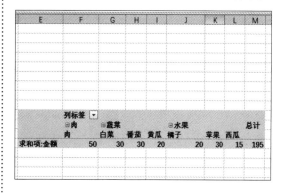

第6步 单击数据组名称左侧的按钮，即可将数据组合并起来，并给出统计结果。

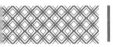

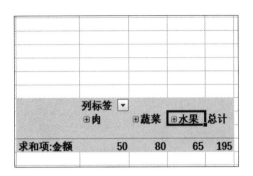

◇ 将数据透视图转为图片形式

下面的方法可以将数据透视图转换为图片保存。具体操作步骤如下。

第1步 打开随书光盘中的"素材\ch09\采购数据透视图.xlsx"工作簿。

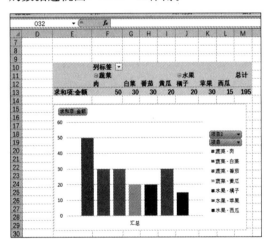

第2步 选中工作簿中的数据透视表，按【Ctrl+C】组合键复制。

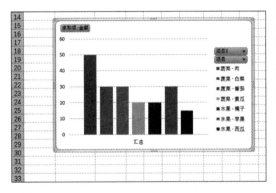

第3步 打开【画图】软件，按【Ctrl+V】组合键将图表复制在绘图区域。

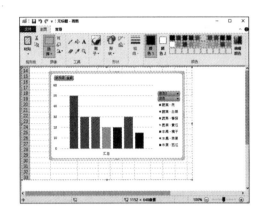

第4步 单击【文件】选项卡下的【另存为】选项，选择保存格式为"JPEG 图片"。

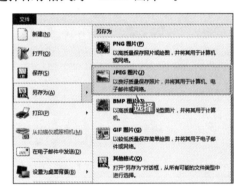

第5步 弹出【保存为】对话框，在文件名文本框内输入文件名称，选择保存位置，单击【保存】按钮即可。

| 提示 |

除了上面方法之外，还可以使用选择性粘贴功能将图表以图片形式粘贴在 Excel、PPT 和 Word 中。

第10章

高级数据处理与分析——公式和函数的应用

本章导读

公式和函数是 Excel 的重要组成部分，有着强大的计算能力，为用户分析和处理工作表中的数据提供了很大的方便。使用公式和函数可以节省处理数据的时间，降低在处理大量数据时的出错率。本章就通过制作销售部职工工资明细表来学习公式的输入和使用。

思维导图

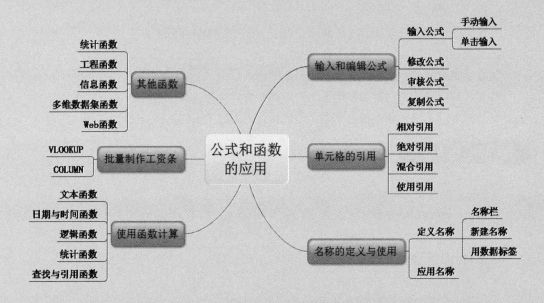

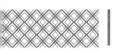

10.1 销售部职工工资明细表

销售部职工工资明细表是最常见的工作表类型之一。工资明细表作为销售部职工工资的发放凭证，是根据各类工资类型汇总而成，涉及多种函数的使用。在制作销售部职工工资明细表的过程中，需要使用多种类型的函数，了解各种函数的用法和性质，对以后制作相似工作表会有很大帮助。

实例名称：制作销售部职工工资明细表	
实例目的：掌握函数的应用	
素材	素材 \ch10\ 销售部职工工资明细表 .xlsx
结果	结果 \ch10\ 销售部职工工资明细表 .xlsx
录像	视频教学录像 \10 第 10 章

10.1.1 案例概述

销售部职工工资明细表由工资条、工资表、员工基本信息表、销售奖金表、业绩奖金标准和税率表组成，每个工作表里的数据都需要经过大量的运算，各个工资表之间也需要使用函数相互调用，最后由各个工作表共同组成一个销售部职工工资明细的工作簿。通过制作销售部职工工资明细表，可以学习各种函数的使用方法。

10.1.2 设计思路

销售部职工工资明细表有几个基本的表格组成，如其中工资表记录着职工每项工资的金额和总的工资数目；职工基本信息表记录着员工的工龄等。由于工作表之间的调用关系，需要厘清工作表的制作顺序，设计思路如下。

① 应先完善职工基本信息，计算出"五险一金"的缴纳金额。

② 计算职工工龄，得出员工工龄工资。

③ 根据奖金发放标准，计算出职工奖金数目。

④ 汇总得出应发工资数目，得出个人所得税缴纳金额。

⑤ 汇总各项工资数额，得出实发工资数，最后生成工资条。

10.1.3 涉及知识点

本案例主要涉及以下知识点。

① 输入、复制和修改公式。

② 单元格的引用。

③ 名称的定义和使用。

④ 文本函数的使用。

⑤ 日期函数和时间函数的使用。

⑥ 逻辑函数的使用。

⑦ 统计函数。

⑧ 查找和引用函数。

10.2 输入和编辑公式

输入公式是使用函数的第一步，在制作销售部职工工资明细表的过程中使用函数的种类多种多样，输入方法也可以根据需要进行调整。

打开随书光盘中的"素材 \ch10\ 销售部职工工资明细表 .xlsx"工作簿，可以看到工作簿中包含 5 个工作表，可以通过单击底部工作表标签进行切换。

	销售部职工工资表					
	职工姓名	工龄	工龄工资	应发工资	个人所得税	实发工资
	张三	8	¥800.0			
	王小花	8	¥800.0			
	张帅帅	7	¥700.0			
	冯小华	4	¥400.0			
	赵小明	3	¥300.0			
	李小四	3	¥300.0			
	李明明	2	¥200.0			
	胡双	2	¥200.0			
	马东东	0	¥0.0			

【工资表】：工资表是销售部职工工资的最终汇总表，主要记录职工基本信息和各个部分的工资构成。

	A	B	C	D	E	F
1			销售部职工工资表			
2	职工编号	职工工号	职工姓名	工龄	工龄工资	应发工资
3	001					
4	002					
5	003					
6	004					
7	005					
8	006					
9	007					

【职工基本信息】：职工基本信息表主要记录着职工的职工编号、姓名、入职日期、基本工资和五险一金的应缴金额等信息。

	A	B	C	D	E
1		职工基本信息表			
2	职工工号	职工姓名	入职日期	基本工资	五险一金
3	103001	张三	2008/1/20	4000	440
4	103002	王小花	2008/5/10	4000	440
5	103003	张帅帅	2008/6/25	3900	429
6	103004	冯小华	2012/2/3	3000	330
7	103005	赵小明	2012/8/5	3000	330
8	103006	李小四	2013/4/20	3000	330
9	103007	李明明	2013/10/20	3000	330

【销售奖金表】：销售奖金表是员工业绩的统计表，记录着员工的信息和业绩情况，统计各个员工应发放奖金的比例和金额。此外还统计最高销售额和该销售额对应的员工。

	A	B	C	D	E	F	G	H
1		销售业绩表					最高销售业绩	
2	职工工号	职工姓名	销售额	奖金比例	奖金		销售额	姓名
3	101001	张三	50000					
4	101002	王小花	48000					
5	101003	张帅帅	56000					
6	101004	冯小华	24000					
7	101005	赵小明	18000					
8	101006	李小四	12000					
9	101007	李明明	9000					
10	101008	胡双	15000					
11	101009	马东东	10000					
12	101010	刘兰兰	19000					

【业绩奖金标准】：业绩奖金标准表是记录各个层级的销售额应发放奖金比例的表格，是统计奖金额度的依据。

	A	B	C	D	E	F
1	销售额分层	10,000以下	10,000~25,000	25,000~40,000	40,000~50,000	50,000以上
2	销售额基数	0	10000	25000	40000	50000
3	百分比	0	0.05	0.1	0.15	0.2

【税率表】：税率表记录着个人所得税的征收标准，是统计个人所得税的依据。

	A	B	C	D	E	F	G
1		个税税率表					
2				起征点	3500		
3	级数	应纳税所得额	级别	税率	速算扣除数		
4	1	1500以下	0	0.03	0		
5	2	1500~4500	1500	0.1	105		
6	3	4500~9000	4500	0.2	555		
7	4	9000~35000	9000	0.25	1005		
8	5	35000~55000	35000	0.3	2755		
9	6	55000~80000	55000	0.35	5505		
10	7	80000以上	80000	0.45	13505		

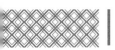
10.2.1 输入公式

输入公式的方法很多，可以根据需要进行选择，做到准确、快速地输入。

1. 公式的输入方法

在 Excel 中输入公式的方法可分为手动输入和单击输入。

(1) 手动输入

第1步 选择"职工基本信息"工作表，在选定的单元格中输入"=1+7"，公式会同时出现在单元格和编辑栏中。

第2步 按【Enter】键可确认输入并计算出运算结果。

> **|提示|**
>
> 公式中的各种符号一般都是要求在英文状态下输入。

(2) 单击输入

单击输入在需要输入大量单元格的时候可以节省很多时间且不容易出错。下面以输入公式"=A7+B7"为例演示一下单击输入的步骤。

第1步 选择"职工基本信息"工作表，选中 G4 单元格，输入"="。

第2步 单击 D3 单元格，单元格周围会显示活动的虚线框，同时编辑栏中会显示"D3"，这就表示单元格已被引用。

第3步 输入加号"+"，单击单元格 D4，单元格 D4 也被引用。

第4步 按【Enter】键确认，即可完成公式的输入并得出结果，效果如图所示。

2. 在销售部职工工资明细表中输入公式

第1步 选择"职工基本信息"工作表，选中 E3 单元格，在单元格中输入公式"=D3*10%"。

第2步 按【Enter】键确认，即可得出职工张三的"五险一金"缴纳金额。

第3步 将鼠标指针放置在 E3 单元格右下角，当鼠标指针变为 ✚ 符号时，按住鼠标左键将鼠标指针向下拖动至 E12 单元格，即可快速填充至所选单元格，效果如图所示。

10.2.2 修改公式

"五险一金"根据各地情况的不同，缴纳比例也不一样，因此公式也应作出对应修改。具体操作步骤如下。

第1步 选择"职工基本信息"工作表，选中 E3 单元格。

第2步 将缴纳比例更改为 11%，只需在上方编辑栏中将公式更改为"=D3*11%"。

第3步 按【Enter】键确认，E3 单元格即可显示比例更改后的缴纳金额。

第4步 使用快速填充功能填充其他单元格，即可得出其余职工的"五险一金"缴纳金额。

入职日期	基本工资	五险一金
2008/1/20	4000	440
2008/5/10	4000	440
2008/6/25	3900	429
2012/2/3	3000	330
2012/8/5	3000	330
2013/4/20	3000	330
2013/10/20	3000	330
2014/6/5	2800	308
2015/7/20	2600	286
2015/8/20	2600	286

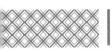
10.2.3 审核公式

利用 Excel 提供的审核功能，可以方便地检查工作表中涉及公式运算的单元格之间的关系。

当公式使用引用单元格或从属单元格时，检查公式的准确性或查找错误的根源会很困难，而 Excel 提供了帮助检查公式的功能。用户可以使用【追踪引用单元格】和【追踪从属单元格】按钮，以追踪箭头显示或追踪单元格之间的关系。追踪单元格的具体操作步骤如下。

第1步 选择"职工基本信息"工作表，在 A14 和 B14 单元格中分别输入数字"45"和"51"，在 C14 单元格中输入公式"=A14+B14"，按【Enter】键确认。

8	103006	李小四	2013/4/20
9	103007	李明明	2013/10/20
10	103008	胡双	2014/6/5
11	103009	马东东	2015/7/20
12	103010	刘兰兰	2015/8/20
13			
14	45	51	96
15			

第2步 选中 C14 单元格，单击【公式】选项卡下【公式审核】选项组中的【追踪引用单元格】按钮 ⚏追踪引用单元格 。

第3步 即可显示蓝色箭头来表示单元格之间的引用关系，效果如图所示。

9	103007	李明明	2013/10/20
10	103008	胡双	2014/6/5
11	103009	马东东	2015/7/20
12	103010	刘兰兰	2015/8/20
13			
14	45	51	96
15			

第4步 选中 C14 单元格，按【Ctrl+C】组合键复制公式，在 D14 单元格中按【Ctrl+V】组合键将公式粘贴在单元格内。选中 C14 单元格，单击【公式】选项卡下【公式审核】选项组中的【追踪从属单元格】按钮，即可显示单元格间的从属关系。

8	103006	李小四	2013/4/20	3000
9	103007	李明明	2013/10/20	3000
10	103008	胡双	2014/6/5	2800
11	103009	马东东	2015/7/20	2600
12	103010	刘兰兰	2015/8/20	2600
13				
14	45	51	96	147
15				

第5步 要移去工作表上的追踪箭头，单击【公式】选项卡下【公式审核】选项组中的【移去箭头】按钮，或单击【移去箭头】按钮右侧的下拉按钮，在弹出的下拉列表中选择【移去箭头】选项。

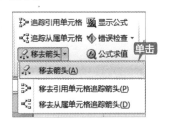

第6步 即可将箭头移去，效果如图所示。

9	103007	李明明	2013/10/20	3000	330
10	103008	胡双	2014/6/5	2800	308
11	103009	马东东	2015/7/20	2600	286
12	103010	刘兰兰	2015/8/20	2600	286
13					
14	45		51	96	147
15					

┃提示┃

使用 Excel 提供的审核功能，还可以进行错误检查和监视窗口等任务，这里不再一一赘述。

10.2.4 复制公式

在职工基本信息表中可以使用填充柄工具快速在其余单元格填充 E3 单元格使用的公式，也可以使用复制公式的方法快速输入相同公式。

第1步 选中 E4:E12 单元格区域，将鼠标指针放置在选中单元格区域内，单击鼠标右键，在弹出的快捷菜单中选择【清除内容】选项。

第2步 即可清除所选单元格内的内容，效果如图所示。

第3步 选中 E3 单元格，按【Ctrl+C】组合键复制公式。

第4步 选中 E12 单元格，按【Ctrl+V】组合键粘贴公式，即可将公式粘贴至 E12 单元格，效果如图所示。

第5步 使用同样的方法可以将公式粘贴至其余单元格。

10.3 单元格的引用

单元格的引用分为相对引用、绝对引用和混合引用 3 种，学会使用引用会为制作销售部职工工资明细表提供很大帮助。

10.3.1 相对引用和绝对引用

【相对引用】：引用格式如"A1"，是当引用单元格的公式被复制时，新公式引用的单元格的位置将会发生改变。例如，当在 A1:A5 单元格区域中分别输入数值 "1，2，3，4，5"，

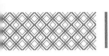

然后在 B1 单元格中输入公式"=A1+6"，当把 B1 单元格中的公式复制到 B2:B5 单元格区域，会发现 B2:B5 单元格区域中的计算结果均为左侧单元格的值加上 6。

▲	A	B	C
1	1	7	
2	2	8	
3	3	9	
4	4	10	
5	5	11	
6			
7			
8			
9			

【绝对引用】：引用格式形如"$A$1"，这种对单元格引用的方式是完全绝对的，即一旦成为绝对引用，无论公式如何被复制，对采用绝对引用的单元格的引用位置是不会改变的。例如，在单元格 B1 中输入公式"=$A$1+3"，最后把 B1 单元格中的公式分别复制到 B2:B5 单元格区域处，则会发现 B2:B5 单元格区域中的结果均等于 A1 单元格的数值加上 3。

▲	A	B	C
1	1	4	
2	2	4	
3	3	4	
4	4	4	
5	5	4	
6			
7			
8			

10.3.2 混合引用

【混合引用】：引用形式如"$A1"，指具有绝对列和相对行，或者具有绝对行和相对列的引用。绝对引用列采用 $A1、$B1 等形式；绝对引用行采用 A$1、B$1 等形式。如果公式所在单元格的位置改变，则相对引用改变，而绝对引用不变。如果多行或多列地复制公式，相对引用自动调整，而绝对引用不作调整。

例如，当在 A1:A5 单元格区域中输入数值"1，2，3，4，5"，然后在 B2:B5 单元格区域中输入数值"2，4，6，8，10"，在 D1:D5 单元格区域输入数值"3,4,5,6,7"，在 C1 单元格输入公式"=$A1+B$1"。

把 C1 单元格中的公式分别复制到 C2:C5 单元格区域，则会发现 C2:C5 单元格区域中的结果均等于 A 列单元格的数值加上 B1 单元格的数值。

▲	A	B	C	D
1	1	2	3	3
2	2	4	4	4
3	3	6	5	5
4	4	8	6	6
5	5	10	7	7
6				

将 C1 单元格公式复制在 E1:E5 单元格区域内，则会发现 E1:E5 单元格区域中的结果均等于 A1 单元格的数值加上 D 列单元格的数值。

E5			f_x	=$A5+D$1	
▲	A	B	C	D	E	F
1	1	2	3	3	4	
2	2	4	4	4	5	
3	3	6	5	5	6	
4	4	8	6	6	7	
5	5	10	7	7	8	

10.3.3 使用引用

灵活地使用引用可以更快地完成函数的输入，提高数据处理的速度和准确度。使用引用的方法有很多种，选择合适的方法可以达到最好的效果。

1. 输入引用地址

在使用引用单元格较少的公式时，可以使用直接输入引用地址的方法。例如，输入公式"=E11+2"。

	A	B
7	103005	赵小明
8	103006	李小四
9	103007	李明明
10	103008	胡双
11	103009	马东东
12	103010	刘兰兰
13		
14	=E11+2	

输入

2. 提取地址

在输入公式过程中，在需要输入单元格或者单元格区域时，可以使用鼠标单击单元格或者选中单元格区域。

3. 使用【折叠】按钮输入

第1步 选择"员工基本信息表"工作表，选中 F2 单元格。

	A	B	C	D	E	F
1			职工基本信息表			
2	职工工号	职工姓名	入职日期	基本工资	五险一金	
3	103001	张三	2008/1/20	4000	440	
4	103002	王小花	2008/5/10	4000	440	
5	103003	张帅帅	2008/6/25	3900	429	
6	103004	冯小华	2012/2/3	3000	330	

第2步 单击编辑栏中的【插入公式】按钮 f_x，在弹出的【插入函数】对话框中选择【选择函数】文本框内的【MAX】函数，单击【确定】按钮。

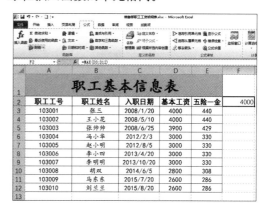

第3步 弹出【函数参数】对话框，单击【Number1】文本框右侧的【折叠】按钮。

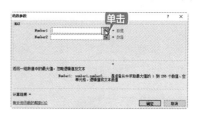

第4步 在表格中选中需要处理的单元格区域，单击【展开】按钮。

第5步 返回【函数参数】对话框，可看到选定的单元格区域，单击【确定】按钮。

第6步 即可得出最高的基本工资数额，并显示在插入函数的单元格内。

	A	B	C	D	E	F
1			职工基本信息表			
2	职工工号	职工姓名	入职日期	基本工资	五险一金	4000
3	103001	张三	2008/1/20	4000	440	
4	103002	王小花	2008/5/10	4000	440	
5	103003	张帅帅	2008/6/25	3900	429	
6	103004	冯小华	2012/2/3	3000	330	
7	103005	赵小明	2012/8/5	3000	330	
8	103006	李小四	2013/4/20	3000	330	
9	103007	李明明	2013/10/20	3000	330	
10	103008	胡双	2014/6/5	2800	308	
11	103009	马东东	2015/7/20	2600	286	
12	103010	刘兰兰	2015/8/20	2600	286	
13						

10.4 名称的定义与使用

为单元格或者单元格区域定义名称可以方便对该单元格或者单元格区域进行查找和引用，在数据繁多的工资明细表中可以发挥很大作用。

10.4.1 定义名称

名称是代表单元格、单元格区域、公式或者常量值的单词或字符串。名称在使用范围内必须保持唯一，也可以在不同的范围中使用同一个名称。如果要引用工作簿中相同的名称，则需要在名称之前加上工作簿名。

1. 为单元格命名

选中"销售奖金表"中的 G3 单元格，在编辑栏的名称文本框中输入"最高销售额"后按【Enter】键确认。

为单元格命名时必须遵守以下几点规则。

① 名称中的第 1 个字符必须是字母、汉字、下画线或反斜杠，其余字符可以是字母、汉字、数字、点和下划线。

② 不能将"C"和"R"的大小写字母作为定义的名称。在名称框中输入这些字母时，它们会被认为是当前单元格选择行或列的表示法。例如，选择单元格 A18，在名称框中输入"R"，按【Enter】键，鼠标光标将定位到工作表的第 18 行上。

③ 不允许的单元格引用。名称不能与单元格引用相同（例如，不能将单元格命名为"Z12"或"R1C1"）。如果将 A18 单元格命名为"Z12"，按【Enter】键，鼠标光标将定位到"Z12"单元格中。

④ 不允许使用空格。如果要将名称中的单词分开，可以使用下划线或句点作为分隔符。例如，选择一个单元格，在名称框中输入"单元格"，按【Enter】键，则会弹出错误提示框。

⑤ 一个名称最多可以包含 255 个字符。Excel 名称不区分大小写字母。例如，在单元格 A18 中创建了名称 Smase，在单元格 B18 名称栏中输入"SMASE"，确认后则会回到

单元格 A18 中，而不能创建单元格 B18 的名称。

2. 为单元格区域命名

为单元格区域命名有以下几种方法。

（1）在名称栏中输入

第1步 选择"销售奖金表"工作表，选中 C3：C12 单元格区域。

第2步 在名称栏中输入"销售额"文本，按【Enter】键，即可完成对该单元格区域的命名。

（2）使用【新建名称】对话框

第1步 选择"销售奖金表"工作表，选中 D3：D12 单元格区域。

第2步 选择【公式】选项卡，单击【定义的名称】组中的【定义名称】按钮。

第3步 在弹出的【新建名称】对话框中的【名称】文本框中输入"奖金比例"，单击【确定】按钮即可定义该区域名称。

第4步 命名后的效果如图所示。

3. 为选定区域命名

工作表（或选定区域）的首行或每行的最左列通常含有标签以描述数据。若一个表格本身没有行标题和列标题，则可将这些选

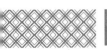
定的行和列标签转换为名称。具体的操作步骤如下。

第1步 打开"职工基本信息"工作表，选中单元格区域 C2:C12。

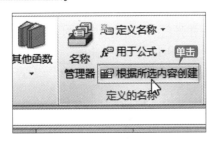

第2步 单击【公式】选项卡下【定义的名称】组中的【根据所选内容创建】按钮 根据所选内容创建 。

第3步 在弹出的【以选定区域创建名称】对话框中选中【首行】复选框，然后单击【确定】按钮。

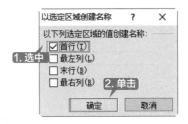

第4步 即可为单元格区域成功命名，在名称栏中输入"入职日期"，按【Enter】键即可自动选中单元格区域 C3:C12。

职工工号	职工姓名	入职日期	基本工资
103001	张三	2008/1/20	4000
103002	王小花	2008/5/10	4000
103003	张帅帅	2008/6/25	3900
103004	冯小华	2012/2/3	3000
103005	赵小明	2012/8/5	3000
103006	李小四	2013/4/20	3000
103007	李明明	2013/10/20	3000
103008	胡双	2014/6/5	2800
103009	马东东	2015/7/20	2600
103010	刘兰兰	2015/8/20	2600

10.4.2 应用名称

为单元格、单元格区域定义好名称后，就可以在工作表中使用了，具体的操作步骤如下。

第1步 选择"职工基本信息表"工作表，分别将 E3 和 E12 单元格命名为"最高缴纳额"和"最低缴纳额"，单击【公式】选项卡下【定义的名称】组中的【名称管理器】按钮 。

第2步 弹出【名称管理器】对话框，可以看到定义的名称。

第3步 单击【关闭】按钮，选择空白单元格 H5。

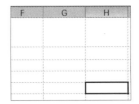

第4步 单击【公式】选项卡下【定义的名称】组中的【用于公式】按钮 用于公式▾，在弹出的下拉列表中选择【粘贴名称】选项。

第5步 弹出【粘贴名称】对话框，在【粘贴名称】列表中选择"最高缴纳额"选项，单击【确定】按钮。

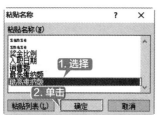

第6步 即可看到单元格显示公式"＝最高缴纳额"。

第7步 按【Enter】键即可将名称为"最高缴纳额"的单元格的数据显示在 H5 单元格中。

10.5 使用函数计算工资

　　制作销售部职工工资明细表需要运用很多种类型的函数，这些函数为数据处理提供了很大帮助。

10.5.1 使用文本函数提取员工信息

　　职工的信息是工资表中必不可少的一项信息，逐个输入不仅浪费时间且容易出现错误，文本函数则很擅长处理这种字符串类型的数据。使用文本函数可以快速、准确地将员工信息输入工资表。具体操作步骤如下。

第1步 选择"工资表"工作表，选中 B3 单元格。

第2步 在编辑栏中输入公式"=TEXT(职工基本信息 !A3,0)"。

| 提示 |

　　公式"=TEXT(职工基本信息 !A3,0)"用于显示职工基本信息表中 A3 单元格的工号。

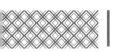
第3步 按【Enter】键确认，即可将"职工基本信息表"相应单元格的工号引用在 B3 单元格。

第4步 使用快速填充功能可以将公式填充在 B4:B12 单元格中，效果如图所示。

第5步 选中 C3 单元格，在编辑栏中输入 "=TEXT(职工基本信息 !B3,0)"。

提示

公式 "=TEXT(职工基本信息 !B3,0)" 用于显示职工基本信息表中 B3 单元格的员工姓名。

第6步 按【Enter】键确认，即可将职工姓名填充在单元格内。

第7步 使用快速填充功能可以将公式填充在 C4:C12 单元格区域中，效果如图所示。

提示

Excel 中常用的文本函数有以下几个。

① CONCATENATE(text1,text2,...)：将若干字符串合并成一个字符串。

② LEN(text)：返回字符串中的字符数。

③ MID(text,start_num,num_chars)：返回字符串中从指定位置开始的特定数目的字符。

④ RIGHT(text,num_chars)：根据指定的字符数返回文本串中最后一个或多个字符。

⑤ VALUE(text)：将代表数字的文字串转换成数字。

10.5.2 使用日期与时间函数计算工龄

员工的工龄是计算员工工龄工资的依据。使用日期函数可以很准确地计算出员工工龄，根据工龄即可计算出工龄工资。具体操作步骤如下。

第1步 选择"工资表"工作表，选中D3单元格。

	A	B	C	D
1			销售部职	
2	职工编号	职工工号	职工姓名	工龄
3	001	103001	张三	
4	002	103002	王小花	
5	003	103003	张帅帅	
6	004	103004	冯小华	
7	005	103005	赵小明	

第2步 计算方法是使用当日日期减去入职日期，在单元格中输入公式"=DATEDIF(职工基本信息!C3,TODAY(),"y")"。

	A	B	C	D	E
1			销售部职工工资		
2	职工编号	职工工号	职工姓名	工龄	工龄工资
3	001	103001	=DATEDIF(职工基本信息!C3,TODAY(),"y")		
4	002	103002	王小花		
5	003	103003	张帅帅		
6	004	103004	冯小华		

提示

公式"=DATEDIF(职工基本信息!C3,TODAY(),"y")"用于计算员工的工龄。

第3步 按【Enter】键确认，即可得出员工工龄。

	A	B	C	D
1			销售部职	
2	职工编号	职工工号	职工姓名	工龄
3	001	103001	张三	8
4	002	103002	王小花	
5	003	103003	张帅帅	
6	004	103004	冯小华	
7	005	103005	赵小明	
8	006	103006	李小四	

第4步 使用快速填充功能可快速计算出其余员工工龄，效果如图所示。

	A	B	C	D
1			销售部职	
2	职工编号	职工工号	职工姓名	工龄
3	001	103001	张三	8
4	002	103002	王小花	8
5	003	103003	张帅帅	7
6	004	103004	冯小华	4
7	005	103005	赵小明	3
8	006	103006	李小四	3
9	007	103007	李明明	2
10	008	103008	胡双	2
11	009	103009	马东东	0
12	010	103010	刘兰兰	0

第5步 选中E3单元格，输入公式"=D3*100"。

	D	E
	售部职工工资	
	工龄	工龄工资
	8	=D3*100
	8	输入
	7	

第6步 按【Enter】键即可计算出对应员工工龄工资。

	D	E
	售部职工工资	
	工龄	工龄工资
	8	¥800.0
	8	

第7步 使用填充柄填充计算出其余员工工龄工资，效果如图所示。

	A	B	C	D	E
1			销售部职工工资		
2	职工编号	职工工号	职工姓名	工龄	工龄工资
3	001	103001	张三	8	¥800.0
4	002	103002	王小花	8	¥800.0
5	003	103003	张帅帅	7	¥700.0
6	004	103004	冯小华	4	¥400.0
7	005	103005	赵小明	3	¥300.0
8	006	103006	李小四	3	¥300.0
9	007	103007	李明明	2	¥200.0
10	008	103008	胡双	2	¥200.0
11	009	103009	马东东		¥0.0
12	010	103010	刘兰兰		¥0.0
13					

提示

常用的日期函数还有以下几个。

① =NOW()：取系统日期和时间。

② =NOW()-TODAY()：取当前是几点几分。

③ =YEAR(TODAY())：取当前日期的年份。

④ =MONTH(TODAY())：取当前日期的月份。

⑤ =DAY(TODAY())：取当前日期是几号。

10.5.3 使用逻辑函数计算业绩提成奖金

业绩奖金是销售部职工工资的重要构成部分。业绩奖金根据职工的业绩划分为几个等级，每个等级的奖金比例不同。逻辑函数可以用来进行复合检验，因此很适合计算这种类型的数据。具体操作步骤如下。

第1步 切换至"销售奖金表"工作表，选中 D3 单元格，在单元格中输入公式"=HLOOKUP(C3,业绩奖金标准!$B$2:$F$3,2)"。

	A	B	C	D	E
1			销售业绩表		
2	职工工号	职工姓名	销售额	奖金比例	奖金
3	101001	张三	=HLOOKUP (C3, 业绩奖金标准!b2:f3, 2)		
4	101002	王小花			
5	101003	张帅帅	56000		
6	101004	冯小华	24000		
7	101005	赵小明	18000		
8	101006	李小四	12000		
9	101007	李明明	9000		
10	101008	胡双	15000		
11	101009	马东东	10000		
12	101010	刘兰兰	19000		
13					

| 提示 |

HLOOKUP 函数是 Excel 中的横向查找函数，公式"=HLOOKUP(C3,业绩奖金标准!$B$2:$F$3,2)"中第 3 个参数设置为"2"表示取满足条件的记录在"业绩奖金标准!$B$2:$F$3"区域中第 2 行的值。

第2步 按【Enter】键确认，即可得出奖金比例。

	A	B	C	D
1			销售业绩表	
2	职工工号	职工姓名	销售额	奖金比例
3	101001	张三	50000	0.2
4	101002	王小花	48000	
5	101003	张帅帅	56000	
6	101004	冯小华	24000	
7	101005	赵小明	18000	
8	101006	李小四	12000	
9	101007	李明明	9000	
10	101008	胡双	15000	
11	101009	马东东	10000	
12	101010	刘兰兰	19000	

第3步 使用快速填充功能将公式填充进其余单元格，效果如图所示。

	A	B	C	D
1			销售业绩表	
2	职工工号	职工姓名	销售额	奖金比例
3	101001	张三	50000	0.2
4	101002	王小花	48000	0.15
5	101003	张帅帅	56000	0.2
6	101004	冯小华	24000	0.05
7	101005	赵小明	18000	0.05
8	101006	李小四	12000	0.05
9	101007	李明明	9000	0
10	101008	胡双	15000	0.05
11	101009	马东东	10000	0.05
12	101010	刘兰兰	19000	0.05

第4步 选中 E3 单元格，在单元格中输入公式"=IF(C3<50000,C3*D3,C3*D3+500)"。

C	D	E	F
售业绩表			
销售额	奖金比例	奖金	
50000	=IF (C3<50000, C3*D3, C3*D3+500)		
48000	0. IF(logical_test, [value_if_true], [value_if_false])		
56000	0.2		
24000	0.05		

| 提示 |

单月销售额大于 50000 元的人员，给予 500 元奖励。

第5步 按【Enter】键确认，即可计算出该员工奖金数目。

	A	B	C	D	E
1			销售业绩表		
2	职工工号	职工姓名	销售额	奖金比例	奖金
3	101001	张三	50000	0.2	10500
4	101002	王小花	48000	0.15	
5	101003	张帅帅	56000	0.2	
6	101004	冯小华	24000	0.05	
7	101005	赵小明	18000	0.05	
8	101006	李小四	12000	0.05	

第6步 使用快速填充功能得出其余职工奖金数目，效果如图所示。

C	D	E
售业绩表		
销售额	奖金比例	奖金
50000	0.2	10500
48000	0.15	7200
56000	0.2	11700
24000	0.05	1200
18000	0.05	900
12000	0.05	600
9000	0	0
15000	0.05	750
10000	0.05	500
19000	0.05	950

10.5.4 使用统计函数计算最高销售额

公司会对业绩突出的员工进行表彰,因此需要在众多销售数据中找出最高的销售额并找到对应的员工。统计函数作为专门进行统计分析的函数,可以很快地在工作表中找到相应数据,具体操作步骤如下。

第 1 步 选中 G3 单元格,单击编辑栏左侧的【插入函数】按钮 f_x。

第 2 步 弹出【插入函数】对话框,在【选择函数】文本框中选中【MAX】函数,单击【确定】按钮。

第 3 步 弹出【函数参数】对话框,在【Number1】文本框中输入"销售额",单击【确定】按钮。

第 4 步 即可找出最高销售额并显示在 G3 单元格内,如图所示。

第 5 步 选中 H3 单元格,输入公式"=INDEX(B3:B12,MATCH(G3,C3:C12,))"。

第 6 步 单击【Enter】键,即可显示最高销售额对应的职工姓名。

> | 提示 |
>
> 公式 =INDEX(B3:B12,MATCH(G3,C3:C12,)) 的含义为 G3 的值与 C3:C12 单元格区域的值匹配时,返回 B3:B12 单元格区域中对应的值。

10.5.5 使用查找与引用函数计算个人所得税

个人所得税是根据个人收入的不同实行阶梯形式的征收方式,因此直接计算起来比较复杂。而在 Excel 中,这类问题可以使用查找和引用函数来解决。具体操作步骤如下。

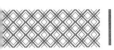

1. 计算应发工资

第1步 切换至"工资表"工作表，选中F3单元格。

	工龄	工龄工资	应发工资	个人所得税
	8	¥800.0		
	8	¥800.0		
	7	¥700.0		
	4	¥400.0		
	3	¥300.0		

售部职工工资表

第2步 在单元格中输入公式"= 职工基本信息 !D3− 职工基本信息 !E3+ 工资表 !E3+ 销售奖金表 !E3"。

售部职工工资表

工龄	工龄工资	应发工资	个人所得税	实发工
=职工基本信息!D3−职工基本信息!E3+工资表!E3+销售奖金表!E3				
8	¥800.0			
7	¥700.0			
4	¥400.0			

第3步 按【Enter】键确认，即可计算出应发工资数目。

售部职工工资表

工龄	工龄工资	应发工资
8	¥800.0	¥14,860.0
8	¥800.0	
7	¥700.0	
4	¥400.0	

第4步 使用快速填充功能得出其余职工应发工资数目，效果如图所示。

售部职工工资表

工龄	工龄工资	应发工资	个人所得税
8	¥800.0	¥14,860.0	
8	¥800.0	¥11,560.0	
7	¥700.0	¥15,871.0	
4	¥400.0	¥4,270.0	
3	¥300.0	¥3,870.0	
3	¥300.0	¥3,570.0	
2	¥200.0	¥2,870.0	
2	¥200.0	¥3,442.0	
0	¥0.0	¥2,814.0	
0	¥0.0	¥3,264.0	

2. 计算个人所得税数额

第1步 计算职工"张三"的个人所得税数目，选中G3单元格。

售部职工工资表

工龄	工龄工资	应发工资	个人所得税
8	¥800.0	¥14,860.0	
8	¥800.0	¥11,560.0	
7	¥700.0	¥15,871.0	
4	¥400.0	¥4,270.0	
3	¥300.0	¥3,870.0	
3	¥300.0	¥3,570.0	
2	¥200.0	¥2,870.0	
2	¥200.0	¥3,442.0	
0	¥0.0	¥2,814.0	
0	¥0.0	¥3,264.0	

第2步 在单元格中输入公式"=IF(F3< 税率表 !E\$2,0,LOOKUP(工资表 !F3− 税率表 !E\$2, 税率表 !C\$4:C\$10,(F3− 税率表 !E\$2)∗ 税率表 !D\$4:D\$10− 税率表 !E\$4:E\$10))"。

应发工资	个人所得税	实发工资
¥14,860.0	=IF(F3<税率表! E\$2,0, LOOKUP(工资表! F3−税率表! E\$2,税率表! C\$4:C\$10, (F3−税率表! E\$2)∗税率表! D\$4:D\$10−税率表! E\$4: E\$10))	
¥11,560.0		
¥15,871.0		
¥4,270.0		
¥3,870.0		
¥3,570.0		
¥2,870.0		
¥3,442.0		

第3步 按【Enter】键即可得出职工"张三"应缴纳的个人所得税数目。

售部职工工资表

工龄	工龄工资	应发工资	个人所得税
8	¥800.0	¥14,860.0	¥1,835.0
8	¥800.0	¥11,560.0	
7	¥700.0	¥15,871.0	
4	¥400.0	¥4,270.0	
3	¥300.0	¥3,870.0	
3	¥300.0	¥3,570.0	
2	¥200.0	¥2,870.0	
2	¥200.0	¥3,442.0	
0	¥0.0	¥2,814.0	

工龄	工龄工资	应发工资	个人所得税
8	¥800.0	¥14,860.0	¥1,835.0
8	¥800.0	¥11,560.0	¥1,057.0
7	¥700.0	¥15,871.0	¥2,087.8
4	¥400.0	¥4,270.0	¥23.1
3	¥300.0	¥3,870.0	¥11.1
3	¥300.0	¥3,570.0	¥2.1
2	¥200.0	¥2,870.0	¥0.0
2	¥200.0	¥3,442.0	¥0.0
0	¥0.0	¥2,814.0	¥0.0
0	¥0.0	¥3,264.0	¥0.0

| 提示 |

LOOKUP 函数根据税率表查找对应的个人所得税，使用 IF 函数可以返回低于起征点员工所缴纳的个人所得税为 0。

第4步 使用快速填充功能填充其余单元格，计算出其余职工应缴纳的个人所得税数额，效果如图所示。

10.5.6 计算个人实发工资

销售部职工工资明细表最重要的一项就是职工的实发工资数目。计算实发工资的方法很简单，具体操作步骤如下。

第1步 单击 H3 单元格，输入公式"=F3-G3"。

应发工资	个人所得税	实发工资
¥14,860.0	¥1,835.0	=F3-G3
¥11,560.0	¥1,057.0	
¥15,871.0	¥2,087.8	
¥4,270.0	¥23.1	

第2步 按【Enter】键确认，即可得出员工"张三"的实发工资数目。

应发工资	个人所得税	实发工资
¥14,860.0	¥1,835.0	¥13,025.0
¥11,560.0	¥1,057.0	
¥15,871.0	¥2,087.8	

第3步 使用快速填充功能将公式填充其余单元格，得出其余员工实发工资数目，效果如图所示。

应发工资	个人所得税	实发工资
¥14,860.0	¥1,835.0	¥13,025.0
¥11,560.0	¥1,057.0	¥10,503.0
¥15,871.0	¥2,087.8	¥13,783.3
¥4,270.0	¥23.1	¥4,246.9
¥3,870.0	¥11.1	¥3,858.9
¥3,570.0	¥2.1	¥3,567.9
¥2,870.0	¥0.0	¥2,870.0
¥3,442.0	¥0.0	¥3,442.0
¥2,814.0	¥0.0	¥2,814.0
¥3,264.0	¥0.0	¥3,264.0

10.6 使用 VLOOKUP、COLUMN 函数批量制作工资条

工资条是发放给员工的工资凭证，可以使员工知道自己工资发放的详细情况。制作工资条的步骤如下。

第1步 单击工作表底部的【新工作表】按钮新建空白工作表。

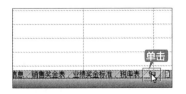

第2步 双击新建的工作表底部的标签，标签进入编辑状态。

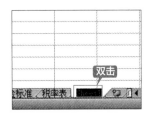

第3步 输入文字"工资条"，按【Enter】键确认。

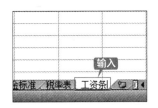

第4步 将鼠标指针放置在【工资条】工作表底部的标签上，按住鼠标左键并拖动工作表至【工资表】工作表前面，松开鼠标左键。

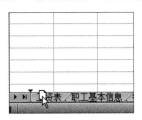

第5步 即可将【工资条】工作表放置在工作簿最前面的位置，选中【工资条】工作表中A1：H1单元格区域。

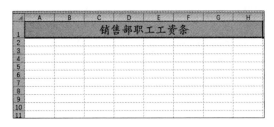

第6步 单击【开始】选项卡下【对齐方式】选项组内的【合并后居中】按钮 ▦ 。

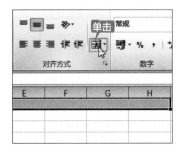

自动填充销售部职工工资条的具体操作方法如下。

第1步 输入文字"销售部职工工资条"，并在【字体】选项组中将【字体】设置为"华文楷体"，【字号】设置为"20"，并设置表头背景色和其他表格表头一致，效果如图所示。

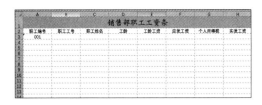

第2步 在A2：H2单元格区域中输入如图所示的文字，并在A3单元格内输入序号"001"，适当调整列宽，并将所有单元格【对齐方式】设置为"居中对齐"。

第3步 在单元格B3内输入公式"=VLOOKUP（$A3，工资表！$A$3:$H$12，COLUMN()，0)"。

提示

在公式"=VLOOKUP($A3, 工资表!$A$3:$H$12,COLUMN(),0)"中, 在工资表单元格区域 A3:H12 中查找 A3 单元格的值, COLUMN() 用来计数, 0 表示精确查找。

第7步 即可为所选单元格加上线框, 效果如图所示。

第4步 按【Enter】键确认, 即可引用员工编号至单元格内。

第5步 使用快速填充功能将公式填充至 C3:H3 单元格区域内, 即可引用其余项目至对应单元格内, 效果如图所示。

第6步 选中 A2:H3 单元格区域, 单击【字体】选项组内的【边框】按钮右侧的下拉按钮, 在弹出的下拉列表中单击【所有框线】选项。

第8步 选中 A2:H4 单元格区域, 将鼠标指针放置在 H4 单元格框线右下角, 待鼠标指针变为**+**形状。

第9步 按住鼠标左键, 拖动鼠标指针至 H30 单元格, 即可自动填充其余销售部职工的工资条, 如图所示。

至此, 销售部职工工资明细表就制作完成了。

10.7 其他函数

在制作销售部职工工资明细表的过程中使用了一些常用的函数, 下面介绍一些其他常用的函数。

1. 统计函数

统计函数可以帮助 Excel 用户从复杂的数据中筛选有效数据。由于筛选的多样性，Excel 中提供了多种统计函数。

常用的统计函数有【COUNTA】函数、【AVERAGE】函数（返回其参数的算术平均值）和【ACERAGEA】函数（返回所有参数的算术平均值）等。

> ┌ 提示 ┐:::::::::::
>
> COUNTA 函数
>
> 功能：用于计算区域中不为空的单元格个数。
>
> 语法：COUNTA(value1,[value2], ...)
>
> 参数：value1 为必要，表示要计算值的第一个参数；
>
> value2, ... 为可选，表示要计算的值的其他参数，最多可包含 255 个参数。

使用 COUNTA 函数统计参加运动会的人数，空白单元格为没有人参加，具体的操作步骤如下。

<u>第1步</u> 打开随书光盘中的"素材 \ch10\ 跑步成绩表 .xlsx"工作簿。

<u>第2步</u> 在单元格 B11 中输入公式"=COUNTA(B4:E9)"。

<u>第3步</u> 按【Enter】键即可返回参加 100 米比赛的人数。

2. 工程函数

工程函数可以解决一些数学问题。如果能够合理地使用工程函数，可以极大地简化程序。

常用的工程函数有【DEC2BIN】函数（将十进制转化为二进制）、【BIN2DEC】函数（将二进制转化为十进制）和【IMSUM】函数（两个或多个复数的值）。

3. 信息函数

信息函数是用来获取单元格内容信息的函数。信息函数可以在满足条件时返回逻辑值，从而获取单元格的信息。还可以确定存储在单元格中的内容的格式、位置、错误信息等类型。

常用的信息函数有【CELL】函数（引用区域的左上角单元格样式、位置或内容等信息）、【TYPE】函数（检测数据的类型）。

4. 多维数据集函数

多维数据集函数可用来从多维数据库中提取数据集和数值，并将其显示在单元格中。

常用的多维数据集函数有【CUBEKPIMEMBER】函数［返回重要性能指示器(KPI) 属性，并在单元格中显示 KPI 名称］、【CUBEMEMBER】函数（返回多维数据集中的成员或元组，用来验证成员或元组存在于多维数据集中）和【CUBEMEMBERPROPERTY】函数（返回多维数据集中成员属性的值，用来验证某成员名称存在于多维数据集中，并返回此成员的指定属性）等。

5. Web 函数

Web 函数是 Excel 2010 版本中新增的一个函数类别，它可以通过网页链接直接用公式获取数据，无须编程，且无须启用宏。

常用的 Web 函数有【ENCODEURL】函数、【FILTERXML】函数（使用指定的 Xpath 从 XML 内容返回特定数据）和【WEBSERVICE】函数（从 Web 服务返回数据）。

【ENCODEURL】函数是 Excel 2010 版本中新增的 Web 类函数中的一员，它可以将包含中文字符的网址进行编码。当然也不仅仅局限于网址，对于使用 UTF-8 编码方式对中文字符进行编码的场合都适用。

制作凭证明细查询表

公司年度开支凭证明细表是对公司一年内费用支出的归纳和汇总，工作簿内包含多个项目的开支情况。对年度开支情况进行详细的处理和分析有利于领导对公司本阶段工作进行总结，为公司更好地作出下一阶段的规划有很重要的作用。年度开支凭证明细表数据繁多，需要使用多个函数进行处理，可以分为以下几个步骤进行。

1. 计算工资支出

可以使用求和函数对"工资支出"工作表中每个月份的工资数目进行汇总，以便分析公司每月的工资发放情况。

2. 调用工资支出工作表数据

需要使用 VLOOKUP 函数调用"工资支出"工作表里面的数据，完成对"明细表"

工作表里工资发放情况的统计。

3. 调用其他支出

使用 VLOOKUP 函数调用"其他支出"工作表里面的数据，完成对"明细表"其他项目开支情况的统计。

调出其他数据

4. 统计每月支出

使用求和函数对每个月的支出情况进行

汇总，得出每月的总支出。

得出支出

至此，公司年度开支明细表就制作完成了。

◇ 分步查询复杂公式

Excel 中不乏复杂公式，在使用复杂公式计算数据时如果对计算结果产生怀疑，可以分步查询公式。

第1步 打开随书光盘中的"素材 \ch10\ 住房贷款速查表 .xlsx"工作簿，选择单元格D5。单击【公式】选项卡下【公式审核】选项组中的【公式求值】按钮。

第2步 弹出【公式求值】对话框，在【求值】文本框中可以看到函数的公式，单击【求值】按钮。

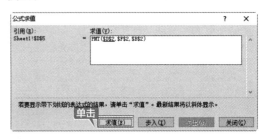

第3步 即可得出第1步计算结果，如图所示。

第4步 再次单击【求值】按钮，即可计算第2步的计算结果。

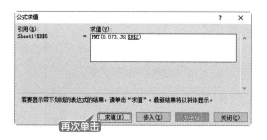

第5步 重复单击【求值】按钮，即可将公式每一步计算结果求出，查询完成后，单击【关闭】按钮即可。

◇ 逻辑函数间的混合运用

在使用"是""非""或"等逻辑函数时，默认情况下返回的是"TRUE"或"FALSE"等逻辑值，但是在实际工作和生活中，这些逻辑值的意义并非很大。所以，在很多情况下，我们可以借助 IF 函数返回"完成""未完成"等结果。

第1步 打开随书光盘中的"素材 \ch10\ 任务完成情况表 .xlsx"工作簿，在单元格 F3 中输入公式"=IF(AND（B3 > 100,C3 > 100,D3 > 100,E3 > 100）,"完成","未完成")"。

第2步 按【Enter】键即可显示完成工作量的信息。

第3步 利用快速填充功能，判断其他员工工作量的完成情况。

◇ 提取指定条件的不重复值

以提取销售助理人员名单为例介绍如何提取指定条件的不重复值的操作技巧。

第1步 打开随书光盘中的"素材 \ch10\ 职务表 .xlsx"工作簿，在 F2 单元格内输入"姓名"文本，在 G2 和 G3 单元格内分别输入"职务"和"销售助理"文本。

第2步 选中数据区域任意单元格，单击【数据】选项卡下【排序和筛选】选项组内的【高级】按钮。

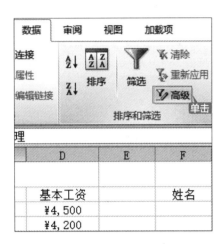

第4步 即可将职务为"销售助理"的人员姓名全部提取出来，效果如图所示。

第3步 弹出【高级筛选】对话框，选中【将筛选结果复制到其他位置】单选按钮，【列表区域】为"$A$2:$D$14"单元格区域，【条件区域】为"Sheet1!$G$2:$G$3"单元格区域，【复制到】"Sheet1!$F$2"单元格，然后选中【选择不重复的记录】复选框，单击【确定】按钮。

第3篇

PPT 办公应用篇

本篇主要介绍 PPT 的各种操作，通过本篇的学习，读者可以学习 PPT 的基本操作、图形和图表的应用、动画和多媒体的应用及放映幻灯片等操作。

第11章

PPT 的基本操作

📖 本章导读

在职业生涯中，会遇到包含文字与图片和表格的演示文稿，如个人述职报告、公司管理培训 PPT、企业发展战略 PPT、产品营销推广方案等。使用 PowerPoint 2010 提供的为演示文稿应用主题、设置格式化文本、图文混排、添加数据表格、插入艺术字等操作，可以方便地对这些包含图片的演示文稿进行设计制作。

🔵 思维导图

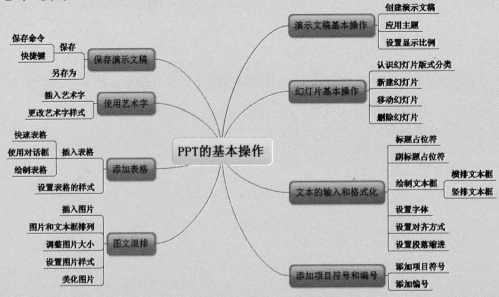

 个人述职报告

制作个人述职报告要做到标准清楚、内容客观、重点突出、个性鲜明，便于领导了解工作情况。

实例名称：制作个人述职报告
实例目的：学习 PPT 的基本操作

素材	素材 \ch11\ 工作业绩 .txt
结果	结果 \ch11\ 工作业绩 .txt
录像	视频教学录像 \11 第 11 章

11.1.1 案例概述

制作个人述职报告时，需要注意以下几点。

1. 标准清楚

① 要围绕岗位职责和工作目标来讲述自己的工作。
② 要体现出个人的作用，不能写成工作总结。

2. 内容客观、重点突出

① 必须实事求是、客观实在、全面准确。
② 要表现出自己的优点，但是也不能忽略自己的缺点。
③ 要重点介绍有影响性、全局性的主要工作，一般、日常性的工作表述要简洁。

3. 个性鲜明

① 要基于自己的工作岗位。
② 相同的工作岗位，要注重个人的个性差异、工作方法差异造成的工作业绩的不同。
③ 强调个人风格和个人魅力，不可照搬照抄别人的述职报告。
述职报告从时间上分有任期述职报告、年度述职报告和临时述职报告。从范围上分有个人述职报告和集体述职报告等。
本章的个人述职报告属于年度述职报告中的一种，本章就以个人述职报告为例介绍制作述职报告的方法。

11.1.2 设计思路

制作个人述职报告时可以按以下思路进行。
① 新建空白演示文稿，为演示文稿应用主题。

② 制作主要业绩及职责页面。

③ 制作存在问题及解决方案页面。

④ 制作团队组建及后期计划页面。

⑤ 制作结束页面。

⑥ 更改文字样式，美化幻灯片并保存结果。

11.1.3 涉及知识点

本案例主要涉及以下知识点。

① 引用主题。

② 幻灯片页面的添加、删除和移动。

③ 输入文本并设置文本样式。

④ 添加项目符号和编号。

⑤ 插入图片、表格。

⑥ 插入艺术字。

11.2 演示文稿的基本操作

在制作个人述职报告时，首先要新建空白演示文稿，并为演示文稿应用主题，以及设置演示文稿的显示比例。

11.2.1 新建空白演示文稿

启动 PowerPoint 2010 软件，即可创建一个空白演示文稿。

11.2.2 为演示文稿应用主题

新建空白演示文稿后,用户可以为演示文稿应用主题,来满足个人述职报告模板的格式要求。具体操作步骤如下。

1. 使用内置主题

PowerPoint 2010 内置了 37 种主题,用户可以根据需要使用这些主题。具体操作步骤如下。

第1步 单击【设计】选项卡下【主题】组右侧的【其他】按钮 ▾,在弹出的列表主题样式中任选一种样式,如选择"引用"主题。

第2步 此时,主题即可应用到幻灯片中,设置后的效果如图所示。

2. 自定义主题

如果对系统自带的主题不满意,用户可以自定义主题。具体操作步骤如下。

第1步 单击【设计】选项卡下【主题】选项组右侧的【其他】按钮 ▾,在弹出的列表主题样式中选择【浏览主题】选项。

第2步 在弹出的【选择主题或主题文档】对话框中,选择要应用的主题模板,然后单击【应用】按钮,即可应用自定义的主题。

11.2.3 设置演示文稿的显示比例

PPT 演示文稿常用的显示比例有 4 ：3 与 16 ：9 两种,新建 PowerPoint 2010 演示文稿时默认的比例为 4 ：3,用户可以方便地在这两种比例之间切换。此外,用户可以自定义幻灯片页面的大小来满足演示文稿的设计需求。设置演示文稿显示比例的具体操作步骤如下。

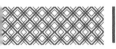

第1步 单击【设计】选项卡下【页面设置】组中的【页面设置】按钮。

第2步 在弹出的【页面设置】对话框中，单击【幻灯片大小】文本框右侧的下拉按钮，在弹出的下拉列表中选择【全屏显示（16：10）】选项，然后单击【确定】按钮。

第3步 在演示文稿中即可看到设置演示文稿显示比例后的效果。

11.3 幻灯片的基本操作

使用 PowerPoint 2010 制作述职报告时要先掌握幻灯片的基本操作。

11.3.1 认识幻灯片版式分类

在使用 PowerPoint 2010 制作幻灯片时，经常需要更改幻灯片的版式，来满足幻灯片不同样式的需要。每个幻灯片版式包含文本、表格、视频、图片、图表、形状等内容的占位符，并且还包含这些对象的格式。

第1步 新建演示文稿后，会新建一张幻灯片页面，此时的幻灯片版式为"标题幻灯片"版式页面。

栏内容"等 11 种版式。

第2步 单击【开始】选项卡下【幻灯片】组中的【版式】按钮 版式 右侧的下拉按钮，在弹出的【沉稳】面板中即可看到包含有"标题幻灯片""标题和内容""节标题""两

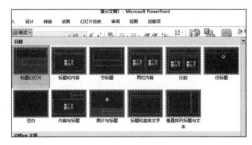

| 提示 |

每种版式的样式及占位符各不相同，用户可以根据需要选择要创建或更改的幻灯片版式，从而制作出符合要求的 PPT。

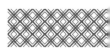

11.3.2 新建幻灯片

新建幻灯片的常见方法有两种，用户可以根据需要选择合适的方式快速新建幻灯片。新建幻灯片的具体操作步骤如下。

1. 使用【开始】选项卡

第1步 单击【开始】选项卡下【幻灯片】组中的【新建幻灯片】按钮 的下拉按钮，在弹出的列表中选择【节标题】选项。

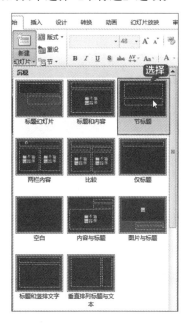

第2步 即可新建"节标题"幻灯片页面，并可在左侧的【幻灯片】窗格中显示新建的幻灯片。

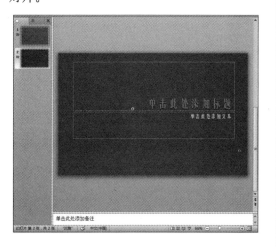

2. 使用快捷菜单

第1步 在【幻灯片】窗格中选择一张幻灯片，单击鼠标右键，在弹出的快捷菜单中选择【新建幻灯片】选项。

第2步 即可在该幻灯片的下方快速新建幻灯片。

11.3.3 移动幻灯片

用户可以通过移动幻灯片的方法改变幻灯片的位置，单击需要移动的幻灯片并按住鼠标左键，拖曳幻灯片至目标位置，松开鼠标左键即可。此外，通过剪切并粘贴的方式也可以移动幻灯片。

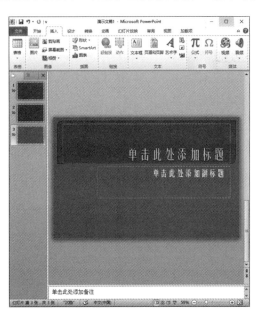

11.3.4 删除幻灯片

不需要的幻灯片页面可以将其删除，删除幻灯片的常见方法有两种。

1. 使用【Delete】键

第1步 在【幻灯片】窗格中选择要删除的幻灯片页面。

第2步 按【Delete】键，即可快速删除选择的幻灯片页面。

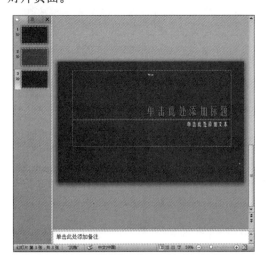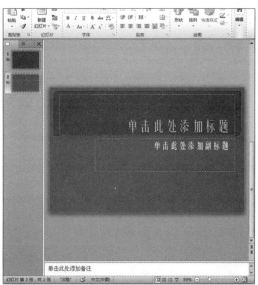

2. 使用快捷菜单

第1步 同时选择要删除的第1张与第2张幻灯片页面，并单击鼠标右键，在弹出的快捷菜单中单击【删除幻灯片】选项。

第2步 即可删除选择的幻灯片页面。

11.4 文本的输入和格式化设置

在幻灯片中可以输入文本，并对文本进行字体、颜色、对齐方式、段落缩进等进行格式化设置。

11.4.1 在幻灯片首页输入标题

幻灯片中【文本占位符】的位置是固定的，用户可以在其中输入文本。具体操作步骤如下。

第1步 新建一个所需幻灯片，单击标题文本占位符内的任意位置，使鼠标光标置于标题文本占位符内。

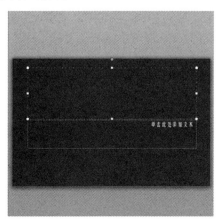

第2步 输入标题文本"述职报告"。

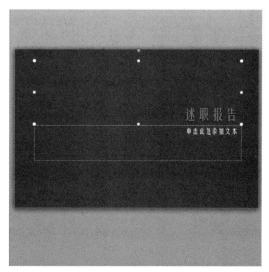

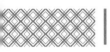

第3步 选择副标题文本占位符，在副标题文本框中输入文本"述职人：苏××"，按【Enter】键换行，并输入" 2016 年 6 月 21 日"。

11.4.2 在文本框中输入内容

在演示文稿的文本框中输入内容来完善述职报告的具体操作步骤如下。

第1步 打开随书光盘中的文件"素材 \ch11\ 前言.txt"。选中记事本中的文字，按【Ctrl+C】组合键，复制所选内容。

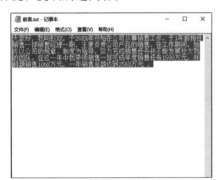

第2步 回到 PPT 演示文稿中，新建一张【仅标题】幻灯片，将鼠标光标置于幻灯片中的空白处，按【Ctrl+V】组合键，将复制的内容粘贴至文本占位符内。

第3步 在"标题"文本占位符内输入"前言"文本。

11.4.3 设置字体

PowerPoint 默认的【字体】为"宋体"，【字体颜色】为"黑色"，在【开始】选项卡下的【字体】选项组中或【字体】对话框的【字体】选项卡中可以设置字体、字号及字体颜色等。具体操作步骤如下。

第1步 选中第 1 张幻灯片页面中的"述职报告"标题文本内容，单击【开始】选项卡下【字体】选项组中的【字体】按钮的下拉按钮 ，在弹出的下拉列表中设置【字体】为"华文楷体"。

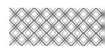

第2步 单击【开始】选项卡下【字体】选项组中的【字号】按钮的下拉按钮，在弹出的下拉列表中设置【字号】为"66"。

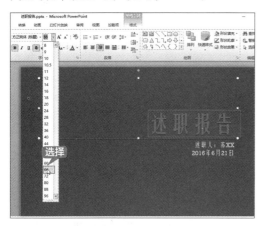

第3步 单击【开始】选项卡下【字体】选项组中的【字体颜色】按钮▲的下拉按钮，在弹出的下拉列表中选择一种颜色即可。

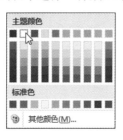

第4步 把鼠标指针放在标题文本占位符的四周控制点上，按住鼠标左键调整文本占位符的大小，并根据需要调整位置，然后根据需要设置幻灯片首页中其他内容的字体。

第5步 选择"前言"幻灯片页面，重复上述操作步骤设置标题内容的【字体】为"华文新魏"，【字号】为"40"，并设置正文内容的【字体】设置为"华文楷体"，设置【字号】为"20"，并根据需要调整文本框的大小与位置，效果如图所示。

11.4.4 设置对齐方式

段落对齐方式包括左对齐、右对齐、居中对齐、两端对齐和分散对齐等，不同的对齐方式可以达到不同的效果。

第1步 选择第1张幻灯片页面，选中"述职报告"标题文本内容，单击【开始】选项卡下【段落】选项组中的【居中对齐】按钮。同上，把副标题文本设置为【左对齐】。

第2步 效果如图所示。

第3步 此外，还可以使用【段落】对话框设置对齐方式，选择副标题文本框中的内容，单击【开始】选项卡下【段落】选项组中的【段

落设置】按钮，弹出【段落】对话框，在【常规】区域设置【对齐方式】为"右对齐"，单击【确定】按钮。

第4步 设置后的效果如图所示。

11.4.5 设置文本的段落缩进

段落缩进指的是段落中的行相对于页面左边界或右边界的位置。段落文本缩进的方式有首行缩进、文本之前缩进和悬挂缩进3种。设置段落文本缩进的具体操作步骤如下。

第1步 选择第2张幻灯片页面，将文本的颜色设置为"浅蓝色"，将鼠标光标定位在要设置段落缩进的段落中，单击【开始】选项卡下【段落】选项组右下角的【段落设置】按钮。

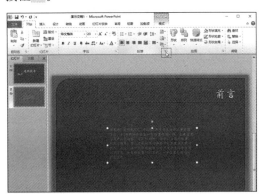

第2步 弹出【段落】对话框，在【缩进和间距】选项卡下【缩进】区域中单击【特殊格式】右侧的下拉按钮，在弹出的下拉列表中选择【首行缩进】选项。

第3步 在【间距】区域中单击【行距】右侧的下拉按钮，在弹出的下拉列表中选择【1.5倍行距】选项，单击【确定】按钮。

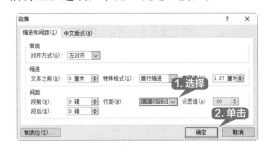

第4步 设置后的效果如图所示。

11.5 添加项目符号和编号

添加项目符号和编号可以美化文档，精美的项目符号、统一的编号样式可以使述职报告变得更生动、专业。

11.5.1 为文本添加项目符号

项目符号就是在一些段落的前面加上完全相同的符号。具体操作步骤如下。

1. 使用【开始】选项卡

第1步 新建一张【仅标题】幻灯片，打开随书光盘中的"素材\ch11\工作业绩.txt"文件，并把文本内容复制到幻灯片内。

第2步 在"标题"文本框中，输入"一、主要工作业绩"文本。

第3步 选择幻灯片页面中的标题内容，设置【字体】为"华文新魏"，【字号】为"40"，对齐方式为【文本左对齐】。选择正文内容，设置【字体】为"华文楷体"，【字号】为"20"，并调整文本框的大小和位置，效果如图所示。

第4步 单击【开始】选项卡下【段落】组中的【项目符号】按钮 ≡ ▾ 右侧的下拉按钮，在弹出的下拉列表中将鼠标指针放置在某个项目符号上即可预览效果。

第5步 单击选择一种项目符号类型，即可将其应用至选择的段落内。

2. 使用鼠标右键

用户还可以选中要添加项目符号的文本内容，单击鼠标右键，然后在弹出的快捷菜单中选择【项目符号】选项，在其下一级子菜单中也可以选择项目符号类型。

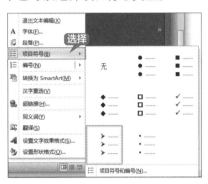

在下拉列表中选择【项目符号和编号】→【项目符号和编号】选项，即可打开【项目符号和编号】对话框，单击【自定义】按钮，在打开的【符号】对话框中即可选择其他符号等作为项目符号。

11.5.2 为文本添加编号

可以按照大小顺序为文档中的行或段落添加编号。具体操作步骤如下。

1. 使用【开始】选项卡

第1步 新建一张【仅标题】幻灯片，选择要添加编号的文本，打开随书光盘中的"素材\ch11\主要职责.txt"文件，把内容复制粘贴到幻灯片内，并输入标题"二、主要职责"。

第2步 选择幻灯片页面中的标题内容，设置【字体】为"华文新魏"，【字号】为"40"对齐方式为【文本左对齐】。选择正文内容，

设置【字体】为"华文楷体"，【字号】为"20"，并调整文本框的大小和位置，效果如图所示。

第3步 选择文本内容，单击【开始】选项卡下的【段落】组中的【编号】按钮右侧的下拉按钮，在弹出的下拉列表中选择一种编号样式。

第4步 即可为选择的段落添加编号，效果如图所示。

|提示|

单击【定义新编号格式】选项，可定义新的编号样式。单击【设置编号值】选项，可以设置编号起始值。

2. 使用快捷菜单

第1步 新建一张【仅标题】幻灯片，打开随书光盘中的"素材 \ch11\ 存在问题及解决方案 .txt"文件，把内容复制粘贴到第 5 张幻灯片，并输入标题"三、存在问题及解决方案"。

第2步 选择幻灯片页面中的标题内容，设置【字体】为"华文新魏"，【字号】为"40"对齐方式为【文本左对齐】。选择正文内容，设置【字体】为"华文楷体"，【字号】为"20"，并调整文本框的大小和位置，效果如下图所示。

第3步 选择"存在问题"文本，单击【开始】选项卡下【字体】选项组中的【字体】按钮 ，弹出的【字体】对话框，在【字体】选项卡下设置【中文字体】为"华文楷体"，【大小】为"24"，设置【字体颜色】为"蓝色"，设置完成，单击【确定】按钮。

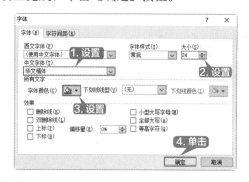

第4步 重复上述操作步骤，设置"解决方案："文本，效果如图所示。

第5步 选择幻灯片中"存在问题"下的正文内容，单击鼠标右键，在弹出的快捷菜单中选择【编号】选项，在其下一级子菜单中选择一种编号样式。

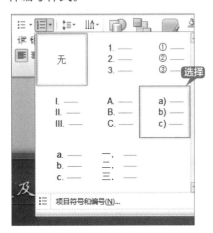

第6步 即可为选择的段落添加编号，使用同样的方法为"解决方案"下的文本添加编号，效果如下图所示。

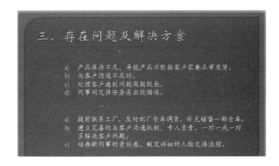

第7步 重复上述操作，新建一张【仅标题】幻灯片，在标题文本框内输入"五、后期计划"文本，并复制随书光盘中的"素材\ch11\后期计划.txt"文本内容到幻灯片内，并设置文本格式，添加编号，效果如图所示。

11.6 幻灯片的图文混排

在制作个人述职报告时插入适当的图片，并根据需要调整图片的大小为图片设置样式，并添加艺术效果，可以达到图文并茂的要求。

11.6.1 插入图片

在制作述职报告时，插入适当的图片，可以为文本进行说明或强调。具体操作步骤如下。

第1步 选择第3张幻灯片页面，单击【插入】选项卡下【图像】选项组中的【图片】按钮。

第2步 弹出【插入图片】对话框，选中需要的图片，单击【插入】按钮。

第3步 即可将图片插入幻灯片中。

11.6.2 图片和文本框排列方案

在个人述职报告中插入图片后，选择好的图片和文本框的排列方案，可以使报告看起来更美观整洁。具体操作步骤如下。

第1步 分别选择插入的图片，按住鼠标左键拖曳，将插入的图片分散横向排列。

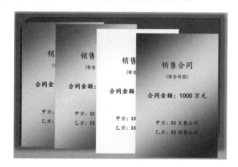

第2步 同时选中插入的4张图片，单击【开始】选项卡下【绘图】组中的【排列】按钮的下拉按钮，在弹出的下拉列表中选择【对齐】→【横向分布】选项。

第3步 选择的图片即可在横向上等分对齐排列。

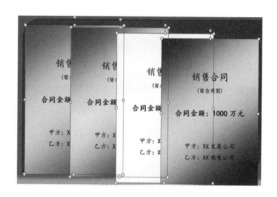

第4步 单击【开始】选项卡下【绘图】组中的【排列】按钮的下拉按钮，在弹出的下拉列表中选择【对齐】→【底端对齐】选项。

第5步 图片即可按照底端对齐的方式整齐排列。

11.6.3 调整图片大小

在述职报告中，确定图片和文本框的排列方案之后，需要调整图片的大小来适应幻灯片的页码。具体操作步骤如下。

第1步 同时选中演示文稿中要调整的所有图片，把鼠标指针放在任一图片4个角的控制点上，按住左键鼠标并拖曳鼠标，即可更改图片的大小。

第2步 单击【开始】选项卡下【绘图】组中的【排列】按钮的下拉按钮，在弹出的下拉列表中选择【对齐】→【横向分布】选项。

第3步 即可把图片平均分布到幻灯片中。

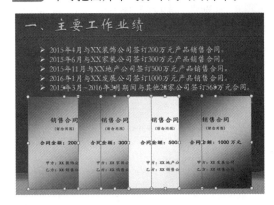

第4步 分别拖曳图片将图片移动至合适的位置，并调整文本框的大小，最终效果如图所示。

11.6.4 为图片设置样式

用户可以为插入的图片设置边框、图片版式等样式，使述职报告更加美观。具体操作步骤如下。

第1步 选择插入的图片，单击【图片工具】→【格式】选项卡下【图片样式】选项组中的【其他】按钮，在弹出的下拉列表中选择【简单框架，白色】选项。

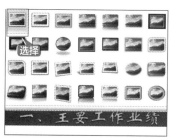

第2步 即可改变图片的样式。

第3步 单击【图片工具】→【格式】选项卡下【图片样式】组中的【图片边框】按钮右侧的下拉按钮，在弹出的下拉列表中，选择【粗细】→【1.5磅】选项。

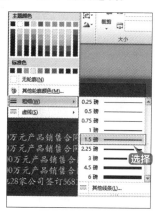

第4步 即可更改图片边框的粗细。

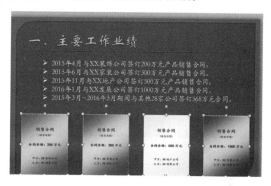

第5步 单击【图片工具】→【格式】选项卡下【图片样式】组中的【图片边框】按钮右侧的下拉按钮，在弹出的下拉列表中，选择【主题颜色】→【绿色，强调文字颜色 1，深色 50%】选项。

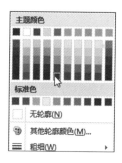

第6步 即可更改图片的边框颜色。

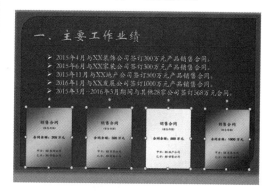

第7步 单击【图片工具】→【格式】选项卡下【图片样式】组中的【图片效果】按钮

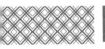
移至此右侧的下拉按钮，在弹出的下拉列表中选择【阴影】→【外部】组中的【向右偏移】选项。

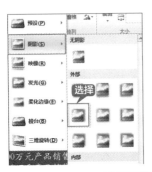

第8步 完成设置图片样式的操作，最终效果如图所示。

11.6.5 为图片添加艺术效果

对插入的图片进行更正、调整等艺术效果的编辑，可以使图片更好地融入述职报告的氛围中。具体操作步骤如下。

第1步 选中一张插入的图片，单击【图片工具】→【格式】选项卡下【调整】组中【更正】按钮 ❀ 更正▼ 右侧的下拉按钮，在弹出的下拉列表中选择【亮度：0%（正常）对比度：−20%】选项。

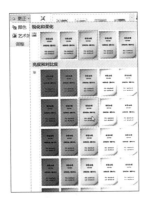

第2步 即可改变图片的锐化／柔化以及亮度／对比度。

第3步 单击【图片工具】→【格式】选项卡下【调整】选项组中【颜色】按钮 ❀颜色▼ 右侧的下拉按钮，在弹出的下拉列表中选择【饱和度：200%】选项。

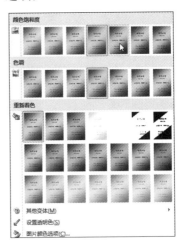

第4步 即可改变图片的色调色温。

第5步 单击【图片工具】→【格式】选项卡下【调整】选项组中【艺术效果】按钮 艺术效果，右侧的下拉按钮，在弹出的下拉列表中选择【图样】选项。

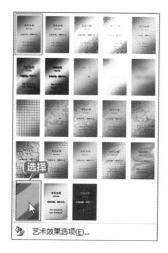

第6步 即可为图片添加艺术效果。

第7步 重复上述操作步骤，为剩余的图片添加艺术效果，如图所示。

11.7 添加数据表格

PowerPoint 2010 中可以插入表格使述职报告中要传达的信息更加简单明了，并可以为插入的表格设置表格样式。

11.7.1 插入表格

在 PowerPoint 2010 中插入表格的方法有利用菜单命令插入表格、利用对话框插入表格和绘制表格 3 种。

1. 利用菜单命令

利用菜单命令插入表格是最常用的插入表格的方式。利用菜单命令插入表格的具体操作步骤如下。

第1步 在第 5 张幻灯片后新建【仅标题】幻灯片，输入标题"四、团队建设"内容，并设置文本格式。单击【插入】选项卡下【表格】选项组中的【表格】按钮，在插入表格区域中选择要插入表格的行数和列数。

第2步 释放鼠标左键即可在幻灯片中创建7行5列的表格。

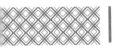

第3步 打开随书光盘中的"素材\ch11\团队建设.txt"文件，把内容复制在表格内。

第4步 选中第1行第2列至第5列的单元格。

第5步 单击【表格工具】→【布局】选项卡下【合并】组中的【合并单元格】按钮。

第6步 即可合并选中的单元格。

第7步 单击【表格工具】→【布局】选项卡下【对齐方式】组中的【居中】按钮，即可使文字居中显示。

第8步 重复上述操作步骤，根据表格内容合并需要合并的单元格。

2. 利用【插入表格】对话框

用户还可以利用【插入表格】对话框来插入表格，具体操作步骤如下。

第1步 将鼠标光标定位至需要插入表格的位置，单击【插入】选项卡下【表格】选项组中的【表格】按钮，在弹出的下拉列表中选择【插入表格】选项。

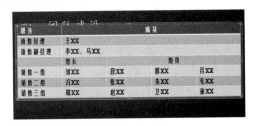

第2步 弹出【插入表格】对话框，分别在【行数】和【列数】微调框中输入行数和列数，单击【确定】按钮，即可插入一个表格。

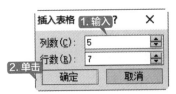

11.7.2 设置表格的样式

在 PowerPoint 2010 中可以设置表格的样式，使述职报告看起来更加美观。具体操作步骤如下。

第1步 选择表格，单击【表格工具】→【设计】选项卡下【表格样式】组中的【其他】按钮 ，在弹出的下拉列表中选择【深色样式 1-强调 1】选项。

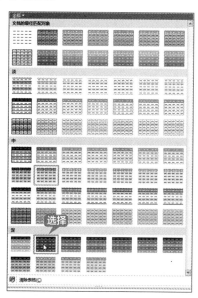

第2步 更改表格样式效果如图所示。

第3步 选择表格，单击【表格工具】→【设计】选项卡下【表格样式】组中的【效果】按钮右侧的下拉按钮，在弹出的下拉列表中选择【阴影】→【左上对角透视】选项。

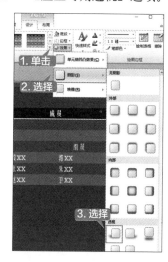

第4步 设置阴影后的效果如图所示。

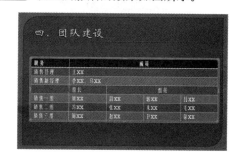

11.8 使用艺术字作为结束页

艺术字与普通文字相比，有更多的颜色和形状可以选择，表现形式更加多样化，在述职报告中插入艺术字可以达到锦上添花的效果。

11.8.1 插入艺术字

PowerPoint 2010 中插入艺术字作为结束页的结束语的具体操作步骤如下。

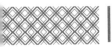
第1步 在末尾新建【空白】幻灯片，单击【插入】选项卡下【文本】选项组中的【艺术字】按钮▲，在弹出的下拉列表中选择一种艺术字样式。

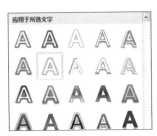

第2步 文档中即可弹出【请在此放置您的文字】艺术字文本框。

第3步 删除艺术字文本框内的文字，输入"谢谢！"文本内容。

第4步 选中艺术字，调整艺术字的边框，当

鼠标指针变为 ↖↘ 形状时，拖曳光标，即可改变文本框的大小，使艺术字处于文档的正中位置。

第5步 选中艺术字，单击【开始】选项卡下【字体】选项组，设置艺术字的【字号】为"96"。设置字号后的效果如下图所示。

11.8.2 更改艺术字样式

插入艺术字之后，可以更改艺术字的样式，使述职报告更加美观。具体操作步骤如下。

第1步 选中艺术字，单击【绘图工具】→【格式】选项卡下【艺术字样式】组中的【其他】按钮▼，在弹出的下拉列表中选择一种样式。

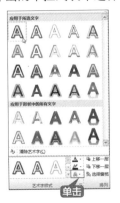

第2步 选中艺术字，单击【绘图工具】→【格式】选项卡下【艺术字样式】组中的【文本效果】按钮 ▲ 文本效果，在弹出的下拉列表中选择【阴影】选项组中的【左下斜偏移】选项。

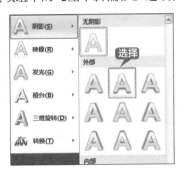

第3步 选中艺术字,单击【绘图工具】→【格式】选项卡下【艺术字样式】组中的【文本效果】按钮 ⒜文本效果▼,在弹出的下拉列表中选择【映像】→【映像变体】组中的【紧密映像,8pt 偏移量】选项。

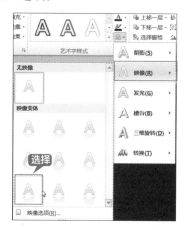

第4步 为艺术字添加映像的效果如图所示。

第5步 单击【绘图工具】→【格式】选项卡下【形状样式】组中的【形状填充】按钮 形状填充▼,在弹出的下拉列表中选择【绿色,强调文字颜色1,深色 25%】选项。

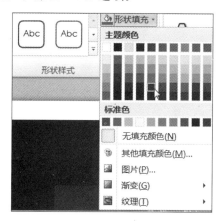

第6步 单击【绘图工具】→【格式】选项卡下【形状样式】组中的【形状填充】按钮 形状填充▼,在弹出的下拉列表中选择【渐变】→【深色

变体】组中的【线性向右】选项。

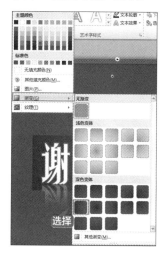

第7步 单击【绘图工具】→【格式】选项卡下【形状样式】组中的【形状效果】按钮 形状效果▼ 右侧的下拉按钮,在弹出的下拉列表中选择【映像】→【映像变体】组中的【半映像,8pt 偏移量】选项。

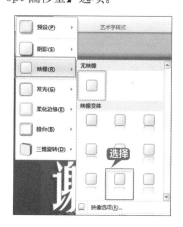

第8步 艺术字样式设置效果如图所示。

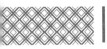
11.9 保存设计好的演示文稿

个人述职报告演示文稿设计并完成之后，需要进行保存。保存演示文稿有几种方法，具体操作步骤如下。

1. 保存演示文稿

单击快速访问工具栏中的【保存】按钮，在弹出的【另存为】对话框中，选择文件要保存的位置，在【文件名】文本框中输入 "述职报告"，并单击【保存】按钮，即可保存演示稿。

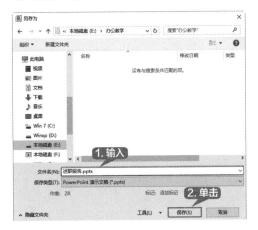

|提示|

首次保存演示文稿时，单击【文件】选项卡，选择【保存】选项或按【Ctrl+S】组合键，都会显示【另存为】区域，然后即可按照上方的操作保存新文档。

保存已经保存过的文档时，可以直接单击快速访问工具栏中的【保存】按钮，或选择【文件】→【保存】命令或按【Ctrl+S】组合键都可快速保存文档。

2. 另存演示文稿

如果需要将述职报告演示文稿另存至其他位置或以其他的名称保存，可以使用【另存为】选项。将演示文稿另存的具体操作步骤如下。

第1步 在已保存的演示文稿中，单击【文件】选项卡，在左侧的列表中单击【另存为】选项。

第2步 在弹出的【另存为】对话框中选择文档所要保存的位置，在【文件名】文本框中输入要另存的名称，例如，这里输入"个人述职报告 .pptx"，单击【保存】按钮，即可完成文档的另存操作。

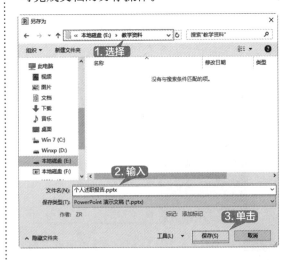

设计公司管理培训 PPT

与个人述职报告类似的演示文稿还有公司管理培训 PPT、企业发展战略 PPT 等。设计制作这类演示文稿时，都要做到内容客观、重点突出、个性鲜明，使公司能了解演示文稿的重点内容，并突出个人魅力。下面就以设计公司管理培训 PPT 为例进行介绍，具体操作步骤如下。

1. 新建演示文稿

新建空白演示文稿，为演示文稿应用主题，并设置演示文稿的显示比例。

2. 新建幻灯片

新建幻灯片，并在幻灯片内输入文本，设置字体格式、段落对齐方式、段落缩进等。

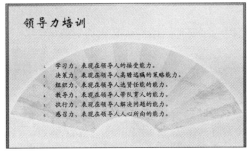

3. 添加项目符号

为文本添加项目符号与编号，并插入图片，为图片设置样式，添加艺术效果。

4. 添加数据表格

插入表格，并设置表格的样式。插入艺术字，对艺术字的样式进行更改，并保存设计好的演示文稿。

◇ 使用网格和参考线辅助调整版式

在 PowerPoint 2010 中使用网格和参考线，可以调整版式，提高 PPT 制作的效率，优化排版细节，丰富作图技巧。具体操作方法如下。

第1步 打开 PowerPoint 2010 软件，并新建一张空白幻灯片。

第2步 选中【视图】选项卡下【显示】选项组中的【网格线】复选框与【参考线】复选框，在幻灯片中即可出现网格线与参考线。

第3步 单击【插入】选项卡下【图像】组中的【图片】按钮，在弹出的【插入图片】对话框中，选择图片，单击【插入】按钮。

第4步 使用网格线与参考线，可以把图片整齐排列。

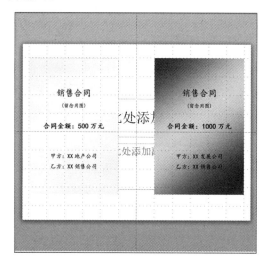

◇ **将常用的主题设置为默认主题**

将常用的主题设置为默认主题，可以提高操作效率。具体操作步骤如下。

第1步 打开"素材\ch11\自定义模板.pot"文件。单击【设计】选项卡下【主题】组中的【其他】按钮，在弹出的下拉列表中选择【保存当前主题】选项。

第2步 弹出【保存当前主题】对话框，在【文件名】文本框中输入文件名"公司模板"，单击【保存】按钮。

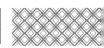

第3步 单击【设计】选项卡下【主题】组中的【其他】按钮▼，在弹出的下拉面板中右键单击【自定义】选项组下的【公司模板】选项，在弹出的快捷菜单中选择【设置为默认主题】选项，即可更改默认主题。

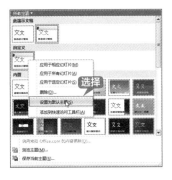

◇ 自定义图片项目符号

在演示文稿中用视图图片做项目符号可以更加清晰美观。具体操作步骤如下。

第1步 打开随书光盘中的"素材 \ch11\ 项目符号 .pptx"文件，选择文本框中的内容。单击【开始】选项卡下【段落】组中的【项目符号】按钮▤右侧的下拉按钮。

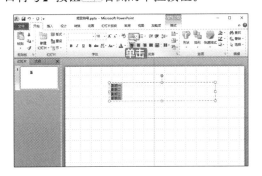

第2步 在弹出的下拉列表中选择【项目符号和编号】选项。

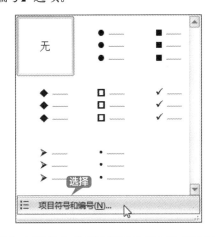

第3步 在弹出的【项目符号和编号】对话框中，选择【图片】按钮。

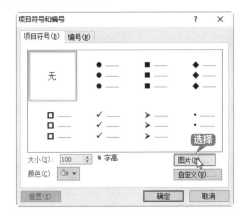

第4步 弹出【插入图片】窗口，用户可以选择本地图片与联网图片，这里我们选择【导入】按钮。

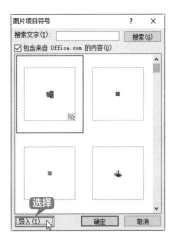

第5步 在弹出的【插入图片】对话框中，选择"素材\ch11\01.png"文件，单击【添加】按钮。

第6步 返回【图片项目符号】对话框，单击【确定】按钮，即可在演示文稿中插入自定义的图片项目符号。

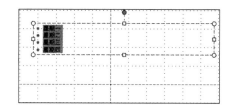

第12章
图形和图表的应用

⊜ 本章导读

    在职业生涯中，会遇到包含自选图形、SmartArt 图形和图表的演示文稿，如年终总结 PPT、企业发展战略 PPT、个人述职报告、设计公司管理培训 PPT 等。使用 PowerPoint 2010 提供的自定义幻灯片母版、插入自选图形、插入 SmartArt 图形、插入图表等操作，可以方便地对这些包含图形、图表的幻灯片进行设计制作。

◉ 思维导图

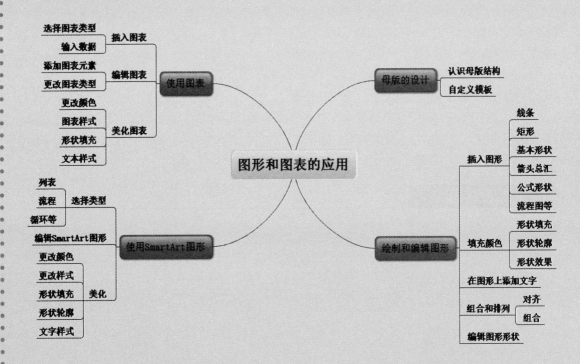

12.1 新年工作计划暨年终总结

设计新年工作计划暨年终总结 PPT 要做到内容客观、重点突出、气氛相融，便于领导更好地阅览总结的内容。

实例名称：制作新年工作计划暨年终总结	
实例目的：学习图形和图表的应用	
素材	素材 \ch12\ 本年度完成情况 .txt
结果	结果 \ch12\ 新年工作计划暨年终总结 .pptx
录像	视频教学录像 \12 第 12 章

12.1.1 案例描述

新年工作计划暨年终总结是一种以回顾一年来的工作、学习情况，通过分析总结经验和教训，引出规律性认识，以指导今后工作和实践活动的一种应用文体。年终总结的内容包括一年来的情况概述、成绩和经验教训、今后努力的方向。新年工作计划暨年终总结要做到以下几点。

(1) 内容客观

① 要围绕一年的工作、学习情况进行设计制作，紧扣内容。

② 必须基于事实依据，客观实在，不能夸夸其谈，夸大其词。

(2) 内容全面

① 在做年终总结时，要兼顾优点与缺点，总结取得的成功与存在的不足。

② 切忌"好大喜功"，对成绩大肆渲染，把小事说成大事，在总结过失时轻描淡写。在年终总结时应讲到工作中的不足和存在的实际问题。

(3) 数据直观

① 在年终总结中需要涉及多种数据。

② 用户要把这些数据做成直观、可视的图表。

年终总结从性质、时间、形式等角度可划分出不同类型的总结，按内容主要有综合总结和专题总结两种。本章以综合总结的角度，以新年工作计划暨年终总结为例介绍在 PPT 中应用图形和图表的操作。

12.1.2 设计思路

设计新年工作计划暨年终总结时可以按以下思路进行。

① 自定义模板，完成年终总结的 PPT 母版设计。

② 插入自选图形，绘制工作回顾页。

③ 添加表格，并对表格进行美化。

④ 使用 SmartArt 图形制作"取得原因和存在不足"页面。

⑤ 插入图片，放在合适的位置，调整图片布局，并对图片进行编辑、组合。

⑥ 插入自选图形并插入艺术字制作结束页。

12.1.3 涉及知识点

本案例主要涉及以下知识点。

① 自定义母版。

② 插入自选图形。

③ 插入表格。

④ 插入 SmartArt 图形。

⑤ 插入图片。

⑥ 插入艺术字。

12.2 PPT 母版的设计

幻灯片母版与幻灯片模板相似，用于设置幻灯片的样式，可制作演示文稿中的背景、颜色主题和动画等。

12.2.1 认识母版的结构

演示文稿的母版视图包括幻灯片母版、讲义母版和备注母版三种类型，包含标题样式和文本样式。

第1步 启动 PowerPoint 2010，即可新建空白演示文稿。

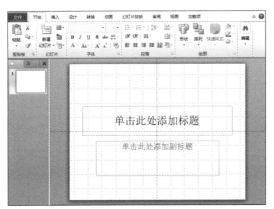

第2步 单击快速访问工具栏中的【保存】按钮 🖫，在弹出的【另存为】对话框中选择文

件要保存的位置，在【文件名】文本框中会自动生成演示文稿的首页标题内容"新年工作计划暨年终总结 .pptx"，并单击【保存】按钮，即可保存演示稿。

第3步 单击【视图】选项卡下【母版视图】组中的【幻灯片母版】按钮 ，即可进入幻灯片母版视图。

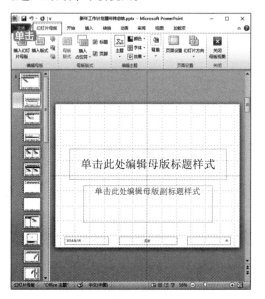

第4步 在幻灯片母版视图中，主要包括左侧的幻灯片窗口和右侧的幻灯片母版编辑区域，在幻灯片母版编辑区域中包含页眉、页脚、标题与文本框。

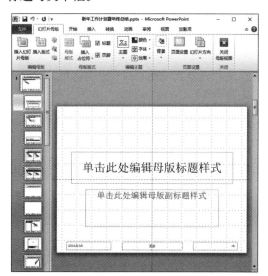

12.2.2 自定义模板

自定义母版可以为整个演示文稿设置相同的颜色、字体、背景和效果等。具体操作步骤如下。

第1步 在左侧的幻灯片窗格中选择第1张幻灯片，单击【插入】选项卡下【图像】组中的【图片】按钮 。

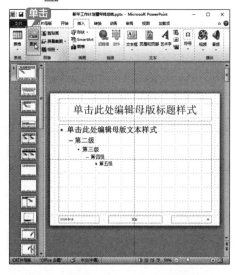

第2步 弹出【插入图片】对话框，选择"01.jpg"文件，单击【插入】按钮。

第3步 图片即可插入到幻灯片母版中。

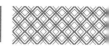

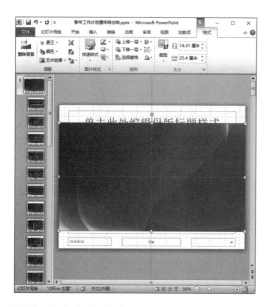

第4步 把鼠标指针移动到图片 4 个角的控制点上，当鼠标指针变为 ↖ 时拖曳图片右下角的控制点，把图片放大到合适的大小。

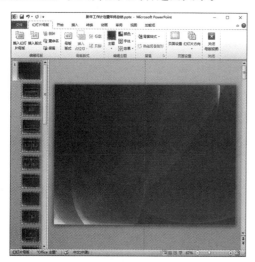

第5步 在幻灯片上单击鼠标右键，在弹出的快捷菜单中选择【置于底层】→【置于底层】选项。

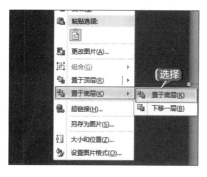

第6步 即可把图片置于底层，使文本占位符显示出来。

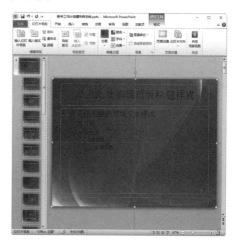

第7步 选中幻灯片标题中的文字，单击【开始】选项卡下【字体】组中设置【字体】为"华文行楷"，设置【字号】为"44"，【字体颜色】为"白色"。

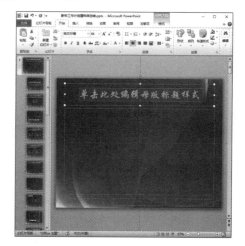

第8步 重复上述操作设置正文字体格式，设置【字体】为"华文楷体"，【字号】为"32"，【字体颜色】为"白色"。

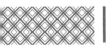
第9步 再次单击【插入】选项卡下【图像】组中的【图片】按钮，弹出【插入图片】对话框，选择"06.png"文件，单击【插入】按钮，将图片插入到演示文稿中。

设置图片属性，具体操作步骤如下。

第1步 选择插入的图片，当鼠标指针变为形状时，按住鼠标左键将其拖曳到合适的位置，释放鼠标左键。

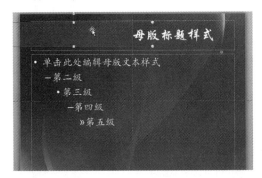

第2步 在图片上单击鼠标右键，在弹出的快捷菜单中选择【置于底层】→【下移一层】选项，将图片下移一层。

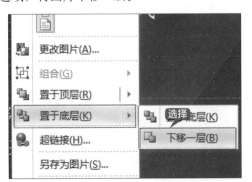

第3步 根据需要调整标题文本框的位置。

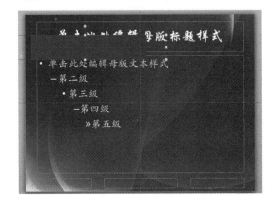

第4步 在幻灯片窗口中，选择第二张幻灯片，在【幻灯片母版】选项卡下【背景】组中，选中【隐藏背景图形】复选框，隐藏背景图形。

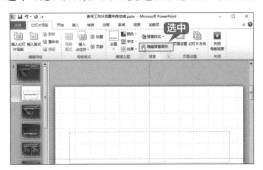

第5步 单击【插入】选项卡下【图像】组中的【图片】按钮，弹出【插入图片】对话框，选择图片"01.jpg"，单击【插入】按钮，即可使图片插入幻灯片中。

第6步 根据需要调整图片的大小，并将插入的图片置于底层，此时完成自定义幻灯片母版的操作。

第7步 单击【幻灯片母版】选项卡下【关闭】组中的【关闭母版视图】按钮，关闭母版视图，返回至普通视图。

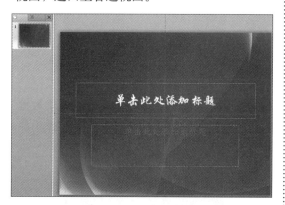

在插入自选图形之前，首先需要制作新年工作计划暨年终总结的首页、目录页面。

第1步 在首页幻灯片中，删除所有的文本占位符。

第2步 单击【插入】选项卡下【文本】选项组中的【艺术字】按钮，在弹出的下拉列表中选择一种艺术字样式。

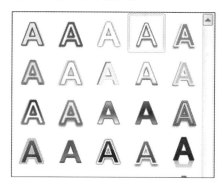

第3步 即可在幻灯片页面插入【请在此放置您的文字】艺术字文本框。

第4步 删除艺术字文本框内的文字，输入"新年工作计划暨年终总结"文本内容。

第5步 选中艺术字，单击【绘图工具】→【格式】选项卡下【艺术字样式】组中的【本文填充】按钮▲文本填充·右侧的下拉按钮，在弹出的【主题颜色】面板中选择一种颜色。

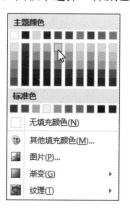

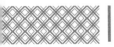

第6步 单击【绘图工具】→【格式】选项卡下【艺术字样式】组中的【文本效果】按钮 右侧的下拉按钮，在弹出的下拉列表中选择【映像】选项组中的【紧密映像，接触】选项。

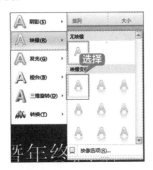

第7步 选择插入的艺术字，设置【字体】为"华文楷体"，【字号】为"66"，然后将鼠标指针放在艺术字的文本框上，按住鼠标左键并拖曳光标至合适位置，释放鼠标左键，即可完成对艺术字位置的调整。

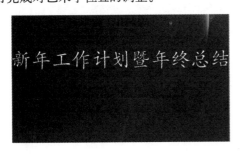

第8步 重复上述操作步骤，插入制作部门名称与日期的文本，并设置文本格式。并单击【开始】选项卡下【段落】组中的【右对齐】按钮，使艺术字右对齐显示。

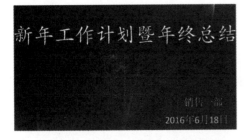

制作幻灯片目录页，具体操作步骤如下。

第1步 单击【开始】选项卡下【幻灯片】组中的【新建幻灯片】按钮的下拉按钮，在弹出的列表中选择【标题和内容】选项。

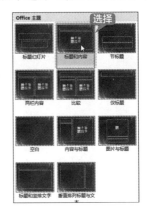

第2步 新建【标题和内容】幻灯片，在标题文本框中输入"目录"，并修改标题文本框的大小。

第3步 选择"目录"文本，单击【开始】选项卡下【段落】组中的【居中】按钮，使标题居中显示。

第4步 重复上面的操作步骤，在文档的文本框中输入相关内容。设置【字体】为"华文楷体"，【字号】为"32"，完成目录页制作，最终效果如图所示。

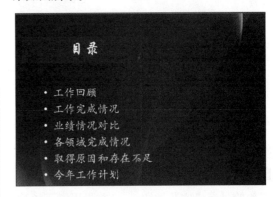

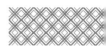

12.3 使用自选图形绘制工作回顾页

在新年工作计划暨年终总结演示文稿中绘制和编辑图形，可以丰富演示文稿的内容，美化演示文稿。

12.3.1 插入自选图形

在制作新年工作计划暨年终总结演示文稿时，需要在幻灯片中插入自选图形。具体操作步骤如下。

第1步 单击【开始】选项卡下【幻灯片】组中的【新建幻灯片】按钮的下拉按钮，在弹出的菜单中选择【仅标题】选项，新建一张幻灯片。

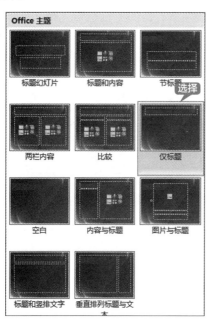

第2步 在【标题】文本框中输入"工作回顾"文本。

第3步 单击【插入】选项卡下【插图】组中的【形状】按钮，在弹出的下拉列表中选择【基本

形状】→【椭圆】选项。

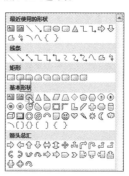

第4步 此时鼠标指针在幻灯片中的形状显示为 ✛，在幻灯片绘图区空白位置处单击，确定图形的起点，按住【Shift】键的同时拖曳鼠标指针至合适位置，释放鼠标左键与【Shift】键，即可完成绘制。

第5步 重复步骤 第3步 ~ 第4步 的操作，在幻灯片中依次绘制【椭圆】【右箭头】【菱形】以及【矩形】等其他自选图形。

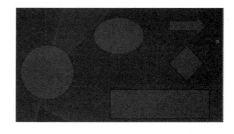

12.3.2 填充颜色

插入自选图形后，需要对插入的图形填充颜色，使图形与幻灯片氛围相融。具体操作步骤如下。

第1步 选择要填充颜色的基本图形，这里选择较大的"圆形"，单击【绘图工具】→【格式】选项卡下【形状样式】组中的【形状填充】按钮 形状填充· 右侧的下拉按钮，在弹出的下拉按钮中选择【浅蓝】选项。

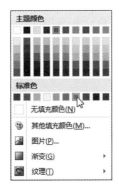

第2步 单击【绘图工具】→【格式】选项卡下【形状样式】组中的【形状轮廓】按钮 形状轮廓· 右侧的下拉按钮，在弹出的下拉按钮中选择【无轮廓】选项。

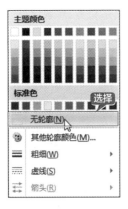

第3步 再次选择要填充颜色的基本图形，单击【绘图工具】→【格式】选项卡下【形状样式】组中的【形状填充】按钮 形状填充· 右侧的下拉按钮，在弹出的下拉按钮中选择【蓝色】选项。

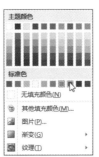

第4步 单击【绘图工具】→【格式】选项卡下【形状样式】组中的【形状轮廓】按钮 形状轮廓· 右侧的下拉按钮，在弹出的下拉按钮中选择【无轮廓】选项。

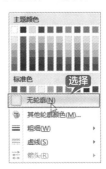

第5步 单击【绘图工具】→【格式】选项卡下【形状样式】组中的【形状填充】按钮右侧的下拉按钮，在弹出的下拉按钮中选择【渐变】→【深色变体】组中的【线性向左】选项。

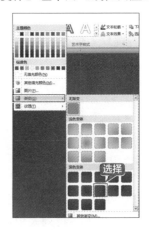

第6步 填充颜色完成后的效果如图所示。

填充颜色。

第7步 重复上述操作步骤，为其他自选图形

12.3.3 在图形上添加文字

设置好自选图形的颜色后，可以在自选图形上添加文字，具体操作步骤如下。

第1步 选择要添加文字的自选图形，单击鼠标右键，在弹出的快捷菜单中选择【编辑文字】选项。

第2步 即可在自选图形中显示光标，在其中输入相关的文字"1"。

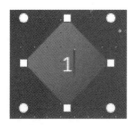

第3步 选择输入的文字，单击【字体】组中的【字体】按钮，在弹出的下拉列表中选择【华文楷体】字体。

第4步 单击【开始】选项卡下【字体】组中的【字号】按钮 18 右侧的下拉按钮，在弹出的下拉列表中选择"32"。

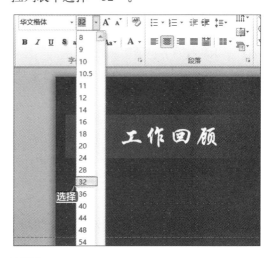

第5步 单击【开始】选项卡下【字体】组中的【字体颜色】按钮 A 右侧的下拉按钮，在弹出的【主题颜色】面板中选择一种颜色。

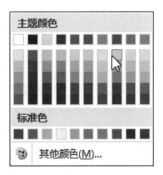

第6步 重复上述操作步骤，选择【矩形】自选图形，并单击鼠标右键，在弹出的快捷菜单中选择【编辑文字】选项，输入文字"完成××家新客户的拓展工作"，并设置字体格式。

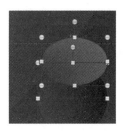

12.3.4 图形的组合和排列

用户绘制自选图形与编辑文字之后，要对图形进行组合与排列，使幻灯片更加美观。具体操作步骤如下。

第1步 选择要进行排列的图形，按住【Ctrl】键再次选择另一个图形，使两个图形同时选中。

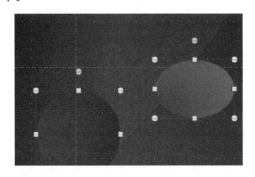

第2步 选择【绘图工具】→【格式】选项卡下【排列】组中的【对齐】按钮 右侧的下拉按钮，在弹出的下拉列表中选择【右对齐】选项。

第3步 使选中的图形靠右对齐。

第4步 再次选择【绘图工具】→【格式】选项卡下【排列】组中的【对齐】按钮的下拉按钮，在弹出的下拉列表中选择【上下居中】选项。

第5步 使选中的图形上下居中对齐。

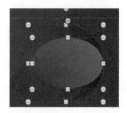

第6步 选择【绘图工具】→【格式】选项卡下【排列】组中的【组合】按钮 组合 ，右侧的下拉按钮，在弹出的下拉列表中选择【组合】选项。

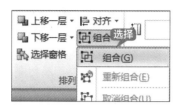

第7步 即可使选中的两个图形进行组合。拖曳鼠标指针，把图形移动到合适的位置。

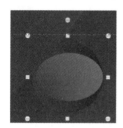

第8步 如果要取消组合，再次选择【绘图工具】→【格式】选项卡下【排列】组中的【组合】按钮 组合 ，右侧的下拉按钮，在弹出的下拉列表中选择【取消组合】选项。

第9步 即可取消图形的组合。

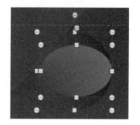

12.3.5 绘制不规则的图形——编辑图形形状

在绘制图形时，通过编辑图形的顶点来编辑图形。具体操作步骤如下。

第1步 选择要编辑的图形，单击【绘图工具】→【格式】选项卡下【插入形状】组中的【编辑形状】按钮 编辑形状 ，右侧的下拉按钮，在弹出的下拉列表中选择【编辑顶点】选项。

第2步 即可看到选择图形的顶点处于可编辑的状态。

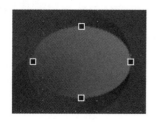

第3步 将鼠标指针放置在图形的一个顶点上，向上或向下拖曳鼠标指针至合适位置处释放鼠标左键，即可对图形进行编辑操作。

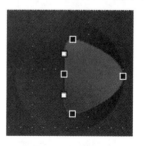

第4步 使用同样的方法编辑其余的顶点。

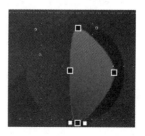

第5步 编辑完成后，在幻灯片空白位置单击即可完成对图形顶点的编辑。

第6步 重复上述操作，为其他自选图形编辑顶点。

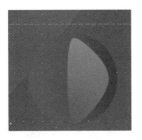

　　将所有图形组合为一个图形的具体操作如下。

第1步 在【格式】选项卡下的【形状样式】组中为自选图形填充渐变色。

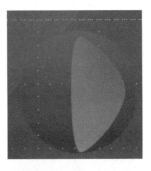

第2步 使用同样的方法插入新的【椭圆】形状。并根据需要设置填充颜色与渐变颜色。

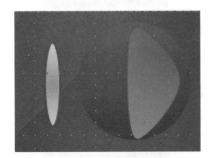

第3步 选择一个自选图形，按【Ctrl】键再

选择其余的图形，并释放鼠标左键与【Ctrl】键。

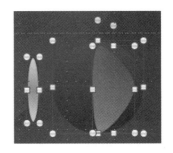

第4步 单击【绘图工具】→【格式】选项卡下【排列】组中【组合】按钮右侧的下拉按钮，在弹出的下拉列表中选择【组合】选项。

第5步 即可将选中的所有图形组合为一个图形。

　　插入图形形状，具体操作步骤如下。

第1步 选择插入的【右箭头】形状，将其拖曳至合适的位置。

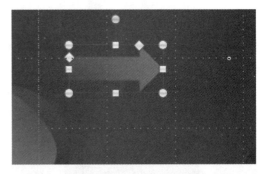

第2步 将鼠标指针放在图形上方的【旋转】

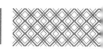

按钮上，按住鼠标左键向左拖曳鼠标，为图形设置合适的角度，旋转完成，释放鼠标左键即可。

第3步 选择插入的【菱形】形状，将其拖曳到【矩形】形状的上方。

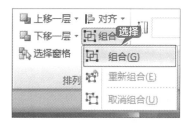

第4步 同时选中【菱形】形状与【矩形】形状，选择【绘图工具】→【格式】选项卡下【排列】组中的【组合】按钮右侧的下拉按钮，在弹出的下拉列表中选择【组合】选项。

第5步 即可组合选中的形状。

第6步 调整组合后的图形至合适的位置。

第7步 选择【右箭头】形状与组合后的形状，并对其进行复制粘贴。

第8步 调整【右箭头】形状的角度，并移动至合适的位置。

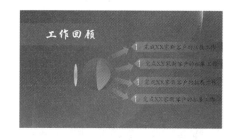

第9步 更改图形中的内容，就完成了工作回顾幻灯片页面的制作。

12.4 制作工作完成情况页

在 PowerPoint 2010 中插入图表，可以在新年工作计划暨年终总结演示文稿中制作工作完成情况页。

12.4.1 汇总本年度工作完成情况

在新年工作计划暨年终总结中插入图表，汇总本年度工作完成情况。具体操作步骤如下。

第1步 选择【开始】选项卡下【幻灯片】组中的【新建幻灯片】按钮，在弹出的下拉列表中选择【仅标题】选项。

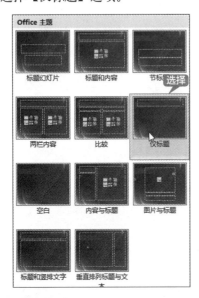

第2步 即可新建【仅标题】幻灯片页面。

第3步 在【标题】文本框中输入"本年度工作完成情况"文本。

第4步 单击【插入】选项卡下【表格】组中的【表格】按钮，在弹出的下拉列表中选择【插入表格】选项。

第5步 弹出【插入表格】对话框，设置【列数】为"5"，【行数】为"3"，单击【确定】按钮。

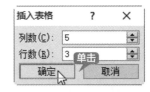

第6步 即可在幻灯片中插入表格。

第7步 将鼠标指针放在表格上，拖曳鼠标指针至合适位置处，即可调整图表的位置。

第8步 打开随书光盘中的"素材 \ch12\ 本年度完成情况 .txt"文件，把内容复制粘贴进表格中，即可完成表格的创建。

设置表格属性，具体操作步骤如下。

第1步 选择【表格工具】→【设计】选项卡下【表

格样式】组中的【其他】按钮 ，在弹出的下拉列表中选择一种表格样式。

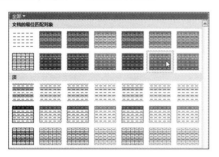

第2步 即可改变表格的样式。

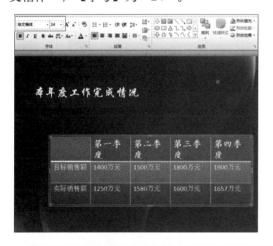

第3步 选择表格第一行的文字，单击【开始】选项卡下【字体】组中设置【字体】为"华文楷体"，【字号】为"24"。

第4步 重复上面的操作步骤，为其余的表格内容设置【字体】为"楷体"，【字号】为"20"，效果如图所示。

第5步 选择整个表格，单击【开始】选项卡下【段落】组中的【居中】按钮，使表格中的字体居中显示。

第6步 选择表格，在【表格工具】→【布局】选项卡下的【单元格大小】组中可以设置表格的【高度】与【宽度】选项。

第7步 即可调整表格的行高与列宽。

12.4.2 使用条形图对比去年业绩情况

在新年工作计划暨年终总结演示文稿中，插入条形图，可以清晰地对比去年与今年的业绩情况。具体操作步骤如下。

第1步 单击【开始】选项卡下【幻灯片】组中的【新建幻灯片】按钮，在弹出的下拉列表中选择【仅标题】选项。

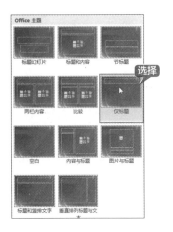

第2步 即可新建【仅标题】幻灯片页面。

第3步 在【标题】文本框中输入"对比去年业绩情况"文本。

第4步 单击【插入】选项卡下【插图】组中的【图表】按钮，弹出【插入图表】对话框，在【所有图表】选项卡下选择【柱形图】选项，在右侧选择【簇状柱形图】选项，单击【确定】按钮。

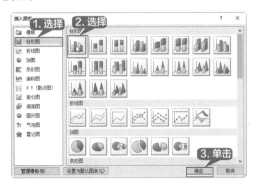

第5步 即可在幻灯片中插入图表，并打开【Microsoft PowerPoint 中的图表】工作表。

添加图表样式的具体操作如下。

第1步 打开随书光盘中的"素材 \ch12\ 对比去年业绩情况.txt"文件，根据文本内容，在工作表中输入相关的数据。在完成数据的输入后，拖曳鼠标指针选择数据源，并删除多余的内容。

	A	B	C
1		去年销售额	今年销售额
2	第一季度	1100	1250
3	第二季度	1600	1580
4	第三季度	1410	1600
5	第四季度	1570	1657
6			

第2步 关闭【Microsoft PowerPoint 中的图表】工作表，即可完成插入图表的操作。

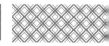
第3步 单击【设计】选项卡下【图表样式】组中的【其他】按钮，在弹出的下拉列表中选择一种样式。

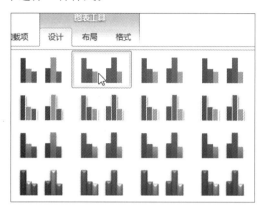

第4步 即可添加图表样式，调整图表的大小与位置的效果如图所示。

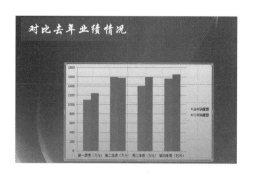

第5步 选择表格，设置【图表标题】为"对比去年业绩情况"。

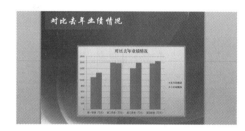

12.4.3 使用饼状图展示各领域完成情况

饼状图的形象直观，可以直接以图形的方式显示各个组成部分的所占比例。使用饼状图展示各领域完成情况的具体操作步骤如下。

第1步 单击【开始】选项卡下【幻灯片】组中的【新建幻灯片】按钮，在弹出的下拉列表中选择【仅标题】选项。

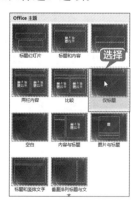

第2步 即可新建【仅标题】幻灯片页面。

第3步 在【标题】文本框中输入"各领域完成情况"文本。

第4步 单击【插入】选项卡下【插图】组中的【图表】按钮，弹出【插入图表】对话框，在【所有图表】选项卡下选择【饼图】选项，在右侧选择【三维饼图】选项，单击【确定】按钮。

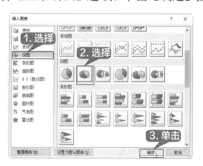

第5步 即可在幻灯片中插入图表，并打开【Microsoft PowerPoint 中的图表】工作表。

第6步 打开随书光盘中的"素材 \ch12\ 各领域完成情况 .txt"文件，根据文本内容，在工作表中输入相关的数据。在完成数据的输入后，拖曳鼠标选择数据源，并删除多余的内容。

	A	B
1	地区	销售额
2	东北	18.21%
3	华北	31.14%
4	华中	21.90%
5	华南	11.17%
6	西北	9.56%
7	西南	8.02%

第7步 关闭【Microsoft PowerPoint 中的图表】工作表，即可完成插入图表的操作。

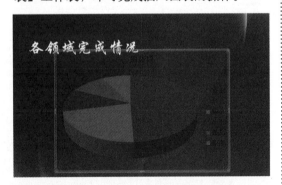

设置饼状图形样式，具体操作步骤如下。

第1步 单击【设计】选项卡下【图表样式】组中的【其他】按钮，在弹出的下拉列表中选择一种样式。

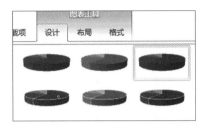

第2步 即可添加图表样式，调整图表的大小与位置的效果如图所示。

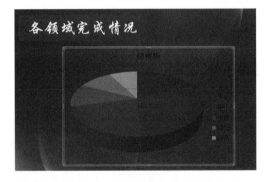

第3步 选择表格，设置【图表标题】为"各领域完成情况"。

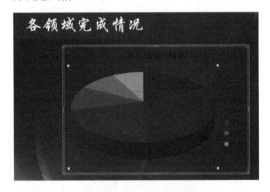

第4步 选择创建的图表，单击【图表工具】→【布局】选项卡下【标签】组中的【数据标签】按钮。

第5步 在弹出的下拉列表中选择【数据标签

外】选项。

第6步 即可在图表中添加数据标签。

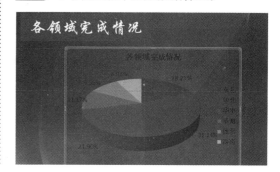

12.5 使用 SmartArt 图形制作"取得原因和存在不足"页面

SmartArt 图形是信息和观点的视觉表示形式，可以在多种不同的布局中创建 SmartArt 图形。SmartArt 图形主要应用在创建组织结构图、显示层次关系、演示过程或者工作流程的各个步骤或阶段、显示过程、程序或其他事件流及显示各部分之间的关系等方面。配合形状的使用，可以更加快捷地制作精美的演示文稿。

12.5.1 选择 SmartArt 图形类型

使用 SmartArt 图形主要分为列表、流程、循环、层次结构、关系、矩阵、棱锥图和图片等几大类。

第1步 单击【开始】选项卡下【幻灯片】组中的【新建幻灯片】按钮，在弹出的下拉列表中选择【仅标题】选项。

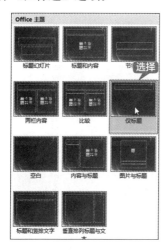

第2步 即可新建【仅标题】幻灯片页面，在【标题】文本框中输入"取得原因和存在不足"

文本。

第3步 单击【插入】选项卡下【插图】组中的【SmartArt】按钮。

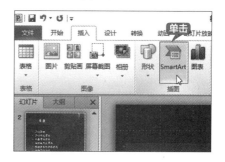

第4步 弹出【选择 SmartArt 图形】对话框，选择【列表】选项组中的【层次结构列表】选项，并单击【确定】按钮。

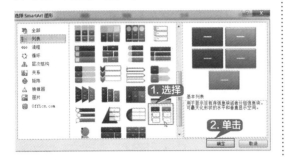

第5步 即可把 SmartArt 图形插入到幻灯片页面中。

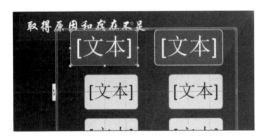

第6步 将鼠标指针放置在 SmartArt 图形上方，调整 SmartArt 图形的位置与大小。

12.5.2 编辑 SmartArt 图形

创建 SmartArt 图形之后，用户可以根据需要来编辑 SmartArt 图形。具体操作步骤如下。

第1步 选择创建的 SmartArt 图形，单击【SmartArt 工具】→【设计】选项卡下的【创建图形】组中的【添加形状】按钮。

第2步 在弹出的下拉列表中选择【在后面添加形状】选项。

第7步 打开随书光盘中的"素材\ch12\取得原因和存在不足"文档，将鼠标指针定位至第一个文本框中，在其中输入相关内容。

第8步 根据需要在其余的文档中输入相关文字，即可完成 SmartArt 图形的创建。

第3步 即可在图形中添加新的 SmartArt 形状，用户可以根据需要在新添加的 SmartArt 图形中添加图片与文本。

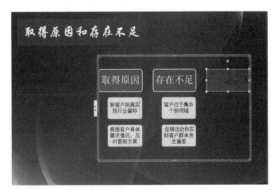

第4步 要删除多余的 SmartArt 图形时，选择要删除的图形，按【Delete】键即可删除。

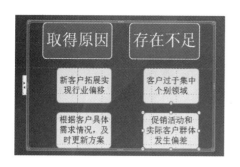

第5步 用户可以自主调整 SmartArt 图形的位置，选择要调整的 SmartArt 图形，单击【SmartArt 工具】→【设计】选项卡下【创建图形】组中的【上移】按钮，即可把图形上移一个位置。

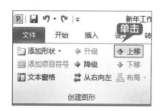

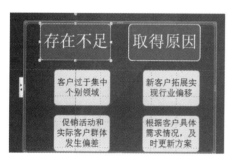

第6步 单击【下移】按钮，即可把图形下移一个位置。

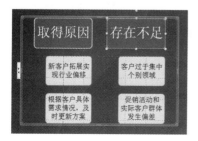

第7步 单击【SmartArt 工具】→【设计】选项卡下【布局】组中的【其他】按钮，在弹出的下拉按钮中，选择任意一个样式，可以调整图形的版式。

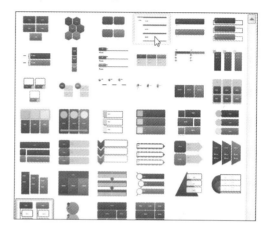

第8步 选择【线型列表】选项，即可更改 SmartArt 图形的版式。

第9步 重复 **第7步** 和 **第8步** 的操作，把 SmartArt 图形的版式变回【六边形群集】版式，即可完成编辑 SmartArt 图形的操作。

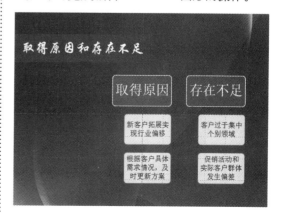

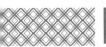

12.5.3 美化 SmartArt 图形

编辑完 SmartArt 图形，还可以对 SmartArt 图形进行美化。具体操作步骤如下。

第1步 选择 SmartArt 图形，单击【SmartArt 工具】→【设计】选项卡下【SmartArt 样式】组中的【更改颜色】按钮。

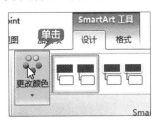

第2步 在弹出的下拉列表中，包含彩色、强调文字颜色1、强调文字颜色2、强调文字颜色3等多种颜色，这里选择【彩色】→【彩色范围－强调文字颜色2至3】选项。

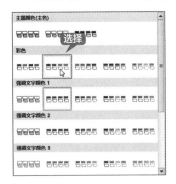

第3步 即可更改 SmartArt 图形的颜色。

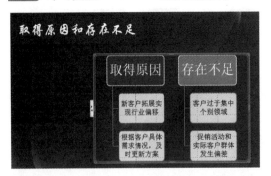

第4步 单击【SmartArt 工具】→【设计】选项卡下【SmartArt 样式】组中的【其他】按钮，在弹出的下拉列表中选择【三维】→【嵌入】选项。

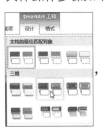

第5步 即可更改 SmartArt 图形的样式。

第6步 选择"取得原因"文本，在【开始】选项卡下【字体】组中设置【字体】为"华文楷体"，【字号】为"36"，效果如图所示。

第7步 设置其余的文本字体格式，效果如图所示。

12.6 图文混排——制作今年工作计划页

同时插入图片与文本进行图文混排制作今年工作计划页，可以进行加工提炼来体现形式美，并产生鲜明的视觉效果。

第1步 单击【开始】选项卡下【幻灯片】组中的【新建幻灯片】按钮，在弹出的下拉列表中选择【仅标题】选项。

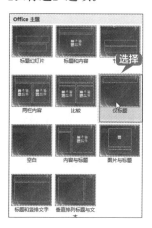

第2步 即可新建【仅标题】幻灯片页面，在【标题】文本框中输入"今年工作计划"文本。

第3步 打开随书光盘中的"素材\ch12\今年工作计划"文件，把内容复制粘贴到"今年工作计划"幻灯片内，并设置字体格式与段落格式，效果如图所示。

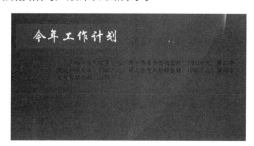

第4步 单击【插入】选项卡下【图像】组中的【图片】按钮，在弹出的【插入图片】对话框中，选择素材图片。

第5步 单击【插入】按钮，即可把选中的图片插入幻灯片内。

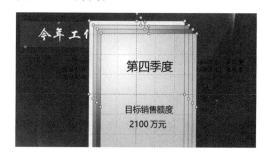

第6步 分别选择插入的图片，按住鼠标左键拖曳鼠标，将插入的图片分散横向排列。

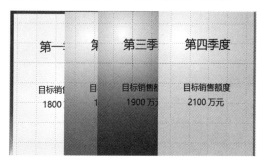

第7步 同时选中插入的4张图片，单击【开始】

选项卡下【绘图】组中的【排列】按钮的下拉按钮，在弹出的下拉列表中选择【对齐】→【横向分布】选项。

第8步 选择的图片即可在横向上等分对齐排列。

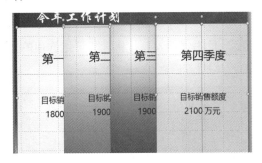

第9步 单击【开始】选项卡下【绘图】组中的【排列】按钮的下拉按钮，在弹出的下拉列表中选择【对齐】→【底端对齐】选项。

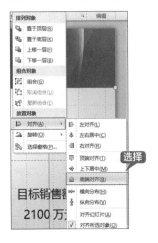

第10步 图片即可按照底端对齐的方式整齐排列。

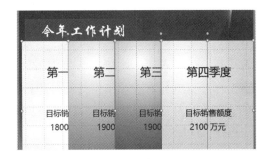

调整文本框大小，使图片适合文本框。具体操作步骤如下。

第1步 同时选中演示文稿中的图片，把鼠标指针放在任一图片4个角的控制点上，按住鼠标左键并拖曳鼠标，即可更改图片的大小。

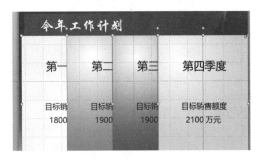

第2步 单击【开始】选项卡下【绘图】组中的【排列】按钮的下拉按钮，在弹出的下拉列表中选择【对齐】→【横向分布】选项。

第3步 即可把图片平均分布到幻灯片中。

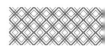

第4步 分别拖曳图片将图片移动至合适的位

置，并调整文本框的大小，最终效果如图所示。

12.7 使用自选图形制作结束页

制作年终总结结束页时，可以在幻灯片中插入自选图形，具体操作步骤如下。

第1步 单击【开始】选项卡下【幻灯片】组中的【新建幻灯片】按钮的下拉按钮，在弹出的下拉列表中选择【标题幻灯片】选项。

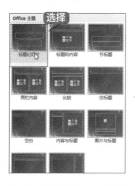

第2步 即可新建"标题"幻灯片页面，删除幻灯片中的文本占位符。

第3步 单击【插入】选项卡下【插图】组中的【形状】按钮，在弹出的下拉列表中选择【矩形】形状。

第4步 此时鼠标指针在幻灯片中的形状显示为＋，在幻灯片绘图区空白位置处单击，确定图形的起点，按住【Shift】键的同时拖曳鼠标指针至合适位置时，释放鼠标左键与【Shift】键，即可完成矩形的绘制。

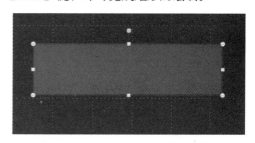

第5步 单击【格式】选项卡下【形状样式】组中的【形状填充】按钮 形状填充 右侧的下拉按钮，在弹出的下拉按钮中选择【白色，背景1】选项。

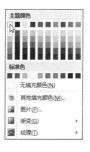

第6步 单击【格式】选项卡下【形状样式】组中的【形状轮廓】按钮 形状轮廓 右侧的下拉按钮，在弹出的下拉列表中选择【蓝色】选项。

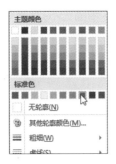

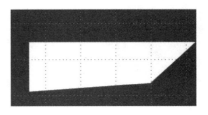

第7步 单击【绘图工具】→【格式】选项卡下【插入形状】组中【编辑形状】按钮右侧的下拉按钮，在弹出的下拉列表中选择【编辑顶点】选项。

第3步 重复上述操作步骤，插入新的自选图形，并设置形状样式、编辑顶点，效果如图所示。

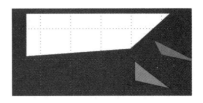

第8步 即可看到选择图形的顶点处于可编辑的状态。

第4步 单击【插入】选项卡下【文本】组中的【艺术字】按钮，在弹出的下拉列表中选择一种艺术字样式。

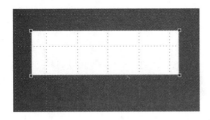

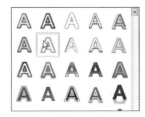

设置图形和艺术字属性，具体操作步骤如下。

第5步 即可在幻灯片页面中添加【请在此放置您的文字】文本框，并在文本框中输入"谢谢！"文本。

第1步 将鼠标指针放置在图形的一个顶点上，向上或向下拖曳鼠标指针至合适位置处释放鼠标左键，即可对图形进行编辑操作。

第6步 选择输入的艺术字，在【开始】选项卡下【字体】组中设置【字体】为"华文行楷"，【字号】为"96"，【字体颜色】为"蓝色，强调文字颜色5，深色50%"。

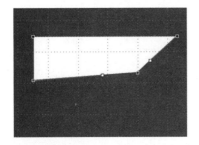

第2步 编辑完成后，在幻灯片空白位置单击即可完成对图形顶点的编辑。

第7步 调整自选图形与艺术字的位置和大小，即可完成对新年工作计划暨年终总结幻灯片的制作。

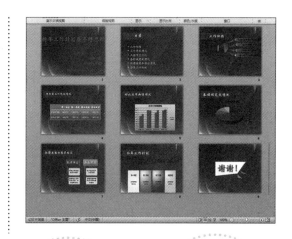

第8步 制作完成的新年工作计划暨年终总结 PPT 效果如图所示。

举一反三

设计企业发展战略 PPT

与新年工作计划暨年终总结类似的演示文稿还有设计企业发展战略 PPT、市场调查 PPT、年终销售分析 PPT 等。设计这类演示文稿时，可以使用自选图形、SmartArt 图形以及图表等来表达幻灯片的内容，不仅可以丰富幻灯片的内容，还可以更直观地展示数据。下面就以设计企业发展战略 PPT 为例进行介绍，具体操作步骤如下。

1. 设计幻灯片母版

新建空白演示文稿并进行保存，设置幻灯片母版。

2. 绘制和编辑图形

在幻灯片中插入自选图形并为图形填充颜色，在图形上添加文字，对图形进行排列。

3. 插入和编辑 SmartArt 图形

插入 SmartArt 图形，并进行编辑与美化。

4. 插入图表

在企业发展战略幻灯片中插入图表，并进行编辑与美化。

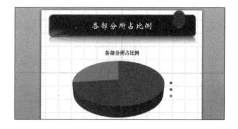

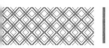

◇ 巧用【Ctrl】和【Shift】键绘制图形

在 PowerPoint 中使用【Ctrl】键与【Shift】键可以方便地绘制图形。具体操作方法如下。

第1步 在绘制长方形、加号、椭圆等具有重心的图形时，同时按住【Ctrl】键，图形会以重心为基点进行变化。如果不按【Ctrl】键，会以某一边为基点变化。

第2步 在绘制正方形、圆形、正三角形、正十字等中心对称的图形，可以按住【Shift】键，可以使图形等比绘制。

◇ 为幻灯片添加动作按钮

在幻灯片中适当地添加动作按钮，可以方便地对幻灯片的播放进行操作。具体操作步骤如下。

第1步 单击【插入】选项卡下【插图】组中的【形状】按钮，在弹出的下拉列表中选择【动作按钮】组中的【前进或下一项】按钮。

第2步 在幻灯片页面中绘制选择动作按钮自选图形。

第3步 绘制完成，弹出【动作设置】对话框，选中【超链接到】复选框，在其下拉列表中

选择【下一张幻灯片】选项，单击【确定】按钮，完成动作按钮的添加。

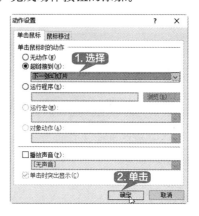

第4步 播放幻灯片时单击添加的动作按钮即可进行下一项。

◇ 将文本转换为 SmartArt 图形

将文本转换为 SmartArt 图形是一种将现有幻灯片转换为设计插图的快速方案，可以有效地传达演讲者的想法。具体操作步骤如下。

第1步 新建空白演示文稿，输入"SmartArt 图形"文本。

第2步 选中文本，单击【开始】选项卡下【段落】组中的【转换为 SmartArt】按钮，在弹出的下拉列表中选择一种 SmartArt 图形。

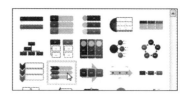

第3步 即可将文本转换为 SmartArt 图形。

第13章
动画和多媒体的应用

本章导读

动画和多媒体是演示文稿的重要元素，在制作演示文稿的过程中，适当地加入动画和多媒体可以使演示文稿变得更加精彩。演示文稿提供了多种动画样式，支持对动画效果和视频的自定义播放。本章就以制作 ×× 团队宣传 PPT 为例演示动画和多媒体在演示文稿中的应用。

思维导图

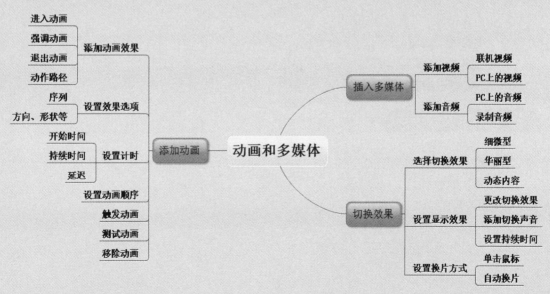

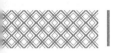

13.1 XX 团队宣传 PPT

　　××团队宣传 PPT 是为了对设计团队进行更好的宣传而制作的宣传材料，PPT 的好坏关系到团队的形象和宣传效果，因此应注重每张幻灯片中的细节处理。在特定的页面加入合适的过渡动画，会使幻灯片更加生动；也可为幻灯片加入视频等多媒体素材，以达到更好的宣传效果。

实例名称：制作 XX 团队宣传 PPT	
实例目的：掌握 PPT 中动画和多媒体的应用	
素材	素材 \ch13\XX 团队宣传 PPT.pptx
结果	结果 \ch13\XX 团队宣传 PPT.pptx
录像	视频教学录像 \13 第 13 章

13.1.1 案例概述

　　XX 团队宣传 PPT 包含团队简介、团队员工组成、设计理念、团队精神、团队文化几个主题，分别从各个方面对团队的情况进行介绍。XX 团队宣传 PPT 是宣传性质的文件，体现了设计团队的形象，因此，对团队宣传 PPT 的制作应该美观大方，观点明确。

13.1.2 设计思路

　　XX 团队宣传 PPT 的设计可以参照下面的思路。
　①设计 PPT 封面。
　②设计 PPT 目录页。
　③为内容过渡页添加过渡动画。
　④为内容添加动画。
　⑤插入多媒体。
　⑥添加切换效果。

13.1.3 涉及知识点

　　本案例主要涉及以下知识点。
　①幻灯片的插入。
　②动画的使用。
　③在幻灯片中插入多媒体文件。
　④为幻灯片添加切换效果。

13.2 设计团队宣传 PPT 封面页

团队宣传 PPT 的一个重要部分就是封面，封面的内容包括 PPT 的的名称和制作单位等，具体操作步骤如下。

第1步 打开随书光盘中的"素材 \ch13\ × × 团队宣传 PPT.pptx"演示文稿。

第2步 单击【开始】选项卡下【幻灯片】组中的【新建幻灯片】按钮的下拉按钮，在弹出的下拉列表中选择【标题幻灯片】选项。

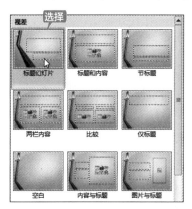

第3步 即可新建一张幻灯片页面，在导航栏中选中新建的幻灯片，按住鼠标左键拖动幻灯片至最开始位置，释放鼠标左键即可。

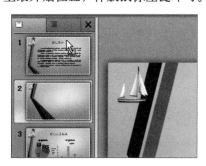

第4步 在新建的幻灯片内的主标题文本框内输入"× × 设计团队宣传 PPT"文本。

第5步 选中输入的文字，在【开始】选项卡下【字体】组中将【字体】设置为"楷体"，【字号】设置为"60"，并单击【文字阴影】按钮 ⑤ 为文字添加阴影效果。

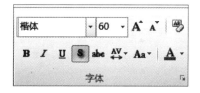

第6步 单击【开始】选项卡下【字体】组中的【字体颜色】的下拉按钮，在弹出的下拉菜单的【主题颜色】面板中选择【蓝色，强调文字颜色 1】选项。

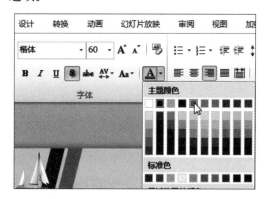

第7步 适当调整文本框大小和位置，即可完

成对标题文本的样式设置，效果如图所示。

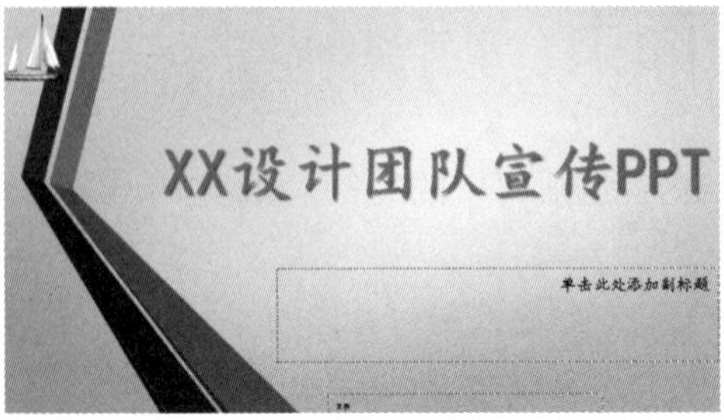

第 8 步 在副标题文本框内输入“× × 宣传小组制作”，使用上述方法为文字设置【字体】为“楷体”，【字号】为“28”，颜色为“黑色”，并添加“文字阴影”效果，适当调整文本位置，并删除【页脚】占位符，最终效果如图所示。

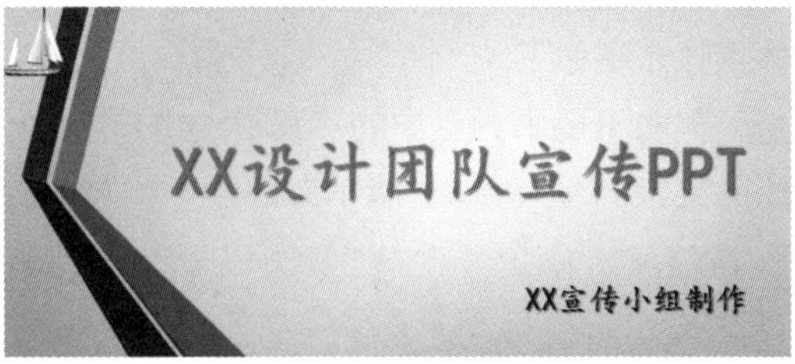

13.3 设计企业宣传 PPT 目录页

在为演示文稿添加完封面之后，需要为其添加目录页，具体操作步骤如下。

第 1 步 选中第 1 张幻灯片，单击【开始】选项卡下【幻灯片】组中的【新建幻灯片】按钮的下拉按钮，在弹出的下拉列表中选择【仅标题】选项。

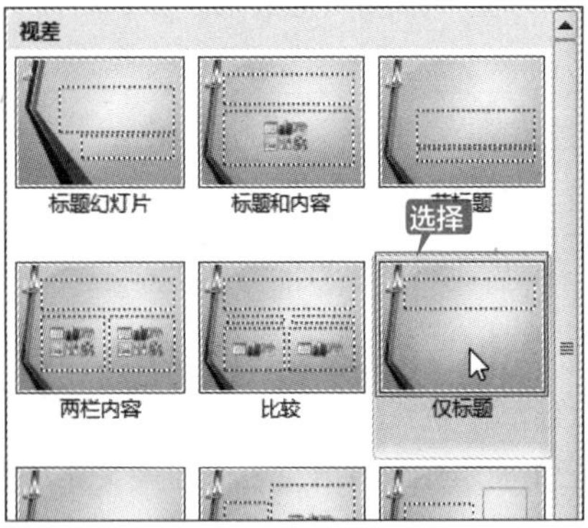

第 2 步 即可添加一张新的幻灯片，如图所示。

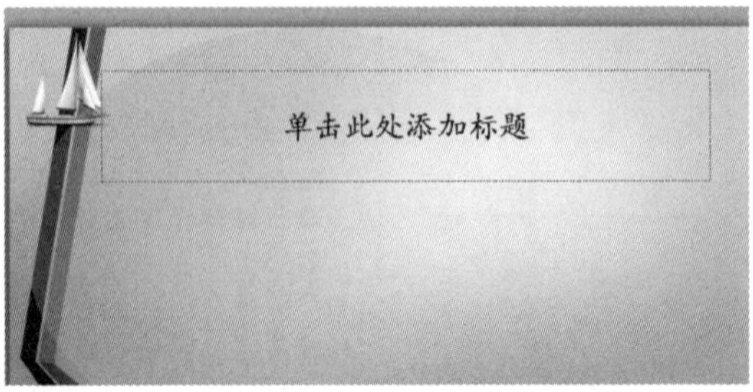

第 3 步 在幻灯片中的文本框内输入“目录”文本，并设置【字体】为“宋体”，【字号】为“36”，并添加“文字阴影”效果。适当调整文字位置并删除【页脚】占位符，设置后效果如图所示。

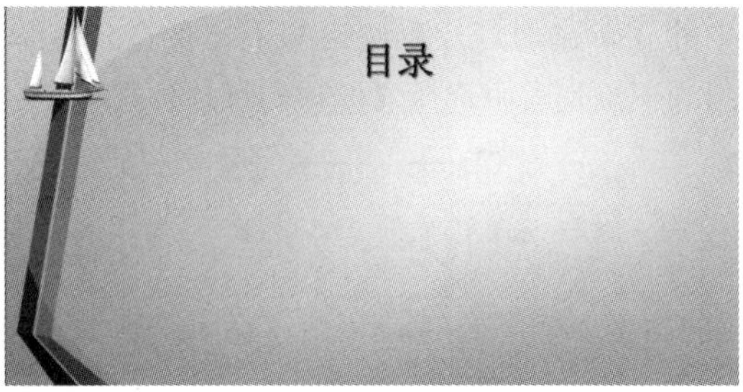

第 4 步 单击【插入】选项卡下【图像】组中的【图片】按钮。

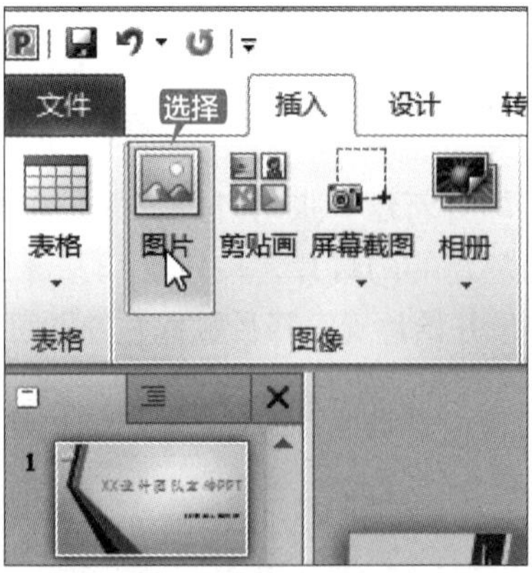

第 5 步 在弹出的【插入图片】对话框中选择随书光盘中的“素材\ch13\图片 1.png”图片，单击【插入】按钮。

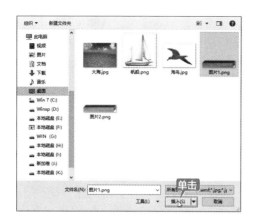

第6步 即可将图片插入幻灯片，适当调整图片大小，效果如图所示。

第7步 单击【插入】选项卡下【文本】组中的【文本框】按钮。

第8步 按住鼠标左键，在插入图片上拖动鼠标插入文本框，并在文本框内输入"1"，设置数字"1"【字体颜色】为"白色"，【字号】为"16"，并调整至图片中间位置，效果如图所示。

第9步 同时选中图片和数字，单击【格式】选项卡下【排列】组中的【组合】按钮 🔲 组合▼ ，在弹出的下拉列表中选择【组合】选项。

| 提示 |

组合功能可将图片和数字组合在一起，再次拖动图片，数字会随图片的移动而移动。

幻灯片中插入图形形状，具体步骤如下。

第1步 单击【插入】选项卡下【插图】组中的【形状】按钮，在弹出的下拉列表中选择【矩形】组中的【矩形】形状。

第2步 按住鼠标左键拖曳光标在幻灯片中插入矩形形状，效果如图所示。

第3步 单击【格式】选项卡下【形状样式】组中的【形状轮廓】按钮，在弹出的下拉列表中选择【无轮廓】选项。

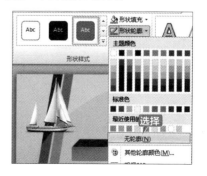

第4步 即可去除形状的轮廓，效果如图所示。

第5步 选中形状，在【格式】选项卡下【大小】组中设置形状的【高度】为"0.8厘米"，【宽度】为"11厘米"。

第6步 选择形状，单击鼠标右键，在弹出的快捷菜单中选择【设置形状格式】选项。

第7步 弹出【设置形状格式】对话框，选择【填充】选项卡，选中【填充】组内的【渐变填充】单选按钮，在【预设渐变】下拉列表中选择"中等渐变，个性色5"样式，【类型】设置为"线性"，【方向】设置为"线性向右"。

设置图形形状颜色，具体步骤如下。

第1步 选择【渐变光圈】中间的停止点，单击右侧的【删除渐变光圈】按钮。

第2步 选择最右侧的停止点，单击【颜色】按钮，在弹出的下拉菜单的【主题颜色】面板中选择【蓝色，强调文字颜色1，淡色80%】选项。

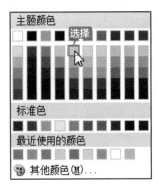

第3步 即可对形状应用该颜色，效果如图所示。

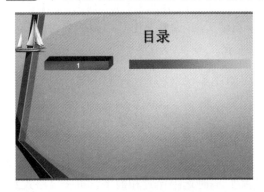

第4步 设置完成后关闭【设置形状格式】对话框，即可将形状的格式设置完成，效果如图所示。

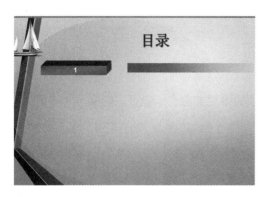

第5步 选中形状，单击鼠标右键，在弹出的快捷菜单中选择【编辑文字】选项。

第6步 在形状中输入"团队简介"文字，并设置文字【字体】为"宋体"，字号为"16"，【字体颜色】为"蓝色"，【对齐方式】设置为"居中对齐"，效果如图所示。

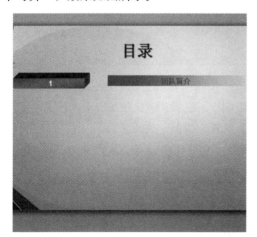

第7步 选中插入的图片，单击鼠标右键，在弹出的快捷菜单中选择【置于顶层】→【置于顶层】选项。

第8步 图片即可置于形状上层，将图片调整至合适位置，并将图片和形状组合在一起，效果如图所示。

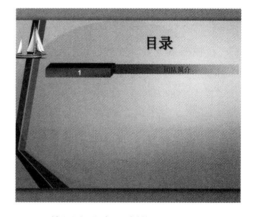

第9步 使用上述方法制作2、3、4目录，删除多余占位符，最终效果如图所示。

13.4 为内容过渡页添加动画

为内容过渡页添加动画可以使幻灯片内容的切换显得更加醒目，也可以使演示文稿更加生动，起到更好的宣传效果。

13.4.1 为文字添加动画

为团队宣传 PPT 的封面标题添加动画效果，可以使封面更加生动，具体操作步骤如下。

第1步 单击第1张幻灯片中的"××设计团队宣传PPT"文本框，单击【动画】选项卡下【动画】组中的【其他】按钮 ▼ 。

第2步 在弹出的下拉列表中选择【进入】组中的【随机线条】样式。

第3步 即可为文字添加飞入动画效果，文本框左上角会显示一个动画标记，效果如图所示。

第4步 单击【动画】选项组中的【效果选项】按钮，在弹出的下拉列表中选择【垂直】选项。

第5步 在【计时】选项组中选择【开始】下拉列表中的"单击时"选项，【持续时间】设置为"01.00"，【延迟】设置为"00.25"。

第6步 使用同样的方法对副标题"××宣传小组制作"设置"随机线条"动画效果，【开始】设置为"上一动画之后"，【持续时间】设置为"01.00"，【延迟】设置为"00.00"。

13.4.2 为图片添加动画

用户同样可以为图片添加动画效果，使图片更加醒目。具体操作步骤如下。

第1步 选择第 2 张幻灯片，选中目录 1。

第2步 单击【格式】选项卡下【排列】组中的【组合对象】按钮，在弹出的下拉列表中选择【取消组合】选项。

第3步 分别为图片和形状添加"弹跳"动画效果，效果如图所示。

第4步 使用上述方法，为其余目录添加"弹跳"动画效果，最终效果如图所示。

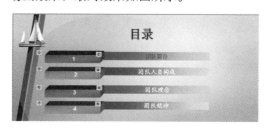

| 提示 |

对于需要设置同样动画效果的部分，可以使用动画刷工具快速复制动画效果。

13.5 为内容页添加动画

为 XX 团队宣传 PPT 内容添加动画效果，具体操作步骤如下。

第1步 选择第 3 张幻灯片，选中团队简介内容文本框。

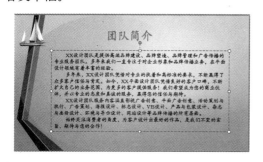

第2步 单击【动画】选项卡下【动画】组中的【飞入】样式。

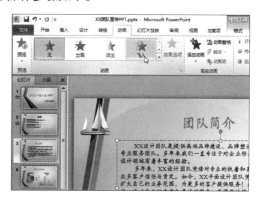

第3步 单击【效果选项】按钮，在弹出的下拉列表中选择【按段落】选项。

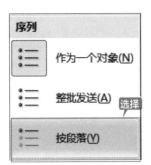

第4步 即可对每个段落添加动画效果，效果如图所示。

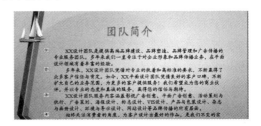

13.5.1 为图表添加动画

除了对文本添加动画，还可以对幻灯片中的图表添加动画效果。具体操作步骤如下。

第1步 选择第4张幻灯片，选中年龄组成图表。

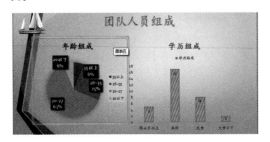

第2步 为图表添加"轮子"动画效果，然后单击【动画】选项组中的【效果选项】按钮，在弹出的下拉列表中选择【按类别】选项。

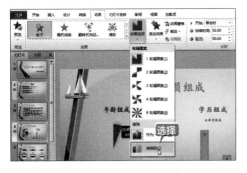

第3步 即可为图表中每个类别添加动画效果，效果如图所示。

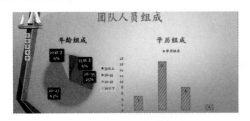

第4步 选中"学历组成"图表，为图表添加"飞入"动画效果，单击【效果选项】按钮，在弹出的下拉列表中选择【按类别】选项。

第5步 即可为图表中每个类别添加动画效果，效果如图所示。

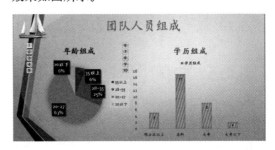

第6步 在【计时】选项组中设置【开始】为"单击时"，【持续时间】为"01.00"，【延迟】为"00.50"。

第7步 选择第5张幻灯片，使用前面的方法将图中文字和所在图片进行组合，并为幻灯片中的图形添加"飞入"效果，最终效果如图所示。

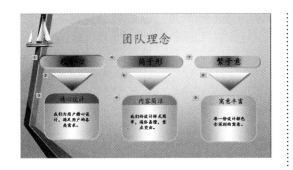

13.5.2 为 SmartArt 图形添加动画

　　为 SmartArt 图形添加动画效果可以使图形更加突出，更好地表达图形要表述的意义。具体操作步骤如下。

第 1 步 选择第 6 张幻灯片，选择"诚信"文本和所在图形，将图形和文本组合在一起。

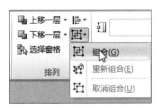

第 2 步 组合完成之后，为图形添加"飞入"动画效果，效果如图所示。

第 3 步 使用同样的方法组合其余图形和文字，并为图形添加"飞入"动画效果。

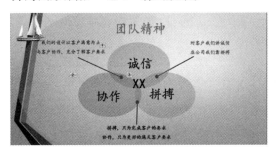

第 4 步 选中"我们的设计以客户满意为止，与客户合作，充分了解客户要求"文本和连接线段。

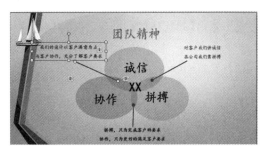

第 5 步 单击【动画】选择组内的"飞入"效果，为文字添加动画效果，效果如图所示。

第 6 步 使用同样的方法为其余文本和线段添加"飞入"动画效果，最终效果如图所示。

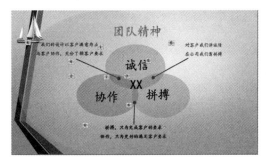

13.5.3 添加动作路径

　　除了对 PPT 应用动画样式外，还可以为 PPT 添加动作路径。具体操作步骤如下。

第1步 选择第 7 张幻灯片，选择团队使命包含的文本和图形。

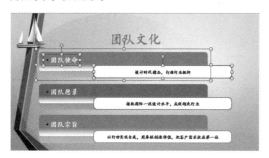

第2步 单击【动画】选项卡下【动画】组中的【其他】按钮 ，在弹出的下拉列表中选择【动作路径】组中的"转弯"样式。

第3步 即可为所选图形和文字添加所选动作路径，效果如图所示。

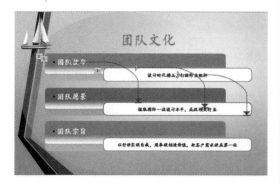

第4步 单击【动画】选项组中的【效果选项】按钮，在弹出的下拉列表中选择【上】选项。

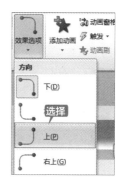

第5步 再次单击【效果选项】按钮，在弹出的下拉列表中选择"反转路径方向"选项。

第6步 即可为所选图形和文字添加动作路径，如图所示。

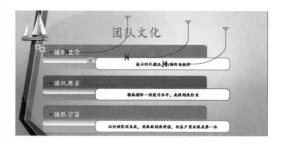

第7步 将团队愿景和团队宗旨的图形和关联文字组合，效果如图所示。

第8步 选中设置动画的图形，单击【动画】

选项卡下【高级动画】组中的【动画刷】按钮 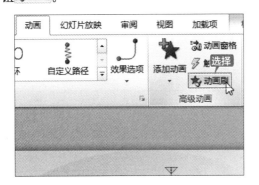。

第9步 单击团队愿景图形组合，即可将所选图形应用的动画复制到团队愿景图形组合。

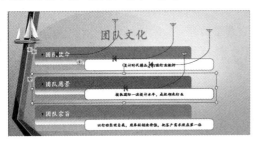

第10步 使用同样的方法将动画应用至公司宗旨图形组合。

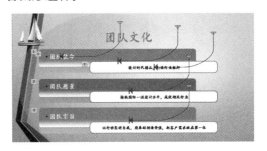

第11步 选择第8张幻灯片，对"谢谢观看！"文本添加"跷跷板"动画效果，效果如图所示。

13.6 设置添加的动画

为 XX 团队宣传 PPT 中的幻灯片内容添加动画之后，可以对添加的动画进行设置，以达到最好的播放效果。

13.6.1 触发动画

如果在播放幻灯片时想自己控制动画的播放，可以为动画添加一个触发条件。具体操作步骤如下。

第1步 选择第1张幻灯片，选中主标题文本框。

第2步 单击【格式】选项卡下【插入形状】组内的【其他】按钮 ，在弹出的下拉列表中选择【动作按钮】组中的【开始】动作按钮。

第3步 在适当位置拖动鼠标左键绘制【开始】按钮。

第4步 绘制完成，弹出【动作设置】对话框，选择【单击鼠标】选项卡，选中【无动作】单选按钮，单击【确定】按钮。

第5步 选中主标题文本框，单击【动画】选项卡下【高级动画】组中的【触发】按钮【触发】，在弹出的下拉列表中选择【单击】→【动作按钮：开始5】选项。

第6步 即可使用动作按钮控制标题的动画播放，效果如图所示。

13.6.2 测试动画

对设置完成的动画，可以进行预览测试，以检查动画的播放效果。具体操作步骤如下。

第1步 选择第2张幻灯片，单击【动画】选项卡下【预览】组中的【预览】按钮。

第2步 即可预览动画的播放效果，如图所示。

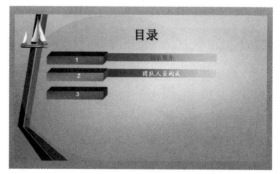

13.6.3 移除动画

如果需要更改或删除已设置的动画，可以使用下面的方法，具体操作步骤如下。

第1步 选择第2张幻灯片，单击【动画】选项卡下【高级动画】组中的【动画窗格】按钮【动画窗格】。

第2步 弹出【动画窗格】窗格，可以在窗格中看到幻灯片中的动画列表。

第3步 选择"组合6"选项，单击鼠标右键，在弹出的快捷菜单中选择【删除】选项。

第4步 即可将"组合6"动画删除，效果如图所示。

| 提示 |

此操作只做演示，不影响案例结果，按【Ctrl+Z】组合键可以撤销操作。

13.7 插入多媒体

在演示文稿中可以插入多媒体文件，如声音或者视频。在 XX 团队宣传 PPT 中添加多媒体文件可以使 PPT 文件内容更加丰富，起到更好的宣传效果。

13.7.1 添加公司宣传视频

可以在 PPT 中添加宣传视频，具体操作步骤如下。

第1步 选择第 3 张幻灯片，选中公司简介内容文本框，适当调整文本框的位置和大小，效果如图所示。

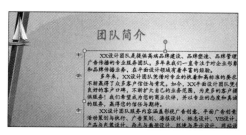

第2步 单击【插入】选项卡下【媒体】组中的【视频】→【文件中的视频】选项。

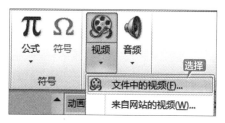

第3步 在弹出的【插入视频文件】对话框中，选择随书光盘中的"素材 \ch13\ 宣传视频"文件，单击【插入】按钮。

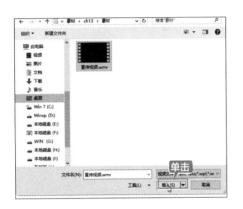

第4步 即可将视频插入幻灯片中，适当调整视频窗口的大小和位置，效果如图所示。

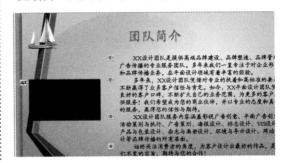

13.7.2 添加背景音乐

下面可以为 PPT 添加背景音乐，具体操作步骤如下。

第1步 选择第 2 张幻灯片，单击【插入】选项卡下【音频】按钮的下拉按钮，在弹出的下拉列表中选择【文件中的音频】选项。

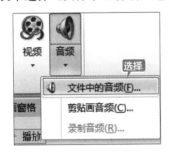

第2步 弹出【插入音频】对话框，选择随书光盘中的"素材 \ch13\ 声音"文件，单击【确定】按钮。

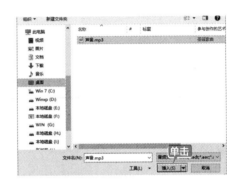

第3步 即可将音频文件添加至幻灯片中，产生一个音频标记，适当调整标记位置，效果如图所示。

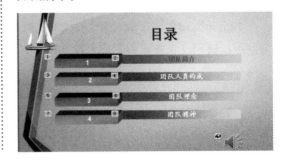

13.8 为幻灯片添加切换效果

在幻灯片中添加幻灯片切换效果可以使切换幻灯片显得更加自然，使幻灯片各个主题的切换更加流畅。

13.8.1 添加切换效果

在 XX 团队宣传 PPT 各张幻灯片之间添加切换效果的具体操作步骤如下。

第1步 选择第1张幻灯片，单击【转换】选项卡下【切换到此幻灯片】组中的【其他】按钮 ，在弹出的下拉列表中选择"百叶窗"选项。

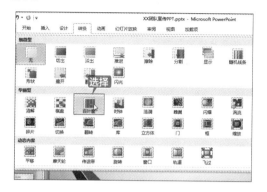

第3步 使用同样的方法可以为其他幻灯片页面添加切换效果。

第2步 即可为第1张幻灯片添加"百叶窗"切换效果，效果如图所示。

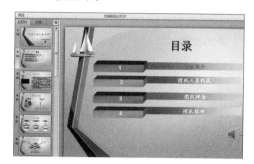

13.8.2 设置显示效果

对幻灯片添加切换效果之后，可以更改其显示效果，具体操作步骤如下。

第1步 选择第1张幻灯片，单击【转换】选项卡下【切换到此幻灯片】组中的【效果选项】按钮 ，在弹出的下拉列表中选择【水平】选项。

第2步 单击【转换】选项组中的【声音】下拉按钮，在弹出的下拉列表中选择"风铃"声音样式，在【持续时间】微调框中将持续时间设置为"01.00"。

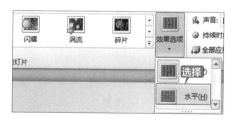

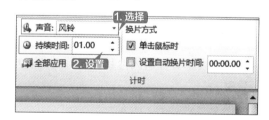

13.8.3 设置换片方式

对于设置了切换效果的幻灯片，可以设置幻灯片的切片方式，具体操作步骤如下。

第1步 选中【切换】选项卡下【计时】组中的【单击鼠标时】复选框和【设置自动换片时间】复选框，在【设置自动换片时间】微调框中

设置自动切换时间为"01.10.00"。

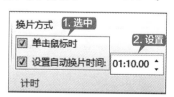

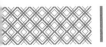

第2步 单击【切换】选项卡下【计时】组中的【全部应用】按钮 🞆 **全部应用** ，即可将设置的显示效果和切换效果应用到所有幻灯片。

| 提示 |

　　【全部应用】功能会使本张幻灯片中的切换效果应用替换其他幻灯片切换效果，可以根据需要使用该功能。

设计产品宣传展示 PPT

　　产品宣传展示 PPT 的制作和 ×× 公司宣传 PPT 的制作有很多相似之处，主要是对动画和切换效果的应用，制作产品宣传展示 PPT 可以按照以下思路进行。

1. 为幻灯片添加封面

　　为产品宣传展示 PPT 添加封面，在封面输入产品宣传展示的主题和其他信息。

2. 为幻灯片中图片添加动画效果

　　可以为幻灯片中的图片添加动画效果，使产品的展示更加引人注目，起到更好的展示效果。

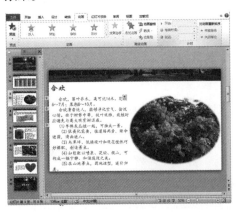

3. 为幻灯片中的文字添加动画效果

　　可以为幻灯片中的文字添加动画效果，文字作为幻灯片中的重要元素，使用合适的动画效果可以使文字很好地和其余元素融合在一起。

4. 为幻灯片添加切换效果

　　可以为各幻灯片添加切换效果，使幻灯片之间的切换显得更自然。

　　至此，就完成了产品宣传展示 PPT 的制作。

◇ **使用格式刷快速复制动画效果**

在幻灯片的制作中，如果需要对不同的部分使用相同的动画效果，可以先对一个部分设置动画效果，再使用格式刷工具将动画效果复制在其余部分。

第1步 打开随书光盘中的"素材\ch13\使用格式刷快速复制动画.pptx"文件。

第2步 选中红色圆形，单击最上方的圆形，单击【动画】选项卡下【动画】组中的【其他】按钮，在弹出的下拉列表中选择【进入】组中的"轮子"选项。

第3步 即可对选中形状添加"轮子"样式动效果，选中添加完成动画的小球，单击【动画】选项卡下【高级动画】组中的【动画刷】按钮。

第4步 鼠标指针变为刷子形状，单击其余圆形即可复制动画效果。

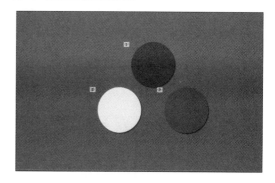

◇ **使用动画制作动态背景 PPT**

在幻灯片的制作过程中，可以合理使用动画效果制作出动态的背景，具体操作步骤如下。

第1步 打开随书光盘中的"素材\ch13\动态背景.pptx"文件。

第2步 选中背景图片，单击【转换】选项卡下【切换到此幻灯片】组中的【其他】按钮

，在弹出的下拉列表中选择"涟漪"选项。

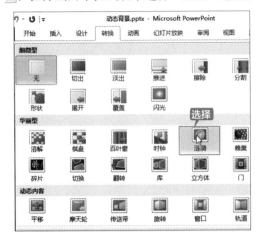

第3步 单击【切换到此幻灯片】选项组中的【效果选项】按钮，在弹出的下拉列表中选择"从左下部"选项。

第4步 选择帆船图片，单击【动画】选项卡下【动画】组中的【其他】 按钮，在弹出的【下拉列表】中选择【动作路径】组中的"自定义路径"选项。

第5步 在幻灯片中绘制出如图所示的路径，按【Enter】键结束路径的绘制。

第6步 在【计时】选项组中设置【开始】为"与上一动画同时"，【持续时间】为"04.00"。

第7步 使用同样的方法分别为海鸟设置动作路径，并分别设置【开始】为"与上一动画同时"，【持续时间】为"02.00"，【开始】为"与上一动画同时"，【持续时间】为"02.50"。

第8步 即可完成动态背景的制作，播放效果如图所示。

第14章

放映幻灯片

📁 本章导读

在职业生活中，完成论文答辩 PPT 设计制作后，需要放映幻灯片。放映时要做好放映前的准备工作，选择 PPT 的放映方式，并要控制放映幻灯片的过程，如论文答辩 PPT、产品营销推广方案、企业发展战略 PPT 等。使用 PowerPoint 2010 提供的排练计时、自定义幻灯片放映、放大幻灯片局部信息、使用画笔来做标记等操作，可以方便地对这些幻灯片进行放映。

✈ 思维导图

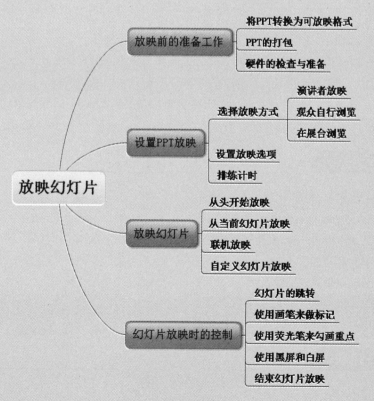

14.1 论文答辩 PPT 的放映

放映论文答辩 PPT 时要做到简洁清楚、重点明了，便于公众快速地接收 PPT 中的信息。

实例名称：放映论文答辩 PPT		
实例目的：便于公众快速地接收 PPT 中的信息		
	素材	素材 \ch14\ 论文答辩 PPT.pptx
	结果	结果 \ch14\ 论文答辩 PPT.pptx
	录像	视频教学录像 \14 第 14 章

14.1.1 案例概述

放映论文答辩 PPT 时，需要注意以下几点。

1. 简洁

① 放映 PPT 时要简洁流畅，并使 PPT 中的文件打包保存，避免资料丢失。
② 选择合适的放映方式，可以预先进行排练计时。

2. 重点明了

① 在放映幻灯片时，对重点信息需要放大幻灯片局部进行播放。
② 重点信息可以使用画笔来进行注释，并可以选择荧光笔来进行区分。
③ 需要观众进行思考时，要使用黑屏或白屏来屏蔽幻灯片中的内容。
论文答辩 PPT 气氛可以以淡雅冷静为主。本章就以论文答辩 PPT 的放映为例介绍 PPT 放映的方法。

14.1.2 设计思路

放映论文答辩 PPT 时可以按以下思路进行。
① 做好 PPT 放映前的准备工作。
② 选择 PPT 的放映方式，并进行排练计时。
③ 自定义幻灯片的放映。
④ 在幻灯片放映时快速跳转幻灯片。
⑤ 使用画笔与荧光笔来为幻灯片的重点信息进行标注。
⑥ 在需要屏蔽幻灯片内容的页码，使用黑屏与白屏。

14.1.3 涉及知识点

本案例主要涉及以下知识点。

① 转换 PPT 的格式，及将 PPT 打包。

② 设置 PPT 放映。

③ 放映幻灯片。

④ 幻灯片放映时要控制播放过程。

14.2 放映前的准备工作

在论文答辩 PPT 的放映之前，要做好准备工作，避免放映过程中出现错误。

14.2.1 将 PPT 转换为可放映格式

将论文答辩 PPT 转换为可放映格式，打开 PPT 即可进行播放。具体操作步骤如下。

第1步 打开随书光盘中的"素材 \ch14\ 论文答辩 PPT.pptx"文件，选择【文件】选项，在弹出的面板中选择【另存为】选项。

第2步 弹出【另存为】对话框，在【文件名】文本框中输入"论文答辩 PPT"文本，选择【保存类型】文本框后的下拉按钮，在弹出的下拉列表中选择【PowerPoint 97–2003 放映（*.pps）】选项。

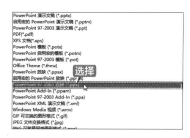

第3步 返回【另存为】对话框，单击【保存】按钮。

第4步 弹出【Microsoft PowerPoint 兼容性检查器】对话框，单击【继续】按钮。

第5步 即可将 PPT 转换为可放映的格式。

14.2.2 PPT 的打包

PPT 的打包是将 PPT 中独立的文件集成到一起，生成一种独立运行的文件，避免文件损坏或无法调用等问题。具体操作步骤如下。

第1步 单击【文件】选项，在弹出的面板中选择【保存并发送】→【将演示文稿打包成CD】→【打包成 CD】按钮。

第2步 在弹出的【打包成 CD】对话框中，在【将 CD 命名为】文本框中为打包的 PPT 进行命名，并单击【复制到文件夹】按钮。

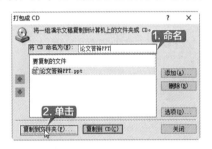

第3步 弹出【复制到文件夹】对话框，单击【浏览】按钮。

第4步 弹出【选择位置】对话框，选择保存的位置，并单击【选择】按钮。

第5步 返回【复制到文件夹】对话框，单击【确定】按钮。

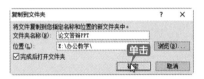

第6步 弹出【Microsoft PowerPoint】对话框，用户信任链接来源后可单击【是】按钮。

第7步 弹出【正在将文件复制到文件夹】对话框。

第8步 返回【打包成 CD】对话框，单击【关闭】按钮。

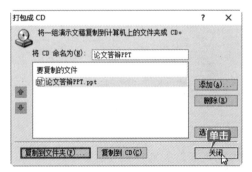

14.2.3 硬件的检查与准备

在论文答辩 PPT 放映前，要检查计算机硬件，并进行播放的准备。

（1）硬件连接

大多数的台式计算机通常只有一个 VGA 信号输出口，所以可能要单独添加一个显卡，并正确配置才能正常使用；而目前的笔记本电脑均内置了多监视器支持。所以，要使用演示者视图，使用笔记本做演示会省事得多。在确定台式机或者笔记本可以多头输出信号的情况下，将外接显示设备的信号线正确连接到视频输出口上，并打开外接设备的电源就可以完成硬件连接了。

（2）软件安装

对于可以支持多头显示输出的台式计算机或者笔记本来说，机器上的显卡驱动安装也是很重要的。如果台式计算机的显卡没有正确安装显卡驱动，则可能并不能正常使用多头输出显示信号功能。所以，这种情况需要重新安装显卡的最新驱动。如果显卡的驱动正常，则不需要该步骤。

（3）输出设置

显卡驱动安装正确后，在任务栏的最右端显示图形控制图标，单击该图标，在弹出的快捷菜单中选择【图形选项】→【输出至】→【扩展桌面】→【笔记本电脑 + 监视器】选项，就可以完成以笔记本屏幕作为主显示器，以外接显示设备作为辅助输出的设置。

14.3 设置 PPT 放映

用户可以对论文答辩 PPT 的放映进行放映方式、排练计时等设置。具体操作步骤如下。

14.3.1 选择 PPT 的放映方式

在 PowerPoint 2010 中，演示文稿的放映方式包括演讲者放映、观众自行浏览和在展台浏览 3 种。

具体演示方式的设置可以通过单击【幻灯片放映】选项卡下【设置】组中的【设置幻灯片放映】按钮，然后在弹出的【设置放映方式】对话框中进行放映类型、放映选项及换片方式等设置。

1. 演讲者放映

演示文稿放映方式中的演讲者放映方式是指由演讲者一边讲解一边放映幻灯片，此演示方式一般用于比较正式的场合，如专题讲座、学术报告等，在本案例中也使用演讲

者放映的方式。

将演示文稿的放映方式设置为演讲者放映的具体操作方法如下。

第1步 打开随书光盘中的"素材 \ch14\ 论文答辩 PPT.pptx"文件，单击【幻灯片放映】选项卡下【设置】组中的【设置幻灯片放映】按钮。

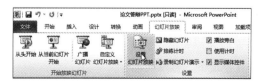

第2步 弹出【设置放映方式】对话框，默认设置即为演讲者放映状态。

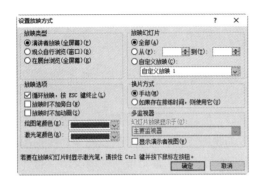

2. 观众自行浏览

观众自行浏览是指由观众自己动手使用计算机观看幻灯片。如果希望让观众自己浏览多媒体幻灯片，可以将多媒体演讲的放映方式设置成观众自行浏览。

第1步 单击【幻灯片放映】选项卡下【设置】组中的【设置幻灯片放映】按钮，弹出【设置放映方式】对话框。在【放映类型】区域中选中【观众自行浏览（窗口）】单选按钮；在【放映幻灯片】区域中选中【从……到……】单选按钮，并在第2个文本框中输入"4"，设置从第1页到第4页的幻灯片放映方式为观众自行浏览。

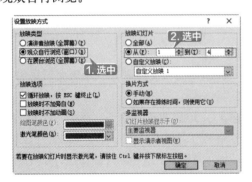

第2步 单击【确定】按钮完成设置，按【F5】快捷键进行演示文稿的演示。这时可以看到，设置后的前4页幻灯片以窗口的形式出现，并且在最下方显示状态栏。

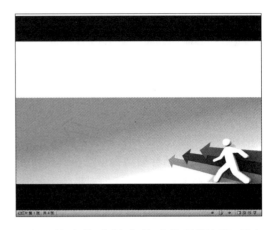

第3步 单击状态栏中的【普通视图】按钮，可以将演示文稿切换到普通视图状态。

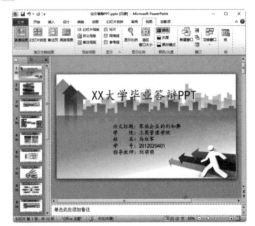

| 提示 |

单击状态栏中的【下一张】按钮和【上一张】按钮也可以切换幻灯片；单击状态栏右方的【幻灯片浏览】按钮，可以将演示文稿由普通状态切换到幻灯片浏览状态；单击状态栏右方的【阅读视图】按钮，可以将演示切换到阅读状态；单击状态栏右方的【幻灯片放映】按钮，可以将演示文稿切换到幻灯片浏览状态。

3. 在展台浏览

在展台浏览这一放映方式可以让多媒体幻灯片自动放映而不需要演讲者操作。

打开演示文稿后，在【幻灯片放映】选项卡的【设置】组中单击【设置幻灯片放映】按钮，在弹出的【设置放映方式】对话框的【放映类型】区域中选中【在展台浏览（全屏幕）】单选按钮，即可将演示方式设置为在展台浏览。

| 提示 |

可以将展台演示文稿设为当看完整个演示文稿或演示文稿保持闲置状态达到一段时间后，自动返回至演示文稿首页。这样，参展者就不必一直守着展台了。

14.3.2 设置 PPT 放映选项

选择 PPT 的放映方式后，用户需要设置 PPT 的放映选项。具体操作步骤如下。

第1步 单击【幻灯片放映】选项卡下【设置】组中的【设置幻灯片放映】按钮。

第2步 弹出【设置放映方式】对话框，选中【演讲者放映（全屏幕）】单选按钮。

第3步 在【设置放映方式】对话框的【放映选项】区域中选中【循环放映，按 Esc 键终止】复选框，可以在最后一张幻灯片放映结

束后自动返回第 1 张幻灯片重复放映，直到按【Esc】键才能结束放映。

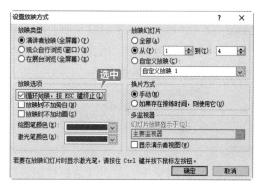

第4步 在【换片方式】区域中选中【手动】单选按钮，设置演示过程中的换片方式为手动，可以取消使用排练计时。

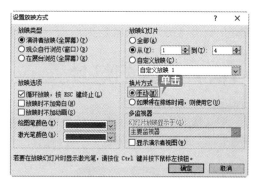

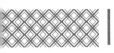

提示

选中【放映时不加旁白】复选框，表示在放映时不播放在幻灯片中添加的声音。选中【放映时不加动画】复选框，表示在放映时设定的动画效果将被屏蔽。

14.3.3 排练计时

用户可以通过排练计时为每张幻灯片确定适当的放映时间，可以更好地自动放映幻灯片。具体操作步骤如下。

第1步 单击【幻灯片放映】选项卡下【设置】组中的【排练计时】按钮。

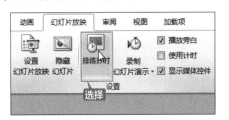

第2步 按【F5】键，放映幻灯片时，左上角会出现【录制】对话框，在【录制】对话框内可以设置暂停、继续等操作。

第3步 幻灯片播放完成后，弹出【Microsoft PowerPoint】对话框，单击【是】按钮，即可保存幻灯片计时。

第4步 单击【幻灯片放映】选项卡下【开始放映幻灯片】组中的【从头开始】按钮，即可播放幻灯片。

第5步 若幻灯片不能自动放映，单击【幻灯片放映】选项卡下【设置】组中的【设置幻灯片放映】按钮，弹出【设置放映方式】对话框，在【换片方式】区域中选中【如果存在排练时间，则使用它】单选按钮，并单击【确定】按钮，即可使用幻灯片排练计时。

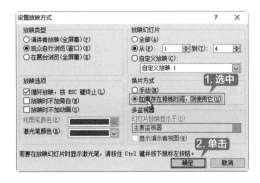

14.4 放映幻灯片

默认情况下，幻灯片的放映方式为普通手动放映。用户可以根据实际需要，设置幻灯片的放映方法，如从头开始放映、从当前幻灯片开始放映、联机放映等。

14.4.1 从头开始放映

放映幻灯片一般是从头开始放映的，从头开始放映的具体操作步骤如下。

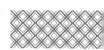

第1步 在【幻灯片放映】选项卡的【开始放映幻灯片】组中单击【从头开始】按钮或按【F5】键。

第2步 系统将从头开始播放幻灯片。由于前面使用了排练计时，幻灯片可以自动往下播放。

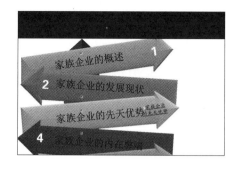

> |提示|:::::::::
>
> 若幻灯片中没有设置排练计时，则单击鼠标、按【Enter】键或空格键均可切换到下一张幻灯片。按键盘上的方向键也可以向上或向下切换幻灯片。

14.4.2 从当前幻灯片开始放映

在放映幻灯片时可以从选定的当前幻灯片开始放映。具体操作步骤如下。

第1步 选中第2张幻灯片，在【幻灯片放映】选项卡的【开始放映幻灯片】组中单击【从当前幻灯片开始】按钮或按【Shift+F5】组合键。

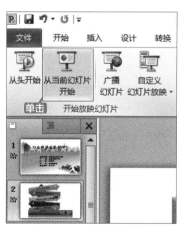

第2步 系统将从当前幻灯片开始播放幻灯片。按【Enter】键或空格键可切换到下一张幻灯片。

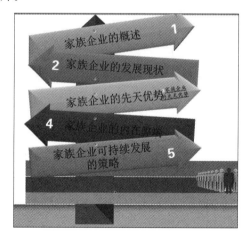

14.4.3 联机放映

PowerPoint 2010 新增了联机演示功能，只要在有网络的条件下，就可以在没有安装 PowerPoint 的计算机上放映演示文稿。具体操作步骤如下。

第1步 单击【幻灯片放映】选项卡下【开始放映幻灯片】选项组中的【广播幻灯片】按钮。

第2步 弹出【广播幻灯片】对话框，单击【启动广播】按钮。

第3步 弹出【连接到 broadcast.officeapps. live.com】对话框，在【电子邮件】文本框内输入电子邮件地址。

第4步 在【密码】文本框中输入密码，单击【确定】按钮。

第5步 弹出【广播幻灯片】对话框，单击【复制链接】选项，复制文本框中的链接地址，将其共享给远程查看者，待查看者打开该链接后，单击【开始放映幻灯片】按钮。

第6步 此时即可开始放映幻灯片，远程查看者可在浏览器中同时查看播放的幻灯片。

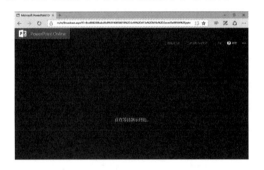

第7步 放映结束后，单击【联机演示】选项卡下【广播】组中的【结束广播】按钮。

第8步 弹出【Microsoft PowerPoint】对话框，单击【结束广播】按钮，即可结束联机放映。

14.4.4 自定义幻灯片放映

利用PowerPoint的【自定义幻灯片放映】功能，可以为幻灯片设置多种自定义放映方式。具体操作步骤如下。

第1步 在【幻灯片放映】选项卡的【开始放映幻灯片】组中单击【自定义幻灯片放映】按钮，在弹出的下拉列表中选择【自定义放映】选项。

第2步 弹出【自定义放映】对话框，单击【新建】按钮。

第3步 弹出【定义自定义放映】对话框，在【在演示文稿中的幻灯片】列表框中选择需要放映的幻灯片，然后单击【添加】按钮即可将选中的幻灯片添加到【在自定义放映中的幻灯片】列表框中。

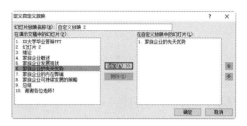

第4步 单击【确定】按钮，返回【自定义放映】对话框，单击【放映】按钮。

第5步 即可放映选择的幻灯片页面。

14.5 幻灯片放映时的控制

在论文答辩PPT的放映过程中，可以控制幻灯片的跳转、放大幻灯片局部信息、为幻灯片添加注释等。

14.5.1 幻灯片的跳转

在播放幻灯片的过程中需要幻灯片的跳转，但又要保持逻辑上的关系。具体操作步骤如下。
第1步 选择目录幻灯片页面，将鼠标光标放置在"3"文本框内，单击鼠标右键，在弹出的快捷菜单中选择【超链接】选项。

第2步 弹出【插入超链接】对话框,在【链接到】区域可以选择连接的文件位置,这里选择【本文档中的位置】选项,在【请选择文档中的位置】区域选择【6.家族企业的先天优势】幻灯片页面,单击【确定】按钮。

第3步 即可在【目录】幻灯片页面中插入超链接,并设置文本格式。

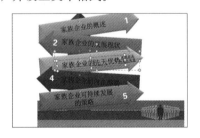

14.5.2 使用画笔来做标记

要想使观看者更加了解幻灯片所表达的意思,就需要在幻灯片中添加标注以达到演讲者的目的。添加标注的具体操作步骤如下。

第1步 选择第3张幻灯片,单击【幻灯片放映】选项卡下【开始放映幻灯片】组中的【从当前幻灯片开始】按钮或按【Shift+F5】组合键放映幻灯片。

第4步 单击【幻灯片放映】选项卡下【开始放映幻灯片】组中的【从当前幻灯片开始】按钮,从【目录】页面开始播放幻灯片。

第5步 在幻灯片播放时,单击【家族企业的先天优势】超链接。

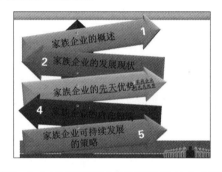

第6步 幻灯片即可跳转至超链接的幻灯片并继续播放。

第2步 单击鼠标右键，在弹出的快捷菜单中选择【笔】选项。

第3步 当鼠标指针变为一个点时，即可在幻灯片中添加标注。

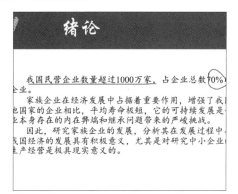

第4步 结束放映幻灯片时，弹出【Microsoft PowerPoint】对话框，单击【保留】按钮。

第5步 即可保留画笔注释。

14.5.3 使用荧光笔来勾画重点

使用荧光笔来勾画重点，可以与画笔标记进行区分，以达到演讲者的目的。具体操作步骤如下。

第1步 选中第6张幻灯片，在【幻灯片放映】选项卡的【开始放映幻灯片】组中单击【从当前幻灯片开始】按钮或按【Shift+F5】快捷键放映幻灯片。

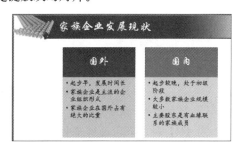

第2步 即可从当前幻灯片页面开始播放，单击鼠标右键，在弹出的快捷菜单中选择【荧光笔】选项。

第3步 当鼠标指针变为一条短竖线时，可在幻灯片中添加荧光笔标注。

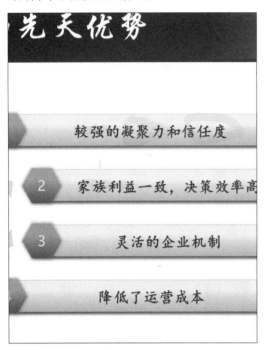

第4步 结束放映幻灯片时，弹出【Microsoft PowerPoint】对话框，单击【保留】按钮。

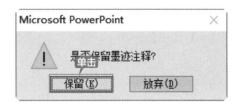

第5步 即可保留画笔注释。

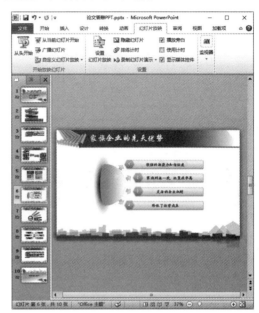

14.5.4 屏蔽幻灯片内容——使用黑屏和白屏

在 PPT 的放映过程中，需要观众关注别的材料时，可以使用黑屏和白屏来屏蔽幻灯片中的内容。具体操作步骤如下。

第1步 在【幻灯片放映】选项卡的【开始放映幻灯片】组中单击【从头开始】按钮或按【F5】键放映幻灯片。

第2步 在放映幻灯片时，按【W】键，即可使屏幕变为白屏。

第3步 再次按【W】键或【Esc】键，即可返回幻灯片放映页面。

第4步 按【B】键，即可使屏幕变为黑屏。

第5步 再次按【B】键或【Esc】键，即可返回幻灯片放映页面。

14.5.5 结束幻灯片放映

在放映幻灯片的过程中，可以根据需要终止幻灯片放映。具体操作步骤如下。

第1步 在【幻灯片放映】选项卡的【开始放映幻灯片】组中单击【从头开始】按钮或按【F5】键放映幻灯片。

第2步 按【Esc】键，即可快速停止放映幻灯片。

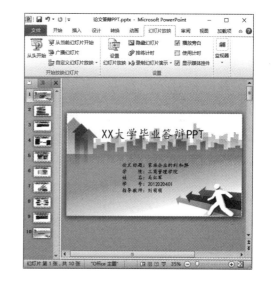

商务会议礼仪 PPT 的放映

与论文答辩 PPT 类似的演示文稿还有商务会议 PPT、产品营销推广方案、企业发展战略 PPT 等，放映这类演示文稿时，都可以使用 PowerPoint 2010 提供的排练计时、自定义幻灯片放映、放大幻灯片局部信息、使用画笔来做标记等操作，方便对这些幻灯片进行放映。下面就以商务会议 PPT 的放映为例进行介绍。具体操作步骤如下。

1. 放映前的准备工作

将 PPT 转换为可放映格式，并对 PPT 进行打包，检查硬件。

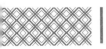
2. 设置 PPT 放映

选择 PPT 的放映类型，并设置 PPT 的放映选项，进行排练计时。

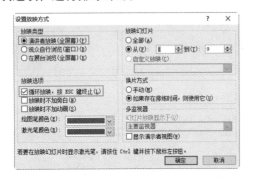

3. 放映幻灯片

选择放映幻灯片的方式，可选择"从头开始放映""从当前幻灯片开始放映""自定义幻灯片放映"等。

◇ 快速定位幻灯片

在播放 PowerPoint 演示文稿时，可以使用键盘快速定位幻灯片。

第1步 在【幻灯片放映】选项卡下【开始放映幻灯片】组中单击【从头开始】按钮或按【F5】键，放映幻灯片。

务会议礼仪PPT

2016年6月

第2步 如果要快进到第 6 张幻灯片，可以先按数字【6】键，再按【Enter】键。

务会议礼仪PPT

2016年6月

4. 幻灯片放映时的控制

在论文答辩 PPT 的放映过程中，可以使用幻灯片的跳转，放大幻灯片局部信息、为幻灯片添加注释等来控制幻灯片的放映。

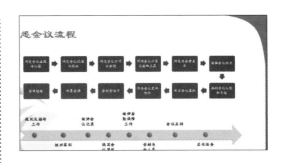

◇ 放映幻灯片时隐藏光标

在放映幻灯片时可以隐藏鼠标指针，具体操作步骤如下。

第1步 在【幻灯片放映】选项卡的【开始放映幻灯片】组中单击【从头开始】按钮或按【F5】键。

第2步 放映幻灯片时，单击鼠标右键，在弹出的快捷菜单中选择【指针选项】→【箭头选项】→【永远隐藏】选项，即可在放映幻灯片时隐藏鼠标指针。

| 提示 |::::::::

　　按【Ctrl+H】组合键，也可以隐藏鼠标指针。

◇ 使用QQ远程演示幻灯片

　　在文档编辑过程中，用户可以直接将编辑过的文本转换成表格。

　　使用QQ可以实现远程演示幻灯片，可以方便地用于远程授课、交流、会议等。具体操作步骤如下。

第1步 登录QQ后，选择【QQ群＼讨论组】→【讨论组】→【创建讨论组】按钮。

第2步 弹出【创建讨论组】面板，在左侧选择需要进行远程演示幻灯片的好友，单击【确定】按钮。

第3步 弹出QQ对话框，单击【远程演示】按钮的下拉按钮，在弹出的下拉列表中选择【演示文档】选项。

第4步 弹出【打开】对话框，选择素材文件，单击【打开】按钮。

第5步 即可进行幻灯片演示。

第6步 邀请观看幻灯片演示的好友，单击【加入】按钮。

第7步 即可同时观看幻灯片。

第8步 播放完之后单击【退出】按钮 退出 ，弹出【提示】对话框，单击【确定】按钮，即可退出 QQ 远程演示。

第 **4** 篇

办公秘籍篇

本篇主要介绍 Office 的办公秘籍。通过本篇的学习，读者可以学习到办公中不得不了解的技能以及 Office 组件间的协作等操作。

第15章
办公中不得不了解的技能

本章导读

打印机是自动化办公中不可缺少的组成部分，是重要的输出设备之一。熟练掌握打印机、复印机、扫描仪等办公器材的操作是十分必要的。本章主要介绍添加打印机，打印 Word 文档、Excel 表格、PowerPoint 演示文稿的方法及复印机的使用。

思维导图

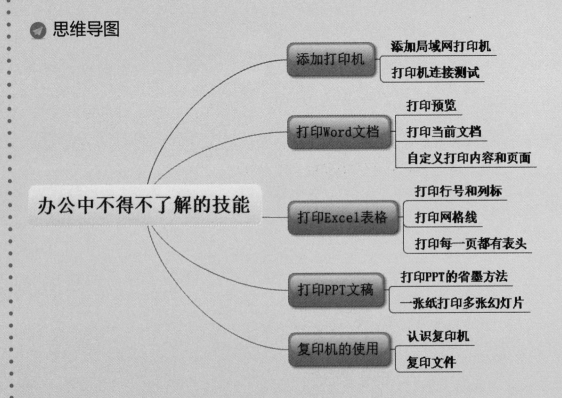

15.1 添加打印机

　　打印机是自动化办公中不可缺少的一个组成部分，是重要的输出设备之一。通过打印机，用户可以将在计算机中编辑好的文档、图片等资料打印输出到纸上，从而方便地将资料进行存档、报送及做其他用途。

15.1.1 添加局域网打印机

　　如果打印机没有在本地计算机中连接，而在局域网中的某一台计算机中连接，则在本地计算机中也可添加使用这台打印机。

第1步　在计算机中右键单击【开始】按钮，选择【控制面板】选项，在弹出的【所有控制面板项】对话框中，选择【设备和打印机】选项。

第2步　在弹出的【设备和打印机】窗口中，单击【添加打印机】按钮。

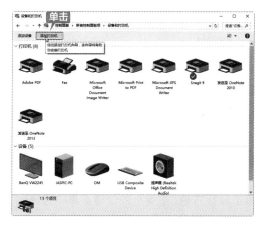

第3步　进入【正在搜索可用的打印机】页面，

搜索完成后，选择需要使用的打印机。

第4步　单击【下一步】按钮，进入成功添加打印机页面，单击【完成】按钮，即可完成打印机的添加。

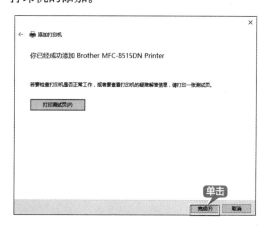

| 提示 |

　　单击【打印测试页】按钮，可以测试打印机能否正常工作。

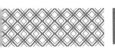

第5步 此时，返回【设备和打印机】窗口，可以看到添加的打印机。

15.1.2 打印机连接测试

安装打印机之后，需要测试打印机的连接是否有误，最直接的方式就是打印测试页。

方法一：安装驱动过程中测试。

安装驱动的过程中，在提示安装打印机成功安装界面，单击【打印测试页】按钮，如果能正常打印，就表示打印机连接正常，单击【完成】按钮完成打印机的安装。

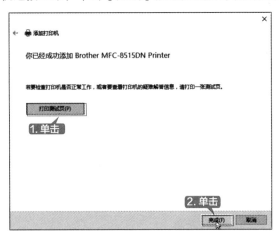

方法二：在【属性】对话框中测试。

在【设备和打印机】窗口，在要测试的打印机上单击鼠标右键，在弹出的快捷菜单中选择【打印机属性】选项。弹出【属性】对话框，在【常规】选项卡下单击【打印测试页】按钮，如果能正常打印，就表示打印机连接正常。

15.2 打印 Word 文档

文档打印后，可以方便用户进行存档或传阅。本节讲述 Word 文档打印的相关知识。

15.2.1 打印预览

在进行文档打印之前，最好先使用打印预览功能查看即将打印文档的效果，以免出现错误，浪费纸张。

打开随书光盘中的"素材\ch15\培训资料.docx"文档，单击【文件】选项卡，在弹出的界面左侧选择【打印】选项，在右侧即可显示打印预览效果。

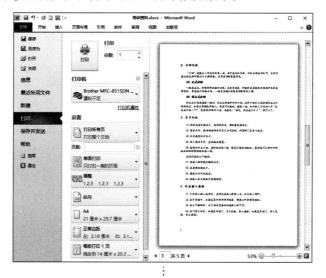

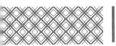

15.2.2 打印当前文档

当用户在打印预览中对所打印文档的效果感到满意时，就可以对文档进行打印。其方法很简单，具体的操作步骤如下。

第1步 在打开的"培训资料 .docx"文档中，单击【文件】选项卡，在弹出的界面左侧选择【打印】选项，在右侧的【打印机】下拉列表中选择打印机。

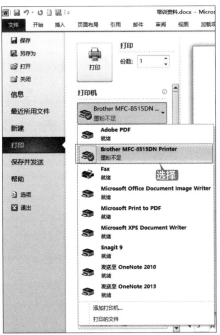

第2步 在【设置】组中单击【打印所有页】后的下拉按钮，在弹出的下拉列表中选择【打印所有页】选项。

第3步 在【份数】微调框中设置需要打印的份数，如这里输入"3"，单击【打印】按钮即可打印当前文档。

15.2.3 自定义打印内容和页面

打印文本内容时，并没有要求一次至少要打印一张。有的时候对于精彩的文字内容，可以只打印所需要的，而不打印那些无用的内容。具体的操作步骤如下。

1. 自定义打印内容

第1步 在打开的"培训资料 .docx"文档中，单击【返回】按钮返回文档编辑界面，选择要打印的文档内容。

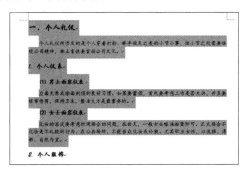

第2步 选择【文件】选项卡，在弹出的列表中选择【打印】选项，在右侧的【设置】区域选择【打印所有页】选项，在弹出的快捷菜单中选择【打印所选内容】选项。

第3步 设置要打印的份数，单击【打印】按钮 即可进行打印。

提示

打印后，就可以看到只打印出了所选择的文本内容。

2. 打印当前页面

第1步 在打开的文档中，选择【文件】选项卡，将鼠标光标定位至要打印的 Word 页面。

第2步 选择【文件】选项卡，在弹出的列表中选择【打印】选项，在右侧的【设置】区域单击【打印所有页】按钮右侧的下拉按钮，在弹出的快捷菜单中选择【打印当前页面】选项。在右侧的打印预览区域即可看到显示了鼠标光标所在的页面，设置打印份数，单击【打印】按钮即可打印当前页面。

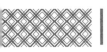

3. 打印连续或不连续页面

第1步 在打开的文档中，选择【文件】选项卡，在弹出的列表中选择【打印】选项，在右侧的【设置】区域单击【打印所有页】按钮右侧的下拉按钮，在弹出的快捷菜单中选择【打印自定义范围】选项。

第2步 在下方的【页数】文本框中输入要打

印的页码，并设置要打印的份数，单击【打印】按钮 即可进行打印。

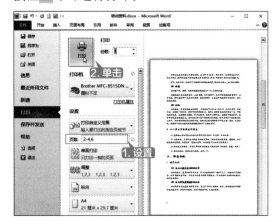

| 提示 |

连续页码可以使用英文半角连接符，不连续的页码可以使用英文半角逗号分隔。

15.3 打印 Excel 表格

打印 Excel 表格时，用户也可以根据需要设置 Excel 表格的打印方法，如在同一页面打印不连续的区域，打印行号、列表或者每页都打印标题行等。

15.3.1 打印行号和列标

在打印 Excel 表格时可以根据需要将行号和列标打印出来，具体操作步骤如下。

第1步 打开随书光盘中的"素材 \ch15\ 信息管理表 .xlsx"文件，单击【文件】选项卡，在弹出的界面左侧选择【打印】选项，进入打印预览界面，在右侧即可显示打印预览效果。默认情况下不打印行号和列标。

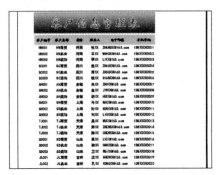

第2步 返回编辑界面，单击【页面布局】选项卡下【页面设置】组中的【打印标题】按钮，弹出【页面设置】对话框，在【工作表】选项卡下【打印】组中选中【行号列标】复选框，单击【打印预览】按钮。

预览效果。

第3步 此时即可查看显示行号列标后的打印

15.3.2 打印网格线

在打印 Excel 表格时默认情况下不打印网格线，如果表格中没有设置边框，可以在打印时将网格线显示出来。具体操作步骤如下。

第1步 打开"信息管理表 .xlsx"文件，单击【文件】选项卡，在弹出的界面左侧选择【打印】选项，进入打印预览界面，在右侧的打印预览效果区域可以看到没有显示网格线。

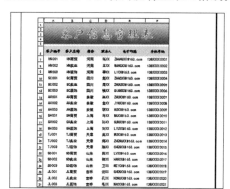

第2步 返回编辑界面，单击【页面布局】选项卡下【页面设置】组中的【打印标题】按钮，弹出【页面设置】对话框，在【工作表】选项卡下【打印】组中选中【网格线】复选框，单击【打印预览】按钮。

第3步 此时即可查看显示网格线后的打印预览效果。

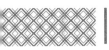

| 提示 | ::::::::

单击选中【单色打印】复选框可以以灰度的形式打印工作表。单击选中【草稿品质】复选框可以
节约耗材、提高打印速度，但打印质量会降低。

15.3.3 打印每一页都有表头

如果工作表中内容较多，那么除了第1页外，其他页面都不显示标题行。设置每页都打印
标题行的具体操作步骤如下。

第1步 在打开的"信息管理表.xlsx"文件中，
单击【文件】选项卡下列表中的【打印】选项，
可看到第1页显示标题行。单击预览界面下
方的【下一页】按钮 ▶ ，即可看到第2页未
显示标题行。

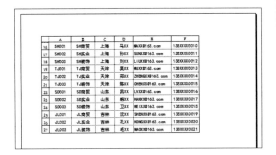

第2步 返回工作表操作界面，单击【页面布局】
选项卡下【页面设置】选项组中的【打印标
题】按钮 ，弹出【页面设置】对话框，在
【工作表】选项卡下【打印标题】组中单击【顶
端标题行】右侧的 按钮。

第3步 弹出【页面设置－顶端标题行：】对
话框，选择第1行至第6行，单击 按钮。

第4步 返回至【页面设置】对话框，单击【打
印预览】按钮。

第5步 在打印预览界面选择"第2页"，即
可看到第2页上方显示的标题行。

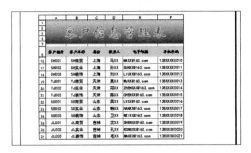

| 提示 |

使用同样的方法还可以在每页都打印左侧标题列。

15.4 打印 PPT 文稿

常用的 PPT 演示文稿打印主要包括打印当前幻灯片、灰度打印，以及在一张纸上打印多张幻灯片等。

15.4.1 打印 PPT 的省墨方法

幻灯片通常是彩色的，并且内容较少。在打印幻灯片时，以灰度的形式打印可以省墨。设置灰度打印 PPT 演示文稿的具体操作步骤如下。

第1步 打开随书光盘中的"素材 \ch15\ 推广方案 .pptx"文件。单击【文件】选项卡下列表中的【打印】选项。在【设置】组下单击【颜色】右侧的下拉按钮，在弹出的下拉列表中选择【灰度】选项。

第2步 此时可以看到右侧的预览区域幻灯片以灰度的形式显示。

15.4.2 一张纸打印多张幻灯片

在一张纸上可以打印多张幻灯片，以节省纸张。

第1步 打开"推广方案 .pptx"演示文稿，单击【文件】选项卡，选择【打印】选项。在【设置】组下单击【整页幻灯片】右侧的下拉按钮，在弹出的下拉列表中选择【6 张水平放置的幻灯片】选项，设置每张纸打印 6 张幻灯片。

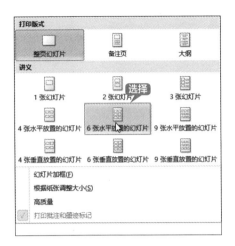

第2步 此时可以看到右侧的预览区域一张纸上显示了6张幻灯片。

15.5 复印机的使用

复印机是从书写、绘制或印刷的原稿得到等倍、放大或缩小的复印品的设备。复印机复印的速度快，操作简便，与传统的铅字印刷、蜡纸油印、胶印等的主要区别是无须经过其他制版等中间手段，而能直接从原稿获得复印品。复印份数不多时较为经济。复印机发展的总体趋势从低速到高速、从黑白过渡到彩色（数码复印机与模拟复印机的对比），至今，复印机、打印机、传真机已集于一体。

◇ 节省办公耗材——双面打印文档

打印文档时，可以将文档在纸张上进行双面打印，以节省办公耗材。设置双面打印文档的具体操作步骤如下。

第1步 打开随书光盘中的"素材\ch15\培训资料.docx"文档，单击【文件】选项卡，在弹出的界面左侧选择【打印】选项，进入打印预览界面。

第2步 在【设置】区域中单击【单面打印】按钮后的下拉按钮，在弹出的下拉列表中选择【双面打印】选项。然后选择打印机并设置打印份数，单击【打印】按钮 ![print] 即可双面打印当前文档。

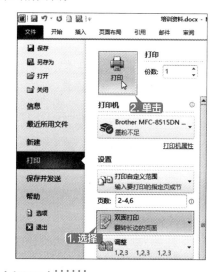

| 提示 |

　双面打印包含"翻转长边的页面"和"翻转短边的页面"两个选项，选择"翻转长边的页面"选项，打印后的文档便于按长边翻阅；选择"翻转短边的页面"选项，打印后的文档便于按短边翻阅。

◇ 在某个单元格处开始分页打印

　打印 Excel 报表时，系统自动的分页可能将需要在一页显示的内容分在两页，用户可以根据需要设置在某个单元格处开始分页

打印。具体操作步骤如下。

第1步 打开随书光盘中的"素材 \ch15\ 信息管理表 .xlsx"文件，如果需要从前 15 行以及前 C 列处分页打印，选择 D16 单元格。

	A	B	C	D
7	HN001	HN商贸	河南	张XX
8	HN002	HN实业	河南	王XX
9	HN003	HN装饰	河南	李XX
10	SC001	SC商贸	四川	赵XX
11	SC002	SC实业	四川	周XX
12	SC003	SC装饰	四川	钱XX
13	AH001	AH商贸	安徽	朱XX
14	AH002	AH实业	安徽	金XX
15	AH003	AH装饰	安徽	胡XX
16	SH001	SH商贸	上海	马XX
17	SH002	SH实业	上海	孙XX

第2步 单击【页面布局】选项卡下【页面设置】组中【分隔符】按钮的下拉按钮，在弹出的下拉列表中选择【插入分页符】选项。

第3步 单击【视图】选项卡下【工作簿视图】组中的【分页预览】按钮，进入分页预览界面，即可看到分页效果。

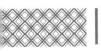
| 提示 |

　　拖曳中间的蓝色分隔线，可以调整分页的位置，拖曳底部和右侧的蓝色分隔线，可以调整打印区域。

第4步 单击【文件】选项卡，在弹出的界面左侧选择【打印】选项，进入打印预览界面，即可看到将从 C15 单元格后分页打印。

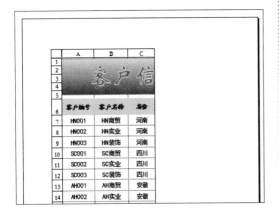

| 提示 |

　　如果需要将工作表中所有行或者列，甚至是工作表中的所有内容在同一个页面打印，可以在打印预览界面，单击【设置】组中【自定义缩放】后的下拉按钮，在弹出的下拉列表中根据需要选择相应的选项即可。

第16章
Office 组件间的协作

本章导读

在办公过程中，会经常遇到诸如在 Word 文档中使用表格的情况，而 Office 组件间可以很方便地进行相互调用，提高工作效率。使用 Office 组件间的协作进行办公，会发挥 Office 办公软件的最大优势。

思维导图

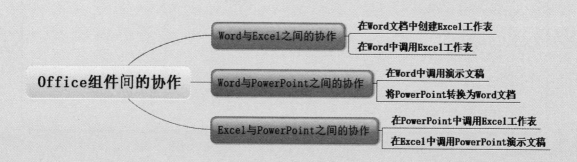

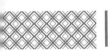

16.1 Word 与 Excel 之间的协作

在 Word 2010 中可以创建 Excel 工作表，这样不仅可以使文档的内容更加清晰，表达的意思更加完整，还可以节约时间。插入 Excel 表格的具体操作步骤如下。

第1步 打开 Word 2010，将鼠标光标定位至需要插入表格的位置，单击【插入】选项卡下【表格】选项组中的【表格】按钮，在弹出的下拉列表中选择【Excel 电子表格】选项。

第2步 返回 Word 文档，即可看到插入的 Excel 电子表格，双击插入的电子表格即可进入工作表的编辑状态，然后在 Excel 电子表格中输入相关数据即可。

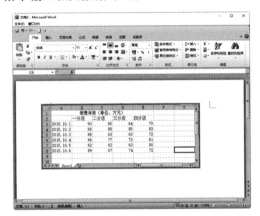

提示

除了直接在 Word 文档中插入 Excel 工作簿外，还可以单击【插入】选项卡下【文本】选项组中的【对象】按钮，在弹出的【插入对象】对话框中，单击【由文件创建】选项卡，单击【浏览】按钮选择已有的 Excel 表格，将其插入 Word 中。

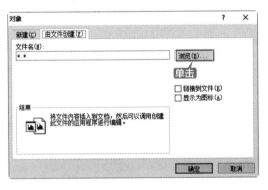

16.2 Word 与 PowerPoint 之间的协作

Word 和 PowerPoint 各自具有鲜明的特点，两者结合使用，会使办公的效率大大增加。

16.2.1 在 Word 中调用演示文稿

在 Word 中不仅可以直接调用 PowerPoint 演示文稿，还可以在 Word 中播放演示文稿，具体操作步骤如下。

第1步 打开 Word 2010，将鼠标光标定位在要插入演示文稿的位置，单击【插入】选项卡下【文本】选项组中【对象】按钮右侧的下拉按钮，在弹出的下拉列表中选择【对象】选项。

第2步 在弹出的【对象】对话框中，选择【由文件创建】选项卡，单击【浏览】按钮，即可添加本地的 PPT。

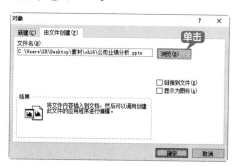

| 提示 |

插入 PowerPoint 演示文稿后，在演示文稿中单击鼠标右键，在弹出的快捷菜单中选择【"演示文稿"对象】→【显示】选项，弹出【Microsoft PowerPoint】对话框，单击【确定】按钮，即可播放幻灯片。

16.2.2 将 PowerPoint 转换为 Word 文档

用户可以将 PowerPoint 演示文稿中的内容转化到 Word 文档中，以方便阅读、打印和检查，具体操作步骤如下。

在打开的 PowerPoint 演示文稿中，单击【文件】→【保存并发送】→【创建讲义】→【创建讲义】按钮，在弹出的【发送到 Microsoft Word】对话框中，选中【只使用大纲】单选按钮，然后单击【确定】按钮，即可将 PowerPoint 演示文稿转换为 Word 文档。

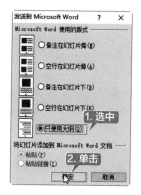

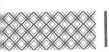
16.3 Excel 与 PowerPoint 之间的协作

Excel 和 PowerPoint 文档经常在办公中合作使用，在文档的编辑过程中，Excel 和 PowerPoint 之间可以很方便地进行相互调用，制作出更专业的文件。

16.3.1 在 PowerPoint 中调用 Excel 工作表

在 PowerPoint 中调用 Excel 文档的具体操作步骤如下。

第1步 打开 PowerPoint 2010，选择要调用 Excel 工作表的幻灯片，单击【插入】选项卡下【文本】组中的【对象】按钮。

第2步 弹出【插入对象】对话框，选中【由文件创建】单选按钮，然后单击【浏览】按钮，在弹出的【浏览】对话框中选择要插入的 Excel 工作表，然后单击【确定】按钮，返回【插入对象】对话框，单击【确定】按钮。

第3步 此时就在演示文稿中插入了 Excel 表格，双击表格，进入 Excel 工作表的编辑状态，调整表格的大小。

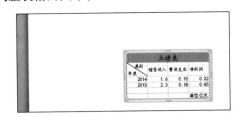

16.3.2 在 Excel 2010 中调用 PowerPoint 演示文稿

在 Excel 2010 中调用 PowerPoint 演示文稿的具体操作步骤如下。

第1步 新建一个 Excel 工作表，单击【插入】选项卡下【文本】选项组中的【对象】按钮。

第2步 弹出【对象】对话框，选择【由文件创建】选项卡，单击【浏览】按钮，选择将要插入的 PowerPoint 演示文稿。

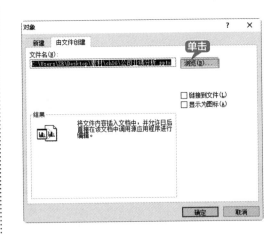

第3步 插入 PowerPoint 演示文稿后，双击插入的演示文稿，即可播放插入的演示文稿。

◇ 在 Excel 2010 中导入 Access 数据

在 Excel 2010 中导入 Access 数据的具体操作步骤如下。

第1步 在 Excel 2010 中，单击【数据】选项卡下【获取外部数据】选项组中的【自 Access】按钮。

第2步 弹出【选择数据源】对话框，选择随书光盘中的"素材 \ch16\ 通讯录 .accdb"文件，单击【打开】按钮，弹出【导入数据】对话框，单击【确定】按钮。

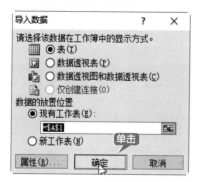

第3步 即可将 Access 数据库中的数据添加到工作表中。

◇ 将 Excel 中的内容转成表格添加到 Word 中

可以将 Excel 文件转换成表格添加至 Word 中，具体操作步骤如下。

第1步 打开随书光盘中的"素材 \ch16\ 销售情况表.xlsx"工作簿，选择 A1:E8 单元格区域，按【Ctrl+C】组合键，复制所选内容。

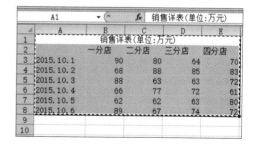

第2步 新建 Word 工作表，在要粘贴到的位置按【Ctrl+V】组合键，即可将 Excel 中的内容转成表格添加到 Word 中。

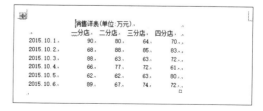

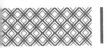
| 提示 |

　　将 Excel 内容以"网页"类型另存，然后使用 Word 2010 打开另存后的文件，用户也可将 Excel 中的内容转成表格添加到 Word 中。

	一分店	二分店	三分店	四分店	
销售详表(单位:万元)					
2015.10.1	90	80	64	70	
2015.10.2	68	88	85	83	
2015.10.3	88	63	63	72	
2015.10.4	66	77	72	61	
2015.10.5	62	62	63	80	
2015.10.6	89	67	74	72	

第17章

Office 的跨平台应用
——移动办公

📧 本章导读

通过分析公司财务报表，能对公司财务状况及整个经营状况有个基本的了解，从而对公司内在价值作出判断。本章主要介绍如何制作员工实发工资单、现金流量表和分析资产负债管理表等操作，让读者对Excel在财务管理中的高级应用技能有更加深刻的理解。

✈ 思维导图

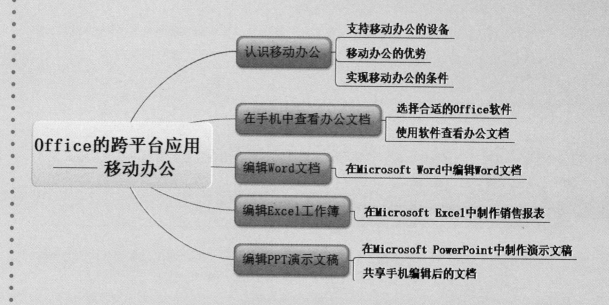

17.1 认识移动办公

移动办公也可称为"3A办公"，即办公人员可在任何时间（Anytime）、任何地点（Anywhere）处理与业务相关的任何事情（Anything）。这种全新的办公模式，可以让办公人员摆脱时间和空间的束缚，随时进行随身化的公司管理和沟通，有效提高管理效率。

1. 支持移动办公的设备

①手持设备。支持 Android、iOS、Windows Phone、Symbian 及 BlackBerry OS 等手机操作系统的智能手机、平板电脑等都可以实现移动办公。如 iPhone、iPad、三星智能手机、华为手机等。

② 超极本。集成了平板电脑和 PC 电脑的优势，携带更轻便、操作更灵活、功能更强大。

2. 移动办公的优势

① 操作便利简单。移动办公只需要一部智能手机或者平板电脑，操作简单、便于携带，并且不受地域限制。

② 处理事务高效快捷。使用移动办公，无论出差在外，还是正在上下班的路上，都可以及时处理办公事务。能够有效地利用时间，有效提高工作效率。

③ 功能强大且灵活。随着信息产品的发展以及移动通信网络的日益优化，很多要在电脑上处理的工作都可以通过移动办公的手机终端来完成。同时，针对不同行业领域的业务需求，可以对移动办公进行专业的定制开发，可以灵活多变地根据自身需求自由设计移动办公的功能。

3. 实现移动办公的条件

① 便携的设备。要想实现移动办公，首先需要有支持移动办公的设备。

② 网络支持。收发邮件、共享文档等很多操作都需要在连接网络的情况下进行，所以网络的支持必不可少。目前最常用的网络有 3G 网络、4G 网络及 Wi-Fi 无线网络等。

17.2 在手机中查看办公文档

在手机中可以使用软件查看并编辑办公文档，并可以把编辑完成的文档分享给其他人，可以节省办公时间，随时随地办公。

17.2.1 选择合适的 Office 软件

随着移动办公的普及，越来越多的移动版 Office 办公软件也随之而生，最为常用的有微软Office 365 移动版、金山 WPS Office 移动版及苹果 iWork 办公套件，本节主要介绍以下这三款移动版 Office 办公软件。

(1) 微软 Office 365 移动版

Office 365 移动版是微软公司推出了一款移动办公软件，包含了 Word、Excel、PowerPoint 三款独立应用程序，支持装有 Android、iOS 和 Windows 操作系统的智能手机和平板电脑。

Office 365 移动版办公软件，用户可以免费查看、编辑、打印和共享 Word、Excel 和 PowerPoint 文档，如果使用高级编辑功能就需要付费升级 Office 365，这样用户可以在任何设备安装 Office 套件，包括电脑和 iMac，还可以获取 1TB 的 OneDrive 联机存储空间及软件的高级编辑功能。

Office 365 移动版与 Office 2016 办公套件相比，在界面上有很大不同，但其使用方法及功能实现是相同的，因此，熟悉电脑版 Office 的用户可以很快上手移动版。

(2) 金山 WPS Office 移动版

WPS Office 是金山软件公司推出的一款办公软件，对个人用户永久免费，支持跨平台的应用。

WPS Office 移动版内置文字 Writer、演示 Presentation、表格 Spreadsheets 和 PDF 阅读器四大组件，支持本地和在线存储的查看和编辑。用户可以用 QQ 账号、WPS 账号、小米账号或者微博账号登录，开启云同步服务，对云存储上的文件进行快速查看及编辑、文档同步、保存及分享等。下图即为 WPS Office 中表格界面。

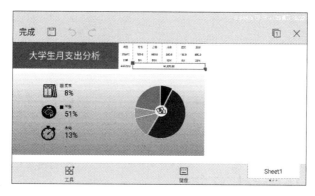

(3) 苹果 iWork 办公套件

iWork 是苹果公司为 OS X 以及 iOS 操作系统开发的办公软件，并免费提供给苹果设备的用户。

iWork 包含 Pages、Numbers 和 Keynote 三个组件。Pages 是文字处理工具，Numbers 是电子表格工具，Keynote 是演示文稿工具，分别兼容 Office 的三大组件。iWork 同样支持在线存储、共享等，方便用户移动办公。下图即为 Numbers 界面。

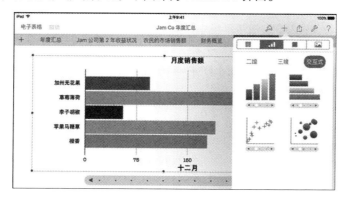

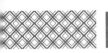

17.2.2 使用软件查看办公文档

下载使用手机软件可以在手机中随时随地查看办公文档，节约办公时间，具有即时即事的特点。具体操作步骤如下。

第1步 在 Excel 程序主界面中，单击【打开】→【此设备】选项，选择 Excel 文档所在的文件夹。

第2步 单击要打开的工作簿名称，即可打开该工作簿。

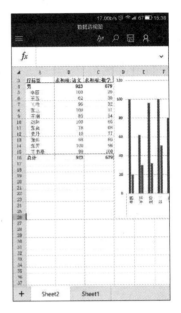

也可以在手机文件管理器中，找到存储的 Excel 工作簿，直接单击打开。

17.3 编辑 Word 文档

随着移动信息产品地快速发展、移动通信网络的普及，只需要一部智能手机或者平板电脑就可以随时随地进行办公，使工作更简单、更方便。本节以支持 Android 手机的 Microsoft Word 为例，介绍如何在手机上编辑 Word 文档，具体操作步骤如下。

第1步 下载并安装 Microsoft Word 软件。将随书光盘中的"素材 \ch17\ 公司年度报告 .docx"文档通过微信或QQ发送至手机中，在手机中接收该文件后，单击该文件，选择打开的方式，这里使用 Microsoft Word 打开该文档。

第2步 打开文档，单击界面上方的 ▤ 按钮，全屏显示文档，然后单击【编辑】按钮 ，进入文档编辑状态，选择标题文本，单击【开

始】面板中的【倾斜】按钮，标题以斜体显示。

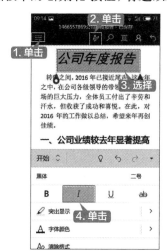

第3步 单击【突出显示】按钮，可自动为标题添加底纹，突出显示标题。

第4步 单击【开始】面板，在打开的列表中选择【插入】选项，切换至【插入】面板。进入【插入】面板后，选择要插入表格的位置，选择【表格】选项。

第5步 完成表格的插入，单击 ▼ 按钮，隐藏【插入】面板，选择插入的表格，在弹出的输入面板中输入表格内容。

第6步 再次单击【编辑】按钮，进入编辑状态，选择【表格样式】选项，在弹出的【表格样式】列表中选择一种表格样式。

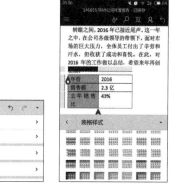

第7步 即可看到设置表格样式后的效果，编辑完成，单击【保存】按钮即可完成文档的修改。

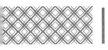

17.4 编辑 Excel 工作簿

本节以支持 Android 手机的 Microsoft Excel 为例，介绍如何在手机上制作销售报表。

第1步 下载并安装 Microsoft Excel 软件，将"素材 \ch17\ 自行车 .xlsx"文档存入电脑的 OneDrive 文件夹中，同步完成后，在手机中使用同一账号登录并打开 OneDrive，单击"自行车 .xlsx"文档，即可使用 Microsoft Excel 打开该工作簿，选择 D2 单元格，单击【插入函数】按钮 fx，输入"="，然后将选择函数面板折叠。

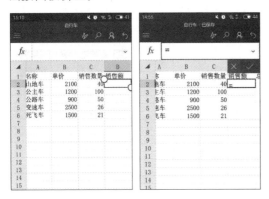

第2步 按【C2】单元格，并输入"*"，然后按【B2】单元格，单击 ✓ 按钮，即可得出计算结果。使用同样的方法计算其他单元格中结果。

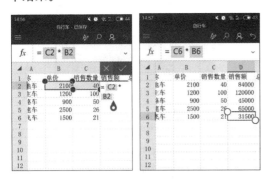

第3步 选中 E2 单元格，单击【编辑】按钮，在打开的面板中选择【公式】选项，选择【自动求和】公式，并选择要计算的单元格区域，单击 ✓ 按钮，即可得出总销售额。

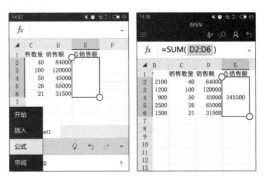

第4步 选择任意一个单元格，单击【编辑】按钮。在底部弹出的功能区选择【插入】→【图表】→【柱形图】按钮，选择插入的图表类型和样式，即可插入图表。

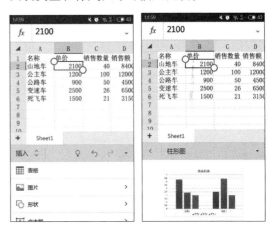

第5步 即可看到插入的图表，用户可以根据需求调整图表的位置和大小。

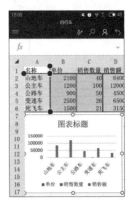

17.5 编辑 PPT 演示文稿

本节以支持 Android 手机的 Microsoft PowerPoint 为例，介绍如何在手机上编辑 PPT。

第1步 将随书光盘中的"素材 \ch17\ 公司业绩分析 .docx"文档通过微信或 QQ 发送至手机中，在手机中接收该文件后，单击该文件并选择打开的方式，这里使用 Microsoft PowerPoint 软件打开该文档。

第2步 在打开的面板中选择【设计】面板，单击【主题】按钮，在弹出的列表中选择【红利】选项。

第3步 为演示文稿应用新主题的效果如下。

第4步 单击屏幕右下方的【新建】按钮，新建幻灯片页面，然后删除其中的文本占位符。

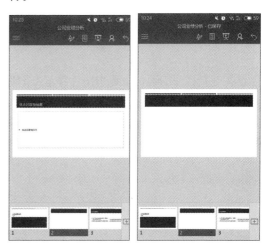

第5步 再次单击【编辑】按钮，进入文档编辑状态，选择【插入】选项，打开【插入】面板，选择【图片】选项，选择图片，

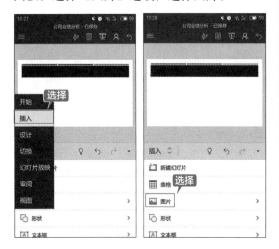

第6步 在打开的【图片】面板中，单击【照片】选项，弹出【选择图片】面板，选择【图库】选项卡，选择【微信】选项。

第7步 在新打开的面板中选中图片并单击【确定】按钮。对图片进行样式、裁剪、旋转以及移动等编辑操作，完成编辑即可看到编辑图片后的效果。

第8步 在完成演示文稿的编辑后，单击顶部的【分享】按钮，在弹出的【作为附件分享】界面选择共享的格式，这里我们选择"演示文稿"选项。

第9步 在弹出的【作为附件共享】面板中，可以看到许多共享方式，这里我们选择"添加到微信收藏"方式，单击【发送给朋友】按钮。

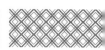

第10步 打开【选择】面板，在面板中选择要

分享文档的好友，在打开的面板中单击【分享】按钮，即可把办公文档分享给选中的好友。

◇ 用手机 QQ 打印办公文档

如今手机办公越来越便利，随时随地都可以处理文档和图片等。在这种情况下，将编辑好的 Excel 文档，如何直接通过手机连接打印机进行打印呢？

一般较为常用的有两种方法。一种是手机和打印机同时连接同一个网络，在手机和电脑端分别按照打印机共享软件，实现打印机的共享，如打印工场、打印助手等；另一种是通过账号进行打印，则不局限局域网的限制，但是仍需要手机和电脑联网，安装相应软件，通过账号访问电脑端打印机进行打印，最为常用的就是 QQ。

本技巧则以 QQ 为例，前提则需要手机端和电脑端同时登陆 QQ，且电脑端已正确安装打印机及驱动程序。具体操作步骤如下。

第1步 登录手机 QQ，进入【联系人】界面，选择【我的设备】分组下的【我的打印机】选项。

第2步 进入【我的打印机】界面，单击【打印文件】或【打印照片】按钮，可添加打印的文件和照片。

第3步 如单击【打印文件】按钮，则显示【最近文件】界面，用户可选择最近手机访问的文件进行打印。

第4步 如最近文件列表中没有要打印的文件，则单击【全部文件】按钮，选择手机中要打印的文件，单击【确认】按钮。

第5步 进入【打印选项】界面，可以选择要使用的打印机、打印机的份数、是否双面，设置后，单击【打印】按钮。

第6步 返回【我的打印机】界面，即会将该文件发送到打印机进行打印输出。

◇ 使用语音输入提高打字效率

在手机中输入文字可以使用打字输入，也可以手写输入，但通常打字较慢，使用语音输入可以提高在手机上的打字效率。本节以搜狗输入法为例介绍语音输入。

第1步 在手机上打开"便签"界面 ，即可弹出搜狗输入法的输入面板。

第2步 在输入法面板上长按【空格】按钮，出现【说话中】面板后即可进行语音输入。输入完成后，即可在面板中显示输入的文字。

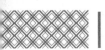

第3步 此外，搜狗语音输入法还可以选择语种，按住空格键，出现话筒后手指上滑，即可打开【语种】选择面板，这里包括"普通话、英语、粤语"三种，用户可以自主选择。